J. C. Nelkenbrecher's Taschenbuch

für

Kaufleute.

Zwanzigste Auflage.

Zweite Abtheilung.

Münztabelle.

Berlin.
Druck und Verlag von G. Reimer.
1877.

Münz-Tabelle

oder

tabellarische Uebersicht

der Rechnungsmünzen

sowie

der wirklich geprägten Münzen

aller größeren Staaten nach ihrem Werthe und ihren Ausmünzungsverhältnissen unter Bezugnahme auf die gesetzlichen Bestimmungen

von

C. Neubauer,
Königl. Preuß. Ober-Münz-Wardein.

Berlin.
Druck und Verlag von G. Reimer.
1877.

Taschenbuch

für

Kaufleute.

Zweite Abtheilung.

Münz-Tabelle

oder

tabellarische Uebersicht

der Rechnungsmünzen, so wie der wirklich geprägten Münzen aller größeren Staaten, nach ihrem Werthe und ihren Ausmünzungsverhältnissen, unter Bezugnahme auf die gesetzlichen Bestimmungen.

Von

C. Neubauer,

Königl. Preuß. Ober-Münz-Wardeln.

Vorbemerkungen.

Bei der neuen Bearbeitung dieser Münz-Tabelle für die zwanzigste Auflage des Nelkenbrecherschen Taschenbuches sind mehrere Veränderungen, vorzüglich in Folge der Umgestaltung des Deutschen Münzwesens nothwendig geworden.

An Stelle der bisherigen Angaben in Kronen, Thaler-, Oesterreichischer- und Süddeutscher Währung sind die Werthe aller Münzen ausschließlich in Deutschen Reichs-Mark (Gold-Mark) angegeben, den Gesetzen vom 4. Dezember 1871 und 9. Juli 1873 entsprechend. — Die Werthe der Silbermünzen konnten nicht im Verhältniß zu dem Silberinhalte der Reichssilbermünzen bestimmt werden, da diese sämmtlich nur Scheidemünzen zum Golde sind. Um bei ihnen den Werth in Deutschen Gold-Mark angeben zu können, mußte ein bestimmtes Werthverhältniß von Gold und Silber angenommen werden und erschien das Verhältniß 1 : 15½ das geeignetste, da das Gesetz vom 9. Juli 1873 dies bei der Umrechnung des Thalers zu 3 Mark zu Grunde legt.

Damit der Werth der Münzen auch nach dem Handelspreise, welcher in der letzten Zeit bei dem Silber großen Schwankungen unterworfen war, leicht ermittelt werden kann, ist bei allen Münzen das Gewicht des darin enthaltenen feinen Metalls berechnet und in einer besonderen Rubrik neben dem Werthe aufgeführt. Durch Multiplikation dieser Gewichtszahlen mit dem jeweiligen Handelspreise für ein Gramm feines Metall ergiebt sich dann der Werth der einzelnen Münzen nach dem Handelspreise.

Da der Handelspreis des Silbers sich hauptsächlich nach dem Londoner Metallmarkt richtet, findet man häufig die Preisnotirungen des Silbers in Pence Sterling für eine Unze Standard Silber angegeben, wobei die Berechnung des entsprechenden Preises für ein Gramm fein Silber, den folgenden weitläufigen Ansatz erfordert:

(p = dem Preise in Pence Sterling.)

? Deutsche Gold-Mark .	1 Gramm fein Silber,
31,103466	1 Engl. Troy Unze fein Silber,
37	40 „ „ „ Standard Silber,
1	p. Pence Sterling (Lond. Silberpreis),
240	1 Sovereign,
$3\frac{143}{160}$	1 Troy Unze Standard Gold,
12	11 „ „ fein Gold,
1	31,103466 Gramm fein Gold,
500	1395 Deutsche Gold-Mark,

= p. (0,00295865689) Gold-Mark.

Um diese unbequemen Werthberechnungen zu ersparen, ist im Anhange unter Litt. A eine Tabelle beigefügt, welche den Werth eines Grammes und eines Pfundes feinen Silbers in Reichsmark für die Preise von 62—40 Pence Sterl. ausgerechnet giebt.

Für die früheren Gewichtsangaben der einzelnen Münzen in Tausendtheilen des Pfundes (Taus) sind jetzt die Gewichtsangaben in Gramm gesetzt, weil diese Gewichtseinheit im Verkehr bekannter und gebräuchlicher ist, obwohl jene bei Berechnungen Vorzüge hat.

Bei Umrechnung älterer Gewichtsbestimmungen ist das Verhältniß, eine Preußisch Cölnische Gewichts-Mark gleich 233,8555 Gramm, wie früher beibehalten, ebenso für die Gewichtssysteme der außerdeutschen Staaten die folgenden Vergleichszahlen:

1 Engl. Troy Pfund	= 373,2416 Gramm
1 „ „ Unze	= 0,06220693 Deutsch. Pfund
1 Amerikanisches Pfund	= 373,2416 Gramm
1 alte Französische Mark	= 244,7529233 „
1 Französisches Kilogramm	= 1000 „
1 Brasilianisches Pfund	= 458,923 „
1 Spanisch Castilische Mark	= 230,0465 „
1 Norwegische Münz-Mark	= 233,9934 „
1 „ Handelspfund	= 498,1137 „
1 Schwedisches Schalpfund oder Münzmark	= 425,01 „
1 Portugiesische Mark	= 229,5 „

1 Russisches Pfund . . . . = 409,51156 Gramm
1 Neapolitanisches Pfund . . . . = 320,759 "
1 Toskanisches Pfund (Libbra) . . . . . . = 339,54256 "

Die Feingehalte sind, wie bisher, in Tausendtheilen angegeben. Bei der Uebertragung älterer Gehaltsbestimmungen aus Karat, Loth und Grän in Tausendtheile sind die Brüche genau aufgeführt, wenn es sich um gesetzliche Bestimmungen handelt, in den übrigen Fällen aber abgerundet. — Gehaltsangaben, welche auf älteren Untersuchungen, nach der früher üblichen Kapellen-Probe beruhen, sind der Unvollkommenheit dieser Probe entsprechend erhöht, wo dies ausnahmsweise nicht geschehen, ist das Zeichen ⊖ danebengesetzt. Bei gesetzlichen Gehalts-Vorschriften konnte anf die Unvollkommenheit des Probirverfahrens keine Rücksicht genommen werden.

Zur Vergleichung der tausendtheiligen Gehalte mit den früher üblichen Gehaltsangaben in Karat, Loth und Grän sind im Anhange unter Litt. B und C zwei Tabellen beigefügt, und unter Litt. D und E zwei Tabellen zur Vergleichung des älteren Preußischen Münzgewichtes, der Mark, mit dem jetzigen Pfunde von 500 Gramm.

In Rücksicht auf die Wichtigkeit und die Neuheit der Reichsmünzgesetze vom 4. Dezember 1871 und 9. Juli 1873 sind die darin enthaltenen Vorschriften für die Ausprägung der einzelnen Münzen übersichtlich zusammengestellt und der Tabelle vorangeschickt.

Münzsorte.	Durchmesser Millimeter.	Gehalt.	Auf 1 Pfund brutto Stück.	Fehlergrenze eines Stücks: Gehalt.	Gewicht.		
Goldmünzen:							
20 Mark-Stück oder Doppel-Krone	$22^1/_2$	$^{900}/_{1000}$ Gold $^{100}/_{1000}$ Kupfer	62,775	$\pm{}^2/_{1000}$	$\pm 2^1/_2/_{1000}$	0,01991 Grm.	1
						0,03982 Taus.	2
10 Mark-Stück oder Krone	$19^1/_2$	"	125,55	$\pm{}^2/_{1000}$	$\pm 2^1/_2/_{1000}$	0,00996 Grm.	3
						0,01991 Taus.	4
5 Mark-Stück oder halbe Krone	17	"	251,1	$\pm{}^2/_{1000}$	$\pm{}^4/_{1000}$	0,00796 Grm.	5
						0,01592 Taus.	6
Silbermünzen:							
5 Mark-Stück	38	$^{900}/_{1000}$ Silber $^{100}/_{1000}$ Kupfer	18	$\pm{}^3/_{1000}$	$\pm{}^{10}/_{1000}$	0,2777.. Grm.	7
						0,555.. Taus.	8
2 Mark-Stück	28	"	45	$\pm{}^3/_{1000}$	$\pm{}^{10}/_{1000}$	0,111... Grm.	9
						0,222.. Taus.	1
1 Mark-Stück	24	"	90	$\pm{}^3/_{1000}$	$\pm{}^{10}/_{1000}$	0,0555.. Grm.	2
						0,111... Taus.	3
50 Pfennig-Stück	20	"	180	$\pm{}^3/_{1000}$	$\pm{}^{10}/_{1000}$	0,02777.. Grm.	4
						0,0555.. Taus.	5
20 Pfennig-Stück	16	"	450	$\pm{}^3/_{1000}$	keine Bestimmung		
Nickelmünzen:							
10 Pfennig-Stück	21	75% Kupfer 25% Nickel	125	$-{}^1/_2\%$ Nickel $+1\%$ fremde Bestandtheile	±5%	0,2 Grm.	6
						0,4 Taus.	7
5 Pfennig-Stück	18		200			0,125 Grm.	8
						0,25 Taus.	9
Kupfermünzen:							
2 Pfennig-Stück	20	95% Kupfer 4% Zinn 1% Zink	150		±5%	0,1666.. Grm.	1
						0,333.. Taus.	2
1 Pfennig-Stück	$17^1/_2$		250			0,1 Grm.	3
						0,2 Taus.	4

Die Goldmünzen sind das gesetzliche Zahlungsmittel. — Reichs-Silbermünzen ist
Mark in Zahlung zu nehmen.

Ein Austausch von Reichs-Silbermünzen gegen Goldmünzen findet im Betrage
destens 50 Mark bei den Reichsbank-Kassen zu Berlin, Frankfurt, Königsberg und München

Die Münzzeichen der einzelnen Münzstätten sind: A Berlin, — B Hannover, —
H Darmstadt, — J Hamburg.

An Prägegebühren für 20 Markstücke dürfen von Privaten höchstens 7 Mark für

	Gewicht eines Stückes			Gesetzlich gestattete Abnutzung		
	voll.	zulässig schwer.	zulässig leicht.	in 1000	auf 1 Stück.	Minimal-Gewicht eines Stücks.
1	7,96495 Grm.	7,98486 Grm.	7,94504 Grm.	5	0,03982 Grm.	7,92513 Grm.
2	15,92991 Taus.	15,96973 Taus.	15,89009 Taus.		0,07964 Taus.	15,85026 Taus.
3	3,98248 Grm.	3,99244 Grm.	3,97252 Grm.			
4	7,96495 Taus.	7,98487 Taus.	7,94504 Taus.	5	0,01991 Grm.	3,96257 Grm.
					0,03982 Taus.	7,92513 Taus.
5	1,99124 Grm.	1,99920 Grm.	1,98328 Grm.			
6	3,98248 Taus.	3,99840 Taus.	3,96656 Taus.	8	0,01593 Grm.	1,97531 Grm.
					0,03186 Taus.	3,95062 Taus.
7	27,777.. Grm.	28,0555. Grm.	27,5 Grm.	Für die Silber-, Nickel- und Kupfermünzen ist eine Abnutzungsgrenze nicht bestimmt.		
8	55,555.. Taus	56,111.. Taus.	55 Taus.			
9	11,111.. Grm.	11,222.. Grm.	11 Grm.			
1	22,222.. Taus.	22,444.. Taus.	22 Taus.			
2	5,555.. Grm.	5,6111.. Grm.	5,5 Grm.			
3	11,111.. Taus.	11,222.. Taus.	11 Taus.			
4	2,777.. Grm.	2,8055.. Grm.	2,75 Grm.			
5	5,555.. Taus.	5,6111.. Taus.	5,5 Taus.			
	1,111...Grm.	keine Bestimmung.				
	2,222.. Taus.					
6	4 Grm.	4,2 Grm.	3,8 Grm.			
7	8 Taus.	8,4 Taus.	7,6 Taus.			
8	2,5 Grm.	2,625 Grm.	2,375 Grm.			
9	5 Taus.	5,25 Taus.	4,75 Taus.			
1	3,333.. Grm.	3,5 Grm.	3,1666.. Grm.			
2	6,666.. Taus.	7 Taus.	6,333.. Taus.			
3	2 Grm.	2,1 Grm.	1,9 Grm.			
4	4 Taus.	4,2 Taus.	3,8 Taus.			

Niemand verpflichtet mehr als zwanzig Mark, Nickel- und Kupfermünzen mehr als eine

von mindestens 200 Mark und von Nickel- und Kupfermünzen, im Betrage von min-
stalt.
C Frankfurt, — D München, — E Dresden, — F Stuttgart, — G Karlsruhe, —

ein Pfund fein erhoben werden; bisher sind nur 3 Mark gefordert worden.

Aegypten. Anhalt.

Aegypten.

Rechnungsart.

Piaster (Gersh) zu 40 Para (Fadda, Medini), oder zu 100 guten oder zu 120 Kurant-Asper. — 500 Piaster = 1 Beutel (Kish). — Der ägyptische Piaster soll gesetzlich dem türkischen Piaster gleich sein, man rechnet aber gewöhnlich 10 ägypt. Piaster = 11 türk. Piastern.

Goldmünzen.

Aeltere Münzen:

100 Piaster-Stück (Aegypt.-Pfund), gesetzlich 1
Dergleichen nach nordamerk. Unters. v. J. 1839 2
50 Piaster-Stück, gesetzlich 3
25, 10 u. 5 Piaster nach Verhältniß

Neuere Münzen:

100 Piaster-Stück, gesetzlich 4
50 „ „ „ 5
25 „ „ „ 6

Silbermünzen.

Aeltere Münzen:

20 Piaster-Stück, Rial genannt, gesetzlich 7
Dergleichen nach nordamerk. Unters. v. J. 1839 8
10 Piaster-Stück, gesetzlich 9
5 „ „ „ 1
Piaster zu 40 Paras (Gersh), gesetzlich 2
½ „ „ 20 „ gesetzlich 3
¼ „ „ 10 „ „ 4

Neuere Münzen:

10 Piaster-Stück, gleich dem halben 5 Frank-Stück, gesetzlich . . 5
5 „ „ 6
2½ „ „ 7
1 „ „ 8
½ „ „ 9

Kupfermünzen.

5 Para-Stück 1

Anhaltische Herzogthümer.

(Bernburg, Cöthen, Dessau).

Rechnungsart:

Seit 1. Januar 1875 wie Deutschland. — Von 1841 bis 1875 wie Preußen. — Vorher: Thaler zu 24 Groschen zu 12 Pfennig im 14 Thaler-Fuß und vor 1829 im Conventions- oder 13⅓ Thaler-Fuß.

	Gewicht 1 Stückes	Auf 1 Pfund brut.	Fein-gehalt	Auf 1 Pfund fein	Ein Stück enthält fein Gold	fein Silber	Werth Gold : Silb. = 1 : 15½ oder 1 Thlr. = 3 M.	
	Gramm	Stück	1000	Stück	Gramm	Gramm	Mark	Pfennig
1	8,5392	58,5531	875	66,9178	7,4718	. . . .	20	84,69
2	8,5663	58,368	874	66,7826	7,487	. . . .	20	88,87
3	4,2696	117,1063	875	133,8357	3,7359	. . . .	10	42,34
4	8,5	58,8235	875	67,2269	7,4375	. . . .	20	75,06
5	4,25	117,6470	"	134,4538	3,7187	. . . .	10	37,53
6	2,125	235,2941	"	268,9076	1,8594	. . . .	5	18,76
7	27,8413	17,9589	833⅓	21,5508	. . . .	23,2010	4	17,62
8	27,8632	17,9449	836	21,4652	. . . .	23,2936	4	19,28
9	13,9206	35,9178	833⅓	43,1016	. . . .	11,6005	2	08,81
1	6,9603	71,8360	"	86,2032	. . . .	5,8002	1	04,40
2	1,3920	369,44	750	492,5864	. . . .	1,0150		18,27
3	0,6960	738,88	"	985,1728	. . . .	0,5075		9,13
4	0,348	1477,76	"	1970,346	. . . .	0,2537		4,56
5	12,5	40	900	44,4444	. . . .	11,25	2	02,5
6	6,25	80	"	88,8888	. . . .	5,625	1	01,25
7	3,125	160	"	177,7777	. . . .	2,8125		50,62
8	1,25	400	"	444,44..	. . . .	1,125		20,25
9	0,625	800	"	888,88..	. . . .	0,5625		10,12
1	6,4766							

Goldmünzen.

Aeltere Münzen:

Pistolen (Alexiusd'or für Bernburg), gesetzlich 1
Dukaten (Bernburg) v. J. 1825 2

Silbermünzen.

Aeltere Münzen vor 1829:

Speciesthaler im Conventionsfuß, gesetzlich 3
$\frac{1}{2}$ „ zu 16 Ggr. „ 4
$\frac{1}{4}$ „ „ 8 „ „ 5

4 Groschen-Stücke, gesetzlich 6
2 „ „ „ 7
1 „ „ „ 8

Neuere Münzen von 1829—1856:

Doppelthaler oder $3\frac{1}{2}$ Guldenstück, seit 1839 gesetzlich 9
Bergsegens- oder Ausbeute-Thaler von 1834 „ 1
$\frac{1}{6}$ Thaler = 5 Silbergroschen (nur v. J. 1856), gesetzlich . . . 2
Scheidemünze von 1839 und 1840:
Gutegroschen oder $\frac{1}{24}$ Thlr., gesetzlich . 3
Halbgroschen „ $\frac{1}{48}$ „ „ . 4
Scheidemünze von 1851—1856:
$2\frac{1}{2}$ Silbergroschen oder $\frac{1}{12}$ Thlr., gesetzlich 5
Silbergroschen, $\frac{1}{30}$ Thlr., gesetzlich 6

Nach dem Vertrage v. 24. Januar u. Gesetz v. 9. Juli 1857:

Doppelthaler, 2 Vereinsthaler . . . . }
Thaler, Vereinsthaler . . . . }
$\frac{1}{6}$ Thaler . . . . } wie Preußen.
Scheidemünze: $2\frac{1}{2}$ Silbergroschen, $\frac{1}{12}$ Thlr. }
Silbergroschen, $\frac{1}{30}$ Thlr. . . }

Kupfermünzen.

3 Pfennig-Stück, 1857—1874, gesetzlich 7
1 „ „ „ „ „ 8

Australien.

Rechnungsart.

Pound (oder Livre) Sterling zu 20 Shilling Sterling wie Groß-Britanien.

Früher richtete sich der Werth des Pound Sterl. nach dem Kurse der Spanischen und Mexikanischen Silberpiaster oder Dollars, welche ehemals 60 Pence (= 5 Shilling) galten, dann nach

	Gewicht 1 Stückes	Auf 1 Pfund brut.	Fein-gehalt	Auf 1 Pfund fein	Ein Stück enthält fein Gold	fein Silber	Werth Gold : Silb. = 1:15½ oder 1 Thlr. = 3 M.	
	Gramm	Stück	1000	Stück	Gramm	Gramm	Mark	Pfennig
1	6,6815	74,8325	902 7/9	82,8914	6,0320	....	16	82,92
2	3,4904	143,2509	986 1/9	145,2685	3,4419	....	9	60,29
3	28,0627	17,8173	833 1/3	21,3807	....	23,3855	4	20,94
4	14,0313	35,6345	"	42,7614	....	11,6927	2	10,47
5	7,0156	71,2690	"	85,5229	....	5,8463	1	05,28
6	5,3967	92,6498	541 2/3	171,0457	....	2,9232		52,62
7	3,3408	149,6650	437 1/2	342,0915	....	1,4616		26,31
8	1,9855	251,8174	368 1/18	684,1831	....	0,7308		13,15
9	37,1199	13,4699	900	14,9665	....	33,4079	6	01,34
1	22,2719	22,4498	750	29,9330	....	16,7039	3	00,67
2	5,3452	93,5407	520 5/6	179,5981	....	2,7839		50,12
3	1,6239	307,8824	375	821,0198	....	0,609		10,96
4	0,8119	615,7648	"	1642,0396	....	0,3045		05,48
5	3,2478	153,9412	"	410,5098	....	1,218		21,92
6	2,1924	228,0611	222 2/9	1026,2748	....	0,4872		08,77
7	4,5							
8	1,5							

Baden.

dem Geheimrathsbefehl vom 14 Septbr. 1838, wie in allen Englischen Colonieen 50 Pence (= $4\frac{1}{6}$ Shilling) Sterl. Die ältere Valuta zu 60 Pence wird Australisch Kurant genannt.

Goldmünzen.

Sovereign } wie Großbritannien.
½ Sovereign }

Baden.

Rechnungsart.

Seit 1. Januar 1875 wie Deutschland. — Vorher Gulden zu 60 Kreuzer zu 2 Halb- oder 4 Viertel-Kreuzer. — Nach dem Vertrage vom 24. Januar 1857 und Gesetz vom 14. April 1858 enthalten 52½ Gulden 1 Pfund f. Silber. — Nach der Convention vom 25. August 1837 enthalten 24½ Gulden 1 Cöln. Mark fein Silber.

Früher (1828) auch: Thaler zu 100 Kreuzer. Die Cöln. Mark fein Silber zu $14\frac{8}{11}$ Thaler ausgebracht.

Goldmünzen.

Dukaten, ältere und neuere, gesetzlich 1

Von den Jahren 1832—1857 und auch früher:

Rheingold-Dukaten, gesetzlich 2

Dergleichen befunden 3

Von den Jahren 1819—1827:

10 Gulden-Stück, gesetzlich 4

5 " " " 5

Vom Jahre 1828:

Ludwigsd'or oder 5 Thaler-Stück, zu 500 Kreuzer, gesetzlich . . . 6

Silbermünzen.

Vor 1819 und von 1831—1837:

Kronenthaler, zu 2 Fl. 42 Krz. (2,7 Fl.) gesetzlich 7

Dergleichen befunden 8

Von 1819—1827:

2 Gulden-Stück, gesetzlich 9

1 " " " 1

Scheidemünze.

6 Kreuzer-Stück 2

3 " " 3

Von 1828—1831:

Thaler zu 100 Kreuzer, gesetzlich 4

$\frac{1}{10}$ " " 10 " " 5

3 Kreuzerstück 6

	Gewicht 1 Stückes	Auf 1 Pfund brut.	Fein-gehalt	Auf 1 Pfund fein	Ein Stück enthält fein Gold	Ein Stück enthält fein Silber	Werth Gold : Silb. = 1 : 15½ oder 1 Thlr. = 3 M.	
	Gramm	Stück	1000	Stück	Gramm	Gramm	Mark	Pfennig
1	3,4904	143,2509	986 1/9	145,2685	3,4419	. . . .	9	60,29
2	3,6714	136,1892	937½	145,2658	3,4419	. . . .	9	60,29
3	3,670	136,2398	932	146,18	3,4204	. . . .	9	54,30
4	6,8781	72,6945	902 7/9	80,523	6,2094	. . . .	17	32,42
5	3,4390	145,3889	"	161,046	3,1047	. . . .	8	66,21
6	5,7317	87,2334	"	96,628	5,1745	. . . .	14	43,68
7	29,5161	16,9399	871 19/36	19,4370	. . . .	25,7241	4	63,03
8	29,51	16,9434	876	19,3418	. . . .	25,8518	4	65,33
9	25,4537	19,6435	750	26,1914	. . . .	19,0902	3	43,62
1	12,7268	39,2871	"	52,3828	. . . .	9,5451	1	71,81
2	2,2271	224,4976	375	598,6602	. . . .	0,836		15,04
3	1,2472	400,8886	312½	1282,8434	. . . .	0,39		7,02
4	18,1475	27,5520	875	31,488	. . . .	15,8790	2	85,82
5	2,784	179,5981	500	359,1902	. . . .	1,3920	. . .	25,05
6	1,1136	448,9952	375	1197,3206	. . . .	0,4176	. . .	7,51

Baden. Bayern.

Nach den Conventionen v. 25. August 1837, 30. Juli 1838 u. 27. März 1845:

3½ Gulden oder 2 Thaler, gesetzlich 1
2 Guldenstück, gesetzlich 2
1 Gulden " 3
½ Gulden " 4
Scheidemünze.
6 Kreuzerstück, gesetzlich 5
3 " " 6

Nach dem Vertrage vom 24. Januar 1857:

Thaler, Vereinsthaler zu 1¾ Gulden, gesetzlich 7
2 Guldenstück, gesetzlich 8
1 " " 9
½ " " 1
Scheidemünze.
6 Kreuzerstück, gesetzlich 2
3 " " 3

Kupfermünzen.
1 Kreuzerstück, nach 1857 gesetzlich 4
½ " " " " 5

Bayern.

Rechnungsart.

Seit 1. Januar 1876 wie Deutschland. — Vorher Gulden zu 60 Kreuzer zu 4 Pfennig. Nach dem Vertrage vom 24. Januar 1857 enthalten 52½ Gulden 1 Pfund fein Silber; vorher, nach der Convention vom 25. August 1837, enthielten 24½ Gulden 1 Cöln. Mark fein Silber.

Goldmünzen.

Aeltere Münzen:

Karolin (= 3 Goldgulden), früher zu 11 Gulden, gesetzlich . . 6

½ Karolin (= 1½ ") " " 5½ " " . . 7

Doppelter Maxd'or (= 4 Goldgulden), früher zu 14⅔ Gulden, gesetzlich 8

Maxd'or (= 2 Goldgulden), früher zu 7⅓ Gulden, gesetzlich . . . 9

Goldgulden der Stadt Würzburg, gesetzlich 1

	Gewicht 1 Stückes	Auf 1 Pfund brut.	Fein-gehalt	Auf 1 Pfund fein	Ein Stück enthält		Werth Gold: Silb. = 1:15½ oder 1 Thlr. = 3 M.	
					fein Gold	fein Silber		
	Gramm	Stück	1000	Stück	Gramm	Gramm	Mark	Pfennig
1	37,11995	13,4699	900	14,9665	. . . .	33,4079	6	01,343
2	21,2114	23,5723	"	26,1914	. . . .	19,0902	3	43,62
3	10,6057	47,1445	"	52,3828	. . . .	9,5451	1	71,81
4	5,3028	94,2890	"	104,7655	. . . .	4,7725	. . .	85,91
5	2,5984	192,4265	$333\frac{1}{3}$	577,2796	. . . .	0,8661	. . .	15,59
6	1,2992	384,8530	"	1154,5591	. . . .	0,4330	. . .	07,79
7	18,5185	27	900	30	. . . .	16,6666	3	. . .
8	21,1640	23,625	"	26,25	. . . .	19,0477	3	42,86
9	10,5820	47,25	"	52,5	. . . .	9,5238	1	71,43
1	5,2910	94,5	"	105	. . . .	4,7619	. . .	85,71
2	2,4630	203	350	580	. . . .	0,8620	. . .	15,52
3	1,2315	406	"	1160	. . . .	0,4310	. . .	07,76
4	4,273							
5	2,136							
6	9,7437	51,3137	$770\frac{5}{6}$ $152\frac{7}{9}$ Silb.	66,5692	7,5109	. . . .	20	95,51 26,79
7	4,8718	102,6274	$770\frac{5}{6}$ $152\frac{7}{9}$ Silb.	133,1384	3,7554	. . . .	10	47,75 13,39
8	12,9924	38,4853	$770\frac{5}{6}$ $166\frac{2}{3}$	49,9269	10,0147	. . . .	27	94,08 38,97
9	6,4962	76,9706	"	99,8538	5,0073	. . . .	13	97,04 19,48
1	3,2479	153,9412	$770\frac{5}{6}$ $104\frac{1}{6}$ Silb.	199,7076	2,5036	. . . .	6	98,52 06,09

Bayern.

Dukaten, gesetzlich	1
Dukaten, aus dem Golde der Donau, Inn und Isar, auch der Stadt Augsburg	2
Nach dem Vertrage v. 24. Januar 1857 u. Verordnung v. 25. August 1858:	
Krone, Vereinshandelsmünze, gesetzlich	3
½ " " "	4
Silbermünzen.	
Aeltere Münzen:	
Conventions-Speciesthaler, auch Geschichtsthaler (zu 2 Fl. 24 Krz.), gesetzlich	5
Halber Conv.-Speciesthaler oder Conv.-Gulden, gesetzlich	6
¼ " " " ½ " " (zu 36 Krz.) gesetzl.	7
Kopfstück zu 24 Kreuzer im 24 Fl. Fuß	8
Halbes Kopfstück zu 12 Kreuzer	9
Kronenthaler (1809—1837) zu 2 Fl. 42 Krz, gesetzlich	1
Dergleichen befunden	2
Scheidemünze.	
6 Kreuzerstück	3
3 "	4
1 "	5
Neuere Münzen nach Convention v. 25. Aug. 1837, 30. Juli 1838 u. 27. März 1845.	
Vereins 3½ Gulden oder 2 Thaler-Stück (auch Geschichtsthaler), gesetzlich	6
2 Gulden-Stück, gesetzlich	7
Gulden " "	8
Halber Gulden "	9
Scheidemünze (1837—1857):	
6 Kreuzerstück, gesetzlich	1
3 " "	2
1 " "	3
Nach dem Vertrage vom 24. Januar 1857 und Verordnung vom 25. August 1858.	
Zwei Vereinsthaler oder 3½ Gulden-Stück, gesetzlich	4
Vereins-Thaler, zu 1¾ Gulden, gesetzlich	5
2 Gulden-Stück, gesetzlich	6
Gulden, gesetzlich	7
½ " "	8
Scheidemünze.	
6 Kreuzerstück, gesetzlich	9
3 " "	1
1 " "	2

	Gewicht 1 Stückes	Auf 1 Pfund brut.	Feingehalt	Auf 1 Pfund fein	Ein Stück enthält fein Gold	Ein Stück enthält fein Silber	Werth Gold : Silb. = 1 : 15½ oder 1 Thlr. = 3 M.	
	Gramm	Stück	1000	Stück	Gramm	Gramm	Mark	Pfennig
1	3,4904	143,2509	986$\frac{1}{9}$	145,2685	3,4419	. . . .	9	60,29
2	3,4549	144,7220	937½	154,3701	3,2390	. . . .	9	03,68
3	11,1111	45	900	50	10	. . . .	27	90
4	5,5555	90	"	100	5	. . . .	13	95
5	28,0627	17,8173	833⅓	21,3807	. . . .	23,3856	4	20,94
6	14,0313	35,6345	"	42,7614	. . . .	11,6928	2	10,47
7	7,0156	71,2690	"	85,5229	. . . .	5,8463	1	05,23
8	6,6815	74,8325	583⅓	128,2843	. . . .	3,8976	. . .	70,16
9	3,8976	128,2843	500	256,5686	. . . .	1,9488	. . .	35,08
1	29,5396	16,9264	871$\frac{19}{36}$	19,4215	. . . .	25,7446	4	63,40
2	29,51	16,9434	876	19,3418	. . . .	25,8518	4	65,33
3	2,6983	185,2996	333⅓	555,8988	. . . .	0,8994	. . .	16,19
4	1,3491	370,5992	"	1111,7977	. . . .	0,4492	. . .	08,09
5	0,7699	649,4396	187½	3463,6774	. . . .	0,1443	. . .	02,59
6	37,1199	13,4699	900	14,9665	. . . .	33,4079	6	01,34
7	21,2114	23,5723	"	26,1914	. . . .	19,0902	3	43,62
8	10,6057	47,1445	"	52,3828	. . . .	9,5451	1	71,81
9	5,3028	94,2890	"	104,7655	. . . .	4,7725	. . .	85,90
1	2,5964	192,4265	333⅓	577,2796	. . . .	0,8661	. . .	15,59
2	1,2992	384,8530	"	1154,5591	. . . .	0,4330	. . .	07,79
3	0,8352	598,6602	166⅔	3591,9616	. . . .	0,1392	. . .	02,50
4	37,0370	13½	900	15	. . . .	33,3333	6	. . .
5	18,5185	27	"	30	. . . .	16,6666	3	. . .
6	21,1640	23,625	"	26,25	. . . .	19,0477	3	42,86
7	10,5820	47,25	"	52,5	. . . .	9,5238	1	71,43
8	5,2910	94,5	"	105	. . . .	4,7619	. . .	85,71
9	2,4630	203	350	580	. . . .	0,8620	. . .	15,52
1	1,2315	406	"	1160	. . . .	0,4310	. . .	07,71
2	0,8417	594	165	3600	. . . .	0,1388	. . .	02,5

Belgien.

Kupfermünzen.

½ Kreuzer = 2 Pfennig, seit 1858 gesetzlich 1
¼ „ = 1 „ „ „ „ 2
⅛ „ oder Heller „ „ „ 3

Belgien.

Rechnungsart.

Franc zu 100 Centimes. — Wie Frankreich, nach der Convention vom 23. Dezbr. 1865, 5 Francs = 25 Grm. Silber von $\frac{9}{10}$ Feingehalt oder = $\frac{50}{31}$ Grm. Gold von $\frac{9}{10}$ Feingehalt.

Goldmünzen.

Nach dem Gesetz vom 31. März 1847:

25 Francs-Stück, seit 1854 außer Kurs 4
10 Francs-Stück (abweichend von Frankreich) seit 1854 außer Kurs) 5

Nach dem Gesetz vom 4. Juni 1861:

40 Francs-Stück 6
20 „ „ 7
10 „ „ 8
5 „ „ 9

Nach der Convention vom 23. Dezember 1865:

100, 50, 20, 10 und 5 Francs-Stücke wie Frankreich u. wie vorstehend.

Silbermünzen.

Nach den Gesetzen vom 5. Juni 1832 und 31. März 1847:

5 Francs-Stück 1
2½ „ „ 2
2 „ „ 3
1 Franc-Stück 4
½ „ „ oder 50 Centimes 5
¼ „ „ „ 25 „ (1853 außer Kurs gesetzt) . . . 6
⅕ „ „ „ 20 „ (seit 1853) 7

Nach dem Münzvertrage vom 23. Dec. 1865, seit 1866:

5 Francs-Stück 8

Scheidemünze.

2 Francs-Stück 9
1 Franc-Stück 1
50 Centimes-Stück 2

Nickelmünzen (mit 25% Nickelgehalt) nach Gesetz v. 20. Dezbr. 1860.

20 Centimes-Stück 3
10 „ „ 4
5 „ „ 5

Kupfermünzen.

10 Centimes-Stück, seit 1869 außer Kurs 6

	Gewicht 1 Stückes	Auf 1 Pfund brut.	Fein-gehalt	Auf 1 Pfund fein	Ein Stück enthält fein Gold		Werth Gold:Silb. = 1:15½ oder 1 Thlr. = 3 M.	
						fein Silber		
	Gramm	Stück	1000	Stück	Gramm	Gramm	Mark	Pfennig
1	2,5							
2	1,25							
3	0,625							
4	7,9155	63,1667	900	70,1853	7,1239	. . . .	19	87,60
5	3,1662	157,9170	"	175,4633	2,8496	. . . .	7	95,04
6	12,9032	38,75	"	43,0555	11,6129	. . . .	32	40
7	6,4516	77,5	"	86,1111	5,8065	. . . .	16	20
8	3,2258	155	"	172,2222	2,9032	. . . .	8	10
9	1,6129	310	"	344,4444	1,4516	. . . .	4	05
1	25	20	900	22,2222	. . . .	22,5	4	05
2	12,5	40	"	44,4444	. . . .	11,25	2	02,5
3	10	50	"	55,5555	. . . .	9	1	62
4	5	100	"	111,1111	. . . .	4,5	. . .	81
5	2,5	200	"	222,2222	. . . .	2,25	. . .	40,5
6	1,25	400	"	444,4444	. . . .	1,125	. . .	20,25
7	1	500	"	555,5555	. . . .	0,9	. . .	16,2
8	25	20	900	22,2222	. . . .	22,5	4	05
9	10	50	835	59,88025	. . . .	8,35	1	50,3
1	5	100	"	119,7605	. . . .	4,175	. . .	75,15
2	2,5	200	"	239,5210	. . . .	2,0875	. . .	37,575
3	6							
4	4							
5	2							
6	20							

Brasilien.	
5 Centimes-Stück, seit 1869 außer Kurs	1
2 „ „	2
1 „ „	3

Brasilien.

Rechnungsart.

Milreïs zu 1000 Reïs. [Conto de Reïs = 1000 Milreïs; — Vintem = 20 Reïs; Hum Cobre (d. i. ein Kupfer) = 40 Reïs; — Pataca (früher eine Silbermünze von jetzt höherem Werthe) = 320 Reïs oder = 16 Vintems; — Patacão (gestempelter Spanischer Piaster) = 3 alten Pataca = 960 Reïs, später bis 1920 Reïs erhöht.] — Nach dem Gesetz vom 28. Juli 1849 ist Gold der Werthmesser, und sollen 20 Milreïs wiegen: 5 Oitavas = $5\frac{5}{123}$ Pfd. = 360 Grãos Gold von $\frac{11}{12}$ Feingehalt, wonach 1 Milreïs ungefähr = 27 englischen Pence. Die neueren Silbermünzen sind alle nur Scheidemünzen.

Der Werth des Milreïs in früherer Zeit ergiebt sich aus den Münzen.

Goldmünzen.

Dobra (doppelter João), früher zu 12800 Reïs (später erhöht auf 32000 Reïs), gesetzlich 4

Meia Dobra (João) früher zu 6400 Reïs, später erhöht auf 16000 Reïs, gesetzlich 5

Ein dergleichen Stück befunden | 6

Ein „ „ „ 7

Moeda (Moeda de ouro), früher zu 4000 Reïs, später zu 9000 Reïs, gesetzlich 8

Ein dergleichen Stücke von 1823 befunden 9

Dergleichen ältere Stücke, nach amerik. Untersuchungen . . . 1

Nach den Gesetzen v. 11. Okt. 1838 u. 11. Septbr. 1846:

16000 Reïs-Stücke, gesetzlich 2

Nach dem Gesetz vom 28. Juli 1849:

20000 Milreïs-Stück (20000 Reïs), gesetzlich 3

10000 „ „ (10000 „) „ 4

Ein dergl. 10 Milreïs-Stück vom Jahre 1853 befunden . . . 5

5000 Milreïs-Stück (5000 Reïs), gesetzlich 6

Silbermünzen.

Aeltere Münzen:

Piaster, neue Doppel-Crusade zu 960 Reïs (umgeprägte span. oder amerik. Piaster) 7

Doppel-Pataca zu 640 Reïs, alte, nach franz. Probe 8

	Gewicht 1 Stückes	Auf 1 Pfund brut.	Fein-gehalt	Auf 1 Pfund fein	Ein Stück enthält fein Gold	fein Silber	Werth Gold : Silb. = 1 : 15½ oder 1 Thlr. = 3 M.	
	Gramm	Stück	1000	Stück	Gramm	Gramm	Mark	Pfennig
1	10							
2	4							
3	2							
4	28,6830	17,4319	916 $\frac{2}{3}$	19,0166	26,2928	. . . .	73	35,69
5	14,3415	34,8639	″	38,0333	13,1464	. . . .	36	67,84
6	14,3207	34,9143	914	38,1994	13,0892	. . . .	36	51,89
7	14,3528	34,3869	915	38,0725	13,1328	. . . .	36	64,06
8	8,0670	61,9802	916 $\frac{2}{3}$	67,6147	7,3948	. . . .	20	63,16
9	8,0304	62,2649	915	68,0491	7,3476	. . . .	20	50
1	8,0674	61,9779	914	67,8095	7,3736	. . . .	20	57,23
2	14,3415	34,8639	916 $\frac{2}{3}$	38,0333	13,1464	. . . .	36	67,84
3	17,9269	27,8911	″	30,4266	16,4329	. . . .	45	84,80
4	8,9634	55,7821	″	60,8533	8,2164	. . . .	22	92,40
5	9,0034	55,5343	914	60,7596	8,2291	. . . .	22	95,93
6	4,4817	111,5642	916 $\frac{2}{3}$	121,7066	4,1082	. . . .	11	46,20
7	26,9832	18,53	900	20,5889	. . . .	24,28493	4	37,13
8	18,909	26,4424	917	28,8358	. . . .	17,8395	3	12,11

Brasilien.

Doppel-Pataca zu 600 Reïs v. J. 1855 (für die Provinz Minos)
nach franz. Probe 1
$\frac{1}{1}$, $\frac{1}{2}$ u. $\frac{1}{4}$ Pataca zu 300, 150 u. 75 Reïs nach Verhältniß.
Doppel-Pataca zu 640 Reïs v. J. 1768 nach franz. Probe . . 2
Dergleichen „ „ „ „ „ 1801 „ „ „ . . 3
Pataca zu 320 Reïs } nach Verhältniß.
$\frac{1}{2}$ „ „ 160 „
$\frac{1}{4}$ „ „ 80 „
$\frac{1}{4}$ Pataca, 80 Reïs v. J. 1816, befunden 4
Cruzado novo zu 480 Reïs nach franz. Probe 5
Dergleichen „ „ „ „ „ „ 6
$\frac{1}{2}$ Cruzado novo zu 240 Reïs nach franz. Probe 7
$\frac{1}{4}$ „ „ (6 Vintêms) zu 120 Reïs nach franz. Probe . 8

Münzen von 1834—1838:

1200 Reïs-Stück vom Jahre 1834 befunden 9
1200 „ „ „ „ 1837 nach nordamerik. Probe . . . 1
800 „ „ „ „ 1838 „ „ „ 2
400 „ „ „ „ 1834 befunden 3
400 „ „ „ „ 1837 nach nordamerik. Probe . . . 4
200 „ „ „ „ 1837 „ „ „ 5
100 „ „ „ „ 1834 befunden 6
100 „ „ „ „ 1837 nach nordamerik. Probe . . . 7

Nach den Gesetzen vom 8. Okt. 1833 u. 11. Septbr. 1846:

1920 Reïs-Stück (Patacão), gesetzlich 8
1280 „ „ „ „ 9
640 „ „ „ „ 1
320 „ „ „ „ 2
160 „ „ „ „ 3

Nach d. Ges. v. 28. Juli 1849 als Scheidemünze in d. seitd. gesetzl. Goldwähr.:

2 Milreïs-Stück, 2000 Reïs, gesetzlich 4
1 „ „ 1000 „ „ 5
$\frac{1}{2}$ „ „ 500 „ „ 6

Nach d. Ges. v. 30. Septbr. 1867. (Nach Decr. v. 18. Nov. 1871 eingez.)

2000 Reïs-Stück, gesetzlich 7
1000 „ „ „ 8
500 „ „ „ 9
200 „ „ „ 1

Nickelmünzen (75 Kupfer, 25 Nickel) nach Ges. v. Sept. 1870 u. Nov. 1871.

200 Reïs-Stück, seit 1871 2
100 „ „ 3
50 „ „ 4

	Gewicht 1 Stückes	Auf 1 Pfund brut.	Feingehalt	Auf 1 Pfund fein	Ein Stück enthält fein Gold	Ein Stück enthält fein Silber	Werth Gold : Silb. = 1 : 15½ oder 1 Thlr. = 3 M.	
	Gramm	Stück	1000	Stück	Gramm	Gramm	Mark	Pfennig
1	17,581	28,4398	910	31,2525	. . . .	15,9987	2	87,97
2	17,74	28,1849	906	31,1092	. . . .	16,0724	2	89,30
3	18,962	26,3685	896	29,4292	. . . .	16,9899	3	05,82
4	2,5984	192,4265	915	210,3022	. . . .	2,3775	. . .	42,79
5	14,501	34,4590	896	38,4587	. . . .	13,001	2	34,02
6	14,66	34,1064	894	38,1504	. . . .	13,106	2	35,91
7	7,223	69,2233	896	77,2582	. . . .	6,4718	1	16,49
8	3,399	147,1021	899	163,6286	. . . .	3,0557	. . .	55,00
9	26,7477	18,6932	892	20,9565	. . . .	23,8589	4	29,46
1	26,826	18,6383	891	20,9184	. . . .	23,9024	4	30,24
2	17,8843	27,9574	"	31,3776	. . . .	15,9349	2	86,83
3	8,9305	55,9876	892	62,7663	. . . .	7,9665	1	43,39
4	8,9421	55,9149	886	63,1093	. . . .	7,9227	1	42,61
5	4,4711	111,8297	"	126,2186	. . . .	3,9613	. . .	71,30
6	2,2144	225,7911	892	253,1291	. . . .	1,9752	. . .	35,55
7	2,2355	223,6594	886	252,4372	. . . .	1,9807	. . .	35,65
8	26,8903	18,5941	917	20,2771	. . . .	24,6584	4	43,85
9	17,9268	27,8911	"	30,4156	. . . .	16,4389	2	95,90
1	8,9633	55,7822	"	60,8311	. . . .	8,2194	1	47,95
2	4,4816	111,5643	"	121,6622	. . . .	4,1097	. . .	73,97
3	2,2408	223,1286	"	243,3245	. . . .	2,0548	. . .	36,98
4	25,5	19,6078	"	21,3826	. . . .	23,3835	4	20,90
5	12,75	39,2156	"	42,7652	. . . .	11,6917	2	10,45
6	6,375	78,4313	"	85,5304	. . . .	5,8458	1	05,22
7	25	20	900	22,2222..	. . . .	22,5	4	05
8	12,5	40	"	44,4444..	. . . .	11,25	2	02,5
9	6,25	80	835	95,8084	. . . .	5,2187	. . .	93,93
1	2,5	200	"	239,5209	. . . .	2,0875	. . .	37,57
2	15							
3	10							
4	7							

Braunschweig.

Kupfermünzen, ältere:

40 Reïs-Stück 1
20 " " 2
neuere: 20 " " 3
10 " " 4

Braunschweig.

Rechnungsart.

Seit 1. Januar 1875 wie Deutschland. — Vorher: Thaler zu 30 Groschen zu 10 Pfennig. — 30 Thaler aus 1 Pfund fein Silber wie Preußen.

Früher, vor 1857: a) Thaler zu 24 Gutegroschen zu 12 Pfennig zu 2 Heller. — Von 1835—1857: 14 Thaler, von 1817—1834: 13⅓ Thaler = 1 Cöln. Mark fein Silber. —

b) Thaler zu 36 Mariengroschen zu 2 Matthier zu 4 Pfennig zu 2 Heller. — 13⅓ Thaler = 1 Cöln. Mark fein Silber.

Goldmünzen.

Aeltere Münzen vor 1834:

Dukaten, aus älterer Zeit, gesetzlich 5
Doppel-Pistole (Doppel-Carld'or) zu 10 Thlr. Gold, gesetzlich . . 6
Dergl. 11500 Stück von verschiedenen Jahren, i. J. 1831 befunden 7
Doppel-Wilhelmd'or v. J. 1831, befunden 8
Pistole (Carld'or) zu 5 Thlr. Gold, gesetzlich 9
Einzelne dergl. Pistolen von d. J. 1822 und 1824, befunden . . 1

Nach dem Gesetz vom 18. Dezember 1834:

Doppel-Wilhelmd'or zu 10 Thaler Gold, gesetzlich 2
Dergl. v. J. 1834 befunden 3
17 dergl. Stücke befunden 4
Große Summen derselben v. J. 1834 befunden 5
Wilhelmd'or zu 5 Thaler Gold, gesetzlich 6
½ Wilhelmd'or zu 2½ Thaler Gold nach Verhältniß.
Dukaten, gesetzlich 7

Nach dem Vertrage v. 24. Jan. u. Ges. v. 15. Mai 1857:

Krone, Vereins-Handelsmünze, gleich 8,393 Thl. Gold, gesetzlich . . 8
½ " " " gesetzlich 9

Silbermünzen.

Aeltere Münzen vor 1834:

Conventions-Speciesthaler, gesetzlich 1
½ Conv.-Speciesthlr. od. Conv.-Guld. zu 16 Ggrosch. Conv.-Kurant, gesetzlich 2
¼ Conv.-Speciesthlr. oder 8 Ggr. oder 12 Mariengr., gesetzlich . 3

	Gewicht 1 Stückes	Auf 1 Pfund brut.	Feingehalt	Auf 1 Pfund fein	Ein Stück enthält fein Gold	fein Silber	Werth Gold : Silb. = 1 : 15½ oder 1 Thlr. = 3 M.	
	Gramm	Stück	1000	Stück	Gramm	Gramm	Mark	Pfennig
1	28,683							
2	14,341							
3	7							
4	3,5							
5	3,4904	143,2509	$986\frac{1}{9}$	145,2685	3,4419	. . . .	9	60,29
6	13,3631	37,4163	$899\frac{1}{3}\frac{1}{6}$	41,6057	12,0176	. . . .	33	52,90
7	13,2713	37,6762	892	42,2368	11,8380	. . . .	33	02,80
8	13,0121	38,4256	894	42,9817	11,6329	. . . .	32	53,05
9	6,6816	74,8325	$899\frac{1}{3}\frac{1}{6}$	83,2115	6,0088	. . . .	16	76,45
1	6,6438	75,258	$895\frac{5}{6}$	84,0089	5,9517	. . . .	16	60,54
2	13,2998	37,5944	$895\frac{5}{6}$	41,9659	11,9144	. . . .	33	24,12
3	13,3034	37,5843	893	42,0877	11,8799	. . . .	33	14,50
4	13,2936	37,6121	894	42,0717	11,8845	. . . .	33	15,76
5	13,2859	37,6337	894	42,0959	11,8776	. . . .	33	13,86
6	6,6499	75,1889	$895\frac{5}{6}$	83,9318	5,9572	. . . .	16	62,06
7	3,4904	143,2509	$982\frac{2}{3}\frac{3}{6}$	145,7818	3,4298	. . . .	9	56,91
8	11,1111	45	900	50	10	. . . .	27	90
9	5,5555	90	"	100	5	. . . .	13	95
1	28,0627	17,8173	$833\frac{1}{3}$	21,3807	. . . .	23,3855	4	20,94
2	14,0313	35,6345	$833\frac{1}{3}$	42,7614	. . . .	11,6927	2	10,47
3	7,0156	71,2690	"	85,5229	. . . .	5,8463	1	05,23

Braunschweig. Bremen.

$\frac{2}{3}$ Stück nach dem Leipziger Fuß, oder Gulden, seit 1690 gesetzlich 1
Feines $\frac{2}{3}$-Stück oder Gulden, gesetzlich 2

4 Ggr.-Stück, 6 Mariengr. ($\frac{1}{6}$ Kurant Thaler od. $\frac{1}{4}$ Guld.), gesetzl. 3
Dergl. von 1764—1804 befunden 4
Dergl. vom Jahre 1814 befunden 5
2 Gutegroschen-Stück, 3 Mariengroschen, gesetzlich 6
Dergl. v. d. J. 1764—1806 u. 1816—1830 i. Durchschn. bef. 7

1 Gutergroschen zu 12 Pfenn., gesetzlich 8
1 Mariengroschen zu 8 Pfenn., „ 9
$\frac{1}{2}$ Ggroschen zu 6 Pfenn., gesetzlich 1
$\frac{1}{3}$ Ggroschen oder Matthier zu 4 Pfenn., gesetzlich 2

Nach dem Gsetz v. 18. Dezbr. 1834 u. seit 1842:

Doppelthaler- oder $3\frac{1}{2}$ Gulden-Stück, gesetzlich 3
Thaler zu 24 Ggroschen, gesetzlich 4
$\frac{1}{6}$ Thaler zu 4 Ggroschen, „ 5
Gulden, $\frac{2}{3}$ Thalerstück nach dem Leipziger Fuß (wie oben) . . . 6
Feiner Gulden (wie oben) 7
Scheidemünze.
1 Groschen 8
$\frac{1}{2}$ Groschen oder 6 Pfennigstück 9

Nach dem Vertrage v. 24. Jan. u. Gesetz v. 15. Mai 1857:

Doppelthaler, 2 Vereinsthaler . . . .
Vereinsthaler . . . .
$\frac{1}{6}$ Thaler . . . .
Scheidemünze. } wie Preußen.
$2\frac{1}{2}$ Groschen-Stück, $\frac{1}{12}$ Thaler
Groschen, $\frac{1}{30}$ Thaler . . . .
$\frac{1}{2}$ Groschen, $\frac{1}{60}$ Thaler . . .

Kupfermünzen.
Vor 1857: 2 Pfennigstück, $\frac{1}{6}$ Gutegroschen, gesetzlich 1
1 „ $\frac{1}{12}$ „ „ 2
Seit 1857: 2 „ $\frac{1}{5}$ Groschen „ 3
1 „ $\frac{1}{10}$ „ „ 4

Bremen.

Rechnungsart.
Seit 1. Juli 1872 Mark zu 100 Pfennig nach Gesetz v. 30. April 1872 wie Deutschland seit 1875. — Vorher: Thaler (Reichsthaler, Goldthaler) zu 72 Grote zu 5 Schwaren. Dieser Thaler war nur Rechnungsmünze, die Zahlung erfolgte in Gold-Kronen

	Gewicht 1 Stückes	Auf 1 Pfund brut.	Fein-gehalt	Auf 1 Pfund fein	Ein Stück enthält fein Gold	Ein Stück enthält fein Silber	Werth Gold : Silb. = 1 : 15½ oder 1 Thlr. = 3 M.	
	Gramm	Stück	1000	Stück	Gramm	Gramm	Mark	Pfennig
1	17,3226	28,8640	750	38,4853	....	12,9920	2	33,85
2	13,0828	38,2180	993 1/18					
3	5,1967	96,2132	562½	171,0458	....	2,9231	...	52,61
4	5,0971	98,0947	564	173,9269	....	2,8747	...	51,74
5	5,7289	87,2761	504	173,1669	....	2,8873	...	51,97
6	3,3408	149,6616	437½	342,0915	....	1,4615	...	26,31
7	3,1335	159,5643	434	367,6598	....	1,3599	...	24,48
8	1,9488	256,5687	375	684,1831	....	0,7307	...	13,15
9	1,4847	336,7464	312½	1077,5884	....	0,4640	...	08,35
1	1,3919	359,1961	250	1436,7844	....	0,3480	...	06,26
2	1,2373	404,0956	187½	2155,1765	....	0,2320	...	04,17
3	37,1199	13,4699	900	14,9665	....	33,4079	6	01,34
4	22,2719	22,4498	750	29,9330	....	16,7039	3	00,67
5	5,3452	93,5407	520⅝	179,5981	....	2,7840	...	50,11
6	17,3226	28,8640	750	38,4853	....	12,9919	2	33,85
7	13,0828	38,2180	993 1/18					
8	1,9488	256,5686	312½	821,0195	....	0,6090	...	10,96
9	1,392	359,1961	218¾	1642,0393	....	0,3045	...	05,48
1	4,87							
2	2,43							
3	2,97							
4	1,48							

oder Pistolen zu 5 Thaler. — Nach d. Gesetz v. 1. Septbr. 1857 wurde 1 Krone = 8,4 Thaler Gold, 1 Pfund fein Gold = 420 Thaler Gold = 84 Pistolen zu 5 Thaler gerechnet. — Nach dem deutschen Reichsgesetz v. 4. Dez. 1871 sind 28 Thaler Gold = 93 deutsche Mark zu rechnen.

Silbermünzen (nur als Scheidemünzen geprägt).

Nach Verordnung vom Juli 1840:

Gold-Thaler, gesetzlich 1
$\frac{1}{2}$ Gold-Thaler oder 36 Grote-Stück, gesetzlich 2
$\frac{1}{6}$ „ „ „ 12 „ „ 3
$\frac{1}{12}$ „ „ „ 6 „ „ 4
$\frac{1}{72}$ „ „ „ 1 „ „ 5

Kupfermünzen.

$2\frac{1}{2}$ Schwaren-Stück oder $\frac{1}{2}$ Grete 6
1 Schwaren 7

China.

Rechnungsart.

Tael (Tehl) oder Liang = 10 Mehss (Mace) oder Tsien = 100 Candarihns oder Fan = 1000 Cash oder Li = 10000 Haou = 100000 Sze oder Si. — China prägt weder Gold- noch Silbermünzen. Im Handel kommen Barren von verschiedenem Gewicht und Gehalt vor. Syce-Silber ist angeblich ganz feines Silber, in Wirklichkeit aber Silber von $\frac{96}{100}$ Feingehalt. Tael (= $\frac{1}{16}$ Ketty oder Kin) ist zugleich Gewicht und entspricht 579,84 grms. = 1,208 Troy Unze. — Von den im Handel cursirenden Spanischen Silber-Piastern und Amerikan.-Dollars werden in der Regel 100 Stück = 72 Taels gerechnet.

Dänemark.

Rechnungsart.

Krone zu 100 Oere. — Nach der Convention mit Schweden v. 18. Dezbr. 1872 u. Gesetz v. 23. Mai 1873 ist vom Jahre 1875 ab die Goldwährung eingeführt nnd wird ein Kilogramm fein Gold zu 2480 Kronen ausgebracht. Silbergeld ist nur Scheidemünze.

Früher:

a) Rigsdaler Rigsmynt (vor 1854 auch Reichsbank-Thaler genannt) zu 6 Mark zu 16 Schilling zu 5 Pfennig. — $18\frac{1}{2}$ Rigsdaler aus 1 Cöln. Mark fein Silber.

	Gewicht 1 Stückes	Auf 1 Pfund brut.	Fein-gehalt	Auf 1 Pfund fein	Ein Stück enthält fein Gold	Ein Stück enthält fein Silber	Werth Gold : Silb. = 1 : 15½ oder 1 Thlr. = 3 M.	
	Gramm	Stück	1000	Stück	Gramm	Gramm	Mark	Pfennig
1	17,5392	28,5076	986 1/9	28,9091	. . . . .	17,2956	3	11,32
2	8,7696	57,0153	"	57,8183	. . . . .	8,6478	1	55,66
3	3,8886	128,2843	739 2/3 1/6	173,4549	. . . . .	2,8826	. . .	51,88
4	1,9443	256,5686	"	346,9098	. . . . .	1,4413	. . .	25,94
5	0,7699	649,4396	281 1/4	2309,1186	. . . . .	0,2165	. . .	03,90
6	3,2							
7	1,4							

Dänemark.

b) Reichsthaler, Schleswig-Holsteinisches Kurant zu 3 Mark zu 16 Schilling zu 12 Pfennig Kurant. — 11$\frac{9}{16}$ Reichsthaler, Schlesw.-Holst. Kurant = 1 Cöln. Mark fein Silber.

c) Reichsthaler-Species (altdänisch und schleswig-holsteinisch) zu 48 Schilling zu 12 Pfennig Species. — 100 Thaler-Species sind gesetzlich = 125 Thaler Schlesw.-Holst. Kurant, oder 9$\frac{1}{4}$ Thaler-Species = 1 Cöln. Mark fein Silber.

d) Für Lauenburg:
Thaler (Reichsthaler) zu 48 Schilling zu 12 Pfennig. — Früher im Lübischen Münzfuße, der durch Annahme und Ausprägung (1830) der Neuen $\frac{2}{3}$-Stücke faktisch in den 12 Thalerfuß überging. Seit 1850 ist der Lauenburgische Thaler mit dem Preußischen im Werthe übereinstimmend, seit 1868 auch die Eintheilung.

Goldmünzen.

Aeltere Münzen vor 1827:

Species-Dukaten, seit 1761 gesetzlich 1
Kurant-Dukaten, seit 1757 " 2
Christiand'or, seit 1775 gesetzlich 3

Nach der Verordnung vom 3. Februar 1827:

Doppel-Frederikd'or u. neue Doppel-Christiand'or; gesetzlich 4
Dergleichen aus d. J. 1827—1839 in großen Summen befunden 5
Einfache Frederik und neue Christiand'or, gesetzlich 6

Nach d. Scandinav. Münzconv. v. 18. Dez. 1872 u. Ges. v. 23. Mai 1873:

20 Kronen-Stück 7
10 " " 8

Silbermünzen.

Aeltere Münzen:

Speciesthaler oder Doppel-Rigsdaler 9
$\frac{2}{3}$ Speciesthaler oder 40 Schilling Kurant 1
$\frac{1}{2}$ " " 30 " " 2
$\frac{1}{3}$ " " 20 " " 3
$\frac{1}{5}$ " " $\frac{1}{4}$ Kurant Thaler 4
24 Schilling Dänisch Kurant 5
16 " " " (später auf 15 Schill. reducirt) . . 6
12 " " " (" " 10 " ") . . 7
$\frac{1}{6}$ Thaler oder 1 Markstück 8
8 Schilling Dänisch Kurant von verschiedenen Gehalten 9
2 " " " 1

Neuere Münzen seit 1813 u. nach d. Gesetz v. 10. Febr. 1854:

2 Rigsdaler (2 Reichsbankthaler) = 1 Reichsthaler Species, gesetzlich 2
Rigsdaler = $\frac{1}{2}$ Reichsthaler Species, gesetzlich 3

	Gewicht 1 Stückes	Auf 1 Pfund brut.	Feingehalt	Auf 1 Pfund fein	Ein Stück enthält fein Gold	fein Silber	Werth Gold : Silb. = 1 : 15⅓ oder 1 Thlr. = 3 M.	
	Gramm	Stück	1000	Stück	Gramm	Gramm	Mark	Pfennig
1	3,4904	143,2509	979⅙	146,2987	3,4177	. . . .	9	53,53
2	3,1181	160,0554	875	183,2633	2,7283	. . . .	7	61,20
3	6,6816	74,8325	902 7/9	82,8914	6,032	. . . .	16	82,92
4	13,2841	37,639	895⅚	42,0156	11,9003	. . . .	33	20,19
5	13,2684	37,6835	"	42,0653	11,8863	. . . .	33	16,162
6	6,6420	75,278	"	84,0312	5,9501	. . . .	16	60,09
7	8,9606	55,8	900	62	8,0645	. . . .	22	50
8	4,4803	111,6	"	124	4,03225	. . . .	11	25
9	28,8933	17,3050	875	19,7772	. . . .	25,2816	4	55,07
1	19,2622	25,9575	"	29,6658	. . . .	16,8544	3	03,38
2	14,4467	34,6100	"	39,5543	. . . .	12,6408	2	27,53
3	9,6311	51,9151	"	59,3315	. . . .	8,4272	1	51,69
4	7,3546	67,9840	687½	98,8858	. . . .	5,0563	. . .	91,01
5	9,1708	54,5209	562½	96,9259	. . . .	5,1585	. . .	96,78
6	5,1908	96,2132	625	153,9412	. . . .	3,2479	. . .	58,46
7	3,8976	128,2843	562½	228,0611	. . . .	2,1924	. . .	39,46
8	5,0495	99,0195	406¼	243,7402	. . . .	2,0513	. . .	36,92
9	. . . .	. . . .	. . .	290,7779	. . . .	1,7194	. . .	30,95
1	1,4990	333,5393	250	1334,1572	. . . .	0,3747	. . .	06,74
2	28,8933	17,3050	875	19,7772	. . . .	25,2816	4	55,07
3	14,4466	34,6100	"	39,5543	. . . .	12,6408	2	27,53

Dänemark. Deutschland.

$\frac{1}{2}$ Rigsdaler = $\frac{1}{4}$ Reichsthaler Species = 48 Schilling, gesetzlich 1

32 Schilling, $\frac{1}{3}$ Rigsdaler = $\frac{1}{6}$ Reichsthaler Species, gesetzlich . . 2
16 „ $\frac{1}{6}$ „ = $\frac{1}{12}$ „ „ „ . . 3
8 „ $\frac{1}{12}$ „ = $\frac{1}{24}$ „ „ „ . . 4

Scheidemünze.

4 Schilling, gesetzlich 5
3 „ „ 6

Seit 1875, nach d. Gesetz v. 23. Mai 1873 als Scheidemünze:

2 Kronen-Stück, gesetzlich 7
1 „ „ „ 8
50 Oere-Stück „ 9
40 „ „ „ 1
25 „ „ „ 2
10 „ „ „ 3

Für Lauenburg:

$\frac{2}{3}$ Thaler, nach dem leipziger Fuß, seit 1830 geprägt 4

Bronzemünzen.

Aeltere: 1 Schilling Rigsmont 5
$\frac{1}{2}$ „ „ 6
Neueste: 5 Oere-Stück 7
2 „ „ 8
1 „ „ 9

Deutschland.

Rechnungsart.

Mark zu 100 Pfennig. Nach den Gesetzen v. 4. Dezbr. 1871 und 9. Juli 1873 enthalten 1395 Mark 1 Pfund fein Gold. Die Silbermünzen sind nur als Scheidemünzen zu 100 Mark aus 1 Pfunde fein Silber geprägt.

Goldmünzen.

20 Mark-Stück, Doppel-Krone, gesetzlich 1
10 „ „ Krone, „ 2
5 „ „ Halbe Krone, „ 3

Silbermünzen.

5 Mark-Stück, gesetzlich 4
2 „ „ „ 5
1 „ „ „ 6
50 Pfennig-Stück, gesetzlich 7
20 „ „ „ 8

Nickelmünzen.

10 Pfennig-Stück, gesetzlich 9
5 „ „ „ 1

	Gewicht 1 Stückes	Auf 1 Pfund brut.	Fein-gehalt	Auf 1 Pfund fein	Ein Stück enthält fein Gold	fein Silber	Werth Gold:Silb. = 1:15½ oder 1 Thlr. = 3 M.	
	Gramm	Stück	1000	Stück	Gramm	Gramm	Mark	Pfennig
1	7,2233	69,2200	875	79,1087	. . . .	6,3204	1	13,77
2	6,1289	81,5808	687½	118,6630	. . . .	4,2136	. . .	75,84
3	4,2136	118,6630	500	237,3260	. . . .	2,1068	. . .	37,92
4	2,8091	177,9945	375	474,6521	. . . .	1,0534	. . .	18,96
5	1,856	269,3970	250	1077,5880	. . . .	0,4650	. . .	08,35
6	1,5908	314,2965	218¾	1436,7840	. . . .	0,3478	. . .	06,26
7	15	33,333..	800	41,666..	. . . .	12	2	16
8	7,5	66,666..	"	83,333..	. . . .	6	1	08
9	5	100	600	166,666..	. . . .	3	. . .	54
1	4	125	"	208,333..	. . . .	2,4	. . .	43,2
2	2,42	206,6115	"	334,3526	. . . .	1,452	. . .	26,14
3	1,45	344,8276	400	862,0689	. . . .	0,580	. . .	10,44
4	17,3226	28,8640	750	38,4853	. . . .	12,9919	2	33,85
5	3,8							
6	1,9							
7	8							
8	4							
9	2							
1	7,96 49 54..	62,775	900	69,75	7,16 84 58..	. . . .	20	. . .
2	3,98 24 77..	125,55	"	139,5	3,58 42 29..	. . . .	10	. . .
3	1,99 12 38..	251,1	"	279	1,79 21 14..	. . . .	5	. . .
4	27,7777..	18	900	20	. . . .	25	5	. . .
5	11,1111..	45	"	50	. . . .	10	2	. . .
6	5,5555..	90	"	100	. . . .	5	1	. . .
7	2,7777..	180	"	200	. . . .	2,5	. . .	50
8	1,1111..	450	"	500	. . . .	1	. . .	20
9	4	. . . .	. . . .	. . . .	. . . .	. . . .	. . .	10
1	2,5	. . . .	. . . .	. . . .	. . . .	. . . .	. . .	05

England. Etrurien. Finnland. Frankfurt am Main.

Kupfermünzen.

2 Pfennig-Stück 1
1 „ „ 2

England s. Großbritanien.

Etrurien s. Toskana.

Finnland.

Rechnungsart.

Markka zu 100 Penniä. Nach Verordnung v. 12. Juni 1860 seit 1864 Markka = $\frac{1}{4}$ Silber Rubel Kurant = 5,1829 Grm. Silber zu $\frac{125}{144}$ Feingehalt (nahezu gleich $\frac{1}{5}$ des franz. silbernen Fünffrancstücks).

Silbermünzen.

2 Markka-Stück (= 50 Russ. Kopek.), gesetzlich 3
Markka (= 25 Russ. Kopek.), gesetzlich 4

Scheidemünze.

50 Penniä, gesetzlich 5
25 „ „ 6

Kupfermünzen.

20 Penniä, gesetzlich 7
10 „ „ 8
5 „ „ 9
Penni „ 1

Vormalige freie Stadt Frankfurt am Main.

Rechnungsart.

Bis 1866 Gulden zu 60 Kreuzer zu 4 Heller. — Von 1857 bis 1866 $52\frac{1}{2}$ Gulden = 500 Gramm; 1843 bis 1856 $24\frac{1}{2}$ Gulden = 1 Cöln. Mark fein Silber.

Früher vor 1843:

a) Gulden (Münze oder Waarenzahlung) zu 60 Kreuzer zu 4 Pfennig. — 24 Gulden = 1 Cöln. Mark fein Silber.

b) Thaler zu 90 Kreuzer zu 4 Pfennig. — 16 Thaler = 24 Gulden = 1 Cöln. Mark fein Silber.

c) Gulden Wechselgeld zu 60 Kreuzer zu 4 Pfennig. — Diese Rechnung basirt ursprünglich bei der Annahme des Karolins, auf Gleichstellung von $9\frac{1}{2}$ Gulden Wechselgeld mit 11 Gulden

	Gewicht 1 Stückes	Auf 1 Pfund brut.	Fein-gehalt	Auf 1 Pfund fein	Ein Stück enthält fein Gold	fein Silber	Werth Gold : Silb. = 1 : 15½ oder 1 Thlr. = 3 M.	
	Gramm	Stück	1000	Stück	Gramm	Gramm	Mark	Pfennig
1	3,333..	. . . .	. . .	. . . .	. . . .	. . . .	. . .	2
2	2	. . . .	. . .	. . . .	. . . .	. . . .	. . .	1
3	10,3658	48,2357	$868\frac{1}{18}$	55,5675	. . . .	8,9980	1	61,96
4	5,1829	96,4714	"	111,1351	. . . .	4,4990	. . .	80,98
5	2,5494	196,1246	750	261,4994	. . . .	1,9120	. . .	34,42
6	1,2747	392,2492	"	522,9988	. . . .	0,9560	. . .	17,21
7	25,594							
8	12,797							
9	6,3987							
1	1,27974							

Frankfurt am Main.

Waarenzahlung (im 24 Guldenfuß); später durch Annahme des Kronenthalers zu 2 Gulden 42 Kreuzer auf Gleichstellung von $9\frac{1}{2}$ Gulden Wechselgeld mit 11 Gulden im $24\frac{1}{2}$ Guldenfuß. Nach Letzterem sind $20\frac{2}{5}\frac{7}{5}$ Gulden = 1 Cöln. Mark fein Silber.

d) Thaler zu 90 Kreuzer zu 4 Pfennig. — $13\frac{1}{3}$ Thaler = 20 Gulden = 1 Cöln. Mark fein Silber (4 Kreuzer = 1 Batzen; 3 Kreuzer = 1 Groschen).

Goldmünzen.

Dukaten, gesetzlich 1
$\frac{2}{1}$ und $\frac{1}{2}$ nach Verhältniß.

Silbermünzen.

Aeltere Münzen:

Conventions-Speciesthaler, gesetzlich 2
$\frac{1}{2}$ „ „ oder Gulden, gesetzlich 3
$\frac{1}{4}$ „ „ oder 30 Kreuzer im 20 Guldenfuß oder 36 Kreuzer im 24 Guldenfuß, gesetzlich 4
Kopfstück zu 20 Kreuzer, später zu 24 Kreuzer umlaufend 5
$\frac{1}{2}$ „ „ 10 „ „ „ 12 „ „ 6
$\frac{1}{4}$ „ „ 5 „ „ „ 6 „ „ 7
Einkreuzerstück, gesetzlich 8

Nach den Münz-Conventionen v. 25. Aug. 1837, 30. Juli 1838 u. 27. März 1845 bis zum Jahre 1857:

$3\frac{1}{2}$ Gulden oder 2 Thalerstück, gesetzlich 9
2 Guldenstück, gesetzlich 1
Gulden, gesetzlich 2
$\frac{1}{2}$ „ zu 30 Kreuzer, gesetzlich 3

Scheidemünze:

6 Kreuzerstück, gesetzlich 4
3 „ „ 5
1 „ „ 6

Nach dem Wiener Vertrage vom 24. Januar 1857:

$3\frac{1}{2}$ Gulden oder 2 Vereinsthaler-Stück, gesetzlich 7
Vereinsthaler, gesetzlich 8
2 Gulden-Stück, gesetzlich 9
Gulden „ 1
$\frac{1}{2}$ „ „ 2

Scheidemünze:

6 Kreuzerstück gesetzlich 3
3 „ „ 4
1 „ „ 5

Kupfermünzen.

Heller, $\frac{1}{4}$ Kreuzer, aus der letzten Zeit 6

	Gewicht 1 Stückes	Auf 1 Pfund brut.	Feingehalt	Auf 1 Pfund fein	Ein Stück enthält fein Gold	fein Silber	Werth Gold : Silb. = 1 : 15½ oder 1 Thlr. = 3 M.	
	Gramm	Stück	1000	Stück	Gramm	Gramm	Mark	Pfennig
1	3,4904	143,2509	986½	145,2685	3,4419	. . . . .	9	60,29
2	28,0627	17,8173	833⅓	21,3807	. . . .	23,3856	4	20,94
3	14,0313	35,6345	"	42,7614	. . . .	11,6928	2	10,47
4	7,0156	71,2690	"	85,5229	. . . .	5,8463	1	05,23
5	6,6815	74,8325	583⅓	128,2843	. . . .	3,8976	. . .	70,16
6	3,8976	128,2843	500	256,5686	. . . .	1,9488	. . .	35,08
7	2,9447	169,7965	326	520,8484	. . . .	0,9599	. . .	17,28
8	0,6236	801,7772	250	3207,1088	. . . .	0,1559	. . .	02,80
9	37,1199	13,4699	900	14,9665	. . . .	33,4079	6	01,34
1	21,2114	23,5723	"	26,1914	. . . .	19,0902	3	43,62
2	10,6057	47,1445	"	52,3828	. . . .	9,5451	1	71,81
3	5,3028	94,2890	"	104,7655	. . . .	4,7725	. . .	85,90
4	2,5984	192,4265	333⅓	577,2796	. . . .	0,8661	. . .	15,59
5	1,2992	384,8530	"	1154,5591	. . . .	0,4330	. . .	07,79
6	0,8352	598,6602	166⅔	3591,9616	. . . .	0,1392	. . .	02,50
7	37,0370	13,5	900	15	. . . .	33,3333..	6	. . .
8	18,5185	27	"	30	. . . .	16,6666..	3	. . .
0	21,1640	23,625	"	26,25	. . . .	19,0477	3	42,86
1	10,5820	47,25	"	52,5	. . . .	9,5238	1	71,43
2	5,2910	94,5	"	105	. . . .	4,7619	. . .	85,71
3	2,4630	203	350	580	. . . .	0,8620	. . .	15,52
4	1,2315	406	"	1160	. . . .	0,4310	. . .	7,76
5	0,8333	600	166⅔	3600	. . . .	0,1388	. . .	2,5
6	1,25							

Frankreich.

Frankreich.

Rechnungsart.

Franc zu 100 Centimes (1 Franc auch = 20 Sols oder Sous). Nach den Gesetzen v. 15. August 1795, 17. März 1801, 28. März 1803 und 3. Mai 1848 sind 200 Franks = 1 Kilo Silber von $\frac{9}{10}$ Feingehalt nnd 3100 Franks = 1 Kilo Gold von $\frac{9}{10}$ Feingehalt. (Gold zu Silber = 1 : 15½.)

Früher rechnete man: Ecu zu 3 Livres tournois. — Livre tournois = 20 Sols zu 12 Deniers.

Goldmünzen.

Aeltere Münzen:

Louisd'or, alte von 1640—1709 gesetzlich aber mit Benutzung des Korn- und Schrot-Remediums 1
Dergl. nach gewöhnlicher Annahme 2
Louisd'or von 1665—1709 nach französ. Proben im Durchschnitt . 3
Louisd'or von 1709—1716, Sonnenlouisd'or, n. französ. Probe . 4

Louisd'or von 1716—1718, Noailles mit 4 Wappen, n. franz. Probe 5
Louisd'or von 1718—1720, Malteser Kreuz, n. französ. Probe . . 6
Louisd'or von 1720—1723, JL, französ. Probe 7
Louisd'or von 1723—1726, Mirlitons, französ. Probe 8
Louisd'or von 1726—1785, Schild-Louisd'or (später alte Schild-Louisd'or genannt), zu 24 Livres gesetzlich, aber mit Benutzung des Schrot- und Korn-Remediums 9
Dergl. alte Schild-Louisd'or, nach französ. Probe 1
Louisd'or, Neuer, von 1785—1792 (neuerer Schild-Louisd'or zu 24 Livres), gesetzlich, aber mit Benutzung des Schrot- und Korn-Remediums 2
Dergl. neue Schild-Louisd'or, nach französ. Probe 3
Ein dergl. Stück vom Jahre 1788, befunden 4

Doppelte und halbe nach Verhältniß.

Neuere Münzen seit 1803 nach den Gesetzen v. 17. März 1801 u. 28. März 1803, 3 Mai 1848 u. 12. Jan. 1854:

100 Frank-Stück (seit 1854), gesetzlich 5
50 " " " " 6
40 " " seit 1803, (durch Gesetz vom 12. Dec. 1854 ist die fernere Ausprägung sistirt), gesetzlich 7
20 Frank-Stück, seit 1803, gesetzlich 8
Dergl. in großen Summen befunden 9
10 Frank-Stück, seit 1848, gesetzlich 1
Dergl. in großen Summen befunden 2
5 Frank-Stück seit 1854, gesetzlich 3
Dergl. in großen Summen befunden 4

	Gewicht 1 Stückes	Auf 1 Pfund brut.	Feingehalt	Auf 1 Pfund fein	Ein Stück enthält fein Gold	Ein Stück enthält fein Silber	Werth Gold : Silb. = 1 : 15½ oder 1 Thlr. = 3 M.	
	Gramm	Stück	1000	Stück	Gramm	Gramm	Mark	Pfennig
1	6,7313	74,28	906$\frac{1}{4}$	81,9641	6,1002	. . . .	17	01,96
2	6,6816	74,8325	"	82,5738	6,0552	. . . .	16	89,40
3	6,692	74,7161	903	82,7421	6,0429	. . . .	16	85,96
4	8,127	61,5233	902	68,2077	7,3306	. . . .	20	45,22
5	12,163	41,1083	902	45,5746	10,9710	. . . .	30	60,91
6	9,774	51,1561	904	56,5887	8,8357	. . . .	24	65,16
7	9,774	51,1561	892	57,3499	8,7184	. . . .	24	32,44
8	6,48	77,1605	896	86,1166	5,8061	. . . .	16	19,90
9	8,1584	61,2863	901$\frac{1}{24}$	68,0172	7,3511	. . . .	20	50,95
1	8,1270	61,5233	896	68,6644	7,2818	. . . .	20	31,62
2	7,6236	65,5856	901$\frac{1}{24}$	72,7852	6,8695	. . . .	19	16,60
3	7,649	65,3680	900	72,6311	6,8841	. . . .	19	20,66
4	7,5437	66,2802	899	73,7266	6,7818	. . . .	18	92,12
5	32,25806	15,5	900	17,222..	29,0323	. . . .	81	. . .
6	16,12903	31	"	34,444..	14,5161	. . . .	40	50
7	12,90322	38,75	900	43,055..	11,6129	. . . .	32	40
8	6,4516	77,5	"	86,111..	5,8065	. . . .	16	20
9	6,4390	77,6516	899,4	86,3371	5,7912	. . . .	16	15,75
1	3,22580	155	900	172,222..	2,9032	. . . .	8	10
2	3,2108	155,7258	899,4	173,1441	2,8878	. . . .	8	05,69
3	1,61290	310	900	344,444..	1,45161	. . . .	4	05
4	1,6000	312,4976	899,4	347,4512	1,4390	. . . .	4	01,49

Frankreich.

Silbermünzen.	
Aeltere Münzen:	
Alter Ecu blanc, Louis blanc v. 1641—1709, nach gewöhnlicher Annahme	1
Dergl. alter Ecu mit 8 L. (1690)	2
Alter $\frac{1}{4}$ Ecu, im Durchschnitt befunden	3
Alter Ecu de Flandre oder carambole von 1685—1705, nach französ. Probe	4
Alter Ecu, Louis d'argent, Ecu aux trois couronnes v. 1709 bis 1718, nach älteren Angaben	5
Petit Ecu, dit de Navarre, v. 1718—1724, nach älteren Angaben	6
Ecu, Bidet neuf oder JL-Thaler v. 1724 –1726, n. älter. Angab.	7
Ecu neuf v. 1726—1796, Laubthaler, 6 Livres-Thaler, gesetzlich	8
Dergl. Laubthaler, gesetzlich, aber mit Benutzung des Schrot- und Korn-Remediums	9
Dergl. Laubthaler, ältere, nach mehreren Proben	1
Dergl. Laubthaler, neuere, i. Durchschnitt mehrerer Proben . .	2
Dergl. Laubthaler, nach rheinischen Tarifen ($8\frac{8}{11}$ Stück aus 1 Cöln. Mark fein)	3
Königl. $\frac{1}{2}$, $\frac{1}{5}$, $\frac{1}{10}$, $\frac{1}{20}$ Thaler nach Verhältniß.	
Republik. 30 Sols-Stück, gesetzlich n. d. Decret v. 28 Juli 1791	4
Dergl. mit Benutzung beider Remedien	5
Republik. 15 Sols-Stück, gesetzlich, n. d. Decret v. 28. Juli 1791	6
Dergl. mit Benutzung beider Remedien	7
Neuere Münzen n. d. Ges. v. 15. Aug. 1795, 28. März 1803 u. 3. Mai 1848:	
5 Frank-Stück, gesetzlich	8
Dergleichen befunden	9
2 Frank-Stück, gesetzlich	1
1 " " "	2
50 Centimes-Stück oder $\frac{1}{2}$ Frank, gesetzlich	3
25 " " " $\frac{1}{4}$ " " (bis 1848)	4
20 " " " $\frac{1}{5}$ " " (1848—1864)	5
Frühere Silber-Scheidemünze (Billon) von 1807—1848:	
10 Centimes-Stück ($\frac{1}{10}$ Frank), gesetzlich	6
Nach d. Gesetz v. 25. Mai 1864 u. Münzconvention mit Belgien, Italien u. Schweiz v. 23. Dezbr. 1865 seit 1. August 1866.	
5 Frank-Stück, gesetzlich	7
2 " " "	8
1 " " "	9
50 Centimes-Stück oder $\frac{1}{2}$ Frank, gesetzlich	1
20 " " " $\frac{1}{5}$ " "	2

	Gewicht 1 Stückes	Auf 1 Pfund brut.	Feingehalt	Auf 1 Pfund fein	Ein Stück enthält fein Gold	fein Silber	Werth Gold:Silb. = 1:15½ oder 1 Thlr. = 3 M.	
	Gramm	Stück	1000	Stück	Gramm	Gramm	Mark	Pfennig
1	25,9839	19,2427	913Θ	21,0763	. . . .	23,7233	4	27,02
2	25,9839	19,2427	910Θ	21,1458	. . . .	23,6453	4	25,62
3	6,0413	82,7627	916$\frac{3}{5}$Θ	90,2931	. . . .	5,5375	. . .	99,67
4	37,286	13,4099	858Θ	15,6292	. . . .	31,9914	5	75,84
5	30,3708	16,4632	906$\frac{1}{4}$Θ	18,1662	. . . .	27,5236	4	95,42
6	24,3777	20,5105	909$\frac{7}{10}$Θ	22,5465	. . . .	22,1764	3	99,17
7	23,463	21,3102	906$\frac{1}{4}$Θ	23,5147	. . . .	21,2633	3	82,74
8	29,372	17,0227	916$\frac{2}{3}$	18,5702	. . . .	26,9248	4	84,64
9	29,2579	17,0894	906$\frac{1}{4}$	18,8574	. . . .	26,5148	4	77,27
1	28,8710	17,3184	906$\frac{1}{4}$Θ	19,1099	. . . .	26,1644	4	70,96
2	29,0143	17,2329	899$\frac{3}{10}$Θ	19,1625	. . . .	26,0926	4	69,67
3	. . . .	. . . .	. . .	18,6595	. . . .	26,7959	4	82,33
4	10,1366	49,3262	666$\frac{2}{3}$	73,9893	. . . .	6,7577	1	21,64
5	10,0861	49,5730	659$\frac{13}{18}$	75,2004	. . . .	6,6489	1	19,68
6	5,0683	98,6524	666$\frac{2}{3}$	147,9796	. . . .	3,3788	. . .	60,82
7	5,0430	99,1460	659$\frac{13}{18}$	150,4009	. . . .	3,3244	. . .	59,84
8	25	20	900	22,2222	. . . .	22,5	4	05
9	24,9712	20,0231	"	22,2478	. . . .	22,4741	4	00,46
1	10	50	"	55,5555	. . . .	9	1	62
2	5	100	"	111,1111	. . . .	4,5	. . .	81
3	2,5	200	"	222,222..	. . . .	2,25	. . .	40,5
4	1,25	400	"	444,444..	. . . .	1,125	. . .	20,25
5	1	500	"	555,555..	. . . .	0,9	. . .	16,2
6	2	250	200	1250	. . . .	0,4	. . .	07,2
7	25	20	900	22,222..	. . . .	22,5	4	05
8	10	50	835	59,8802	. . . .	8,35	1	50,3
9	5	100	"	119,7605	. . . .	4,175	. . .	75,15
1	2,5	200	"	239,5210	. . . .	2,0875	. . .	37,575
2	1	500	"	598,8024	. . . .	0,835	. . .	15,03

Bronzemünzen. Nach dem Gesetz v. 6. Mai 1852.

10 Centimes-Stück, Decime, gesetzlich 1
5 „ „ (Sol), „ 2
2 „ „ gesetzlich 3
1 „ „ „ 4

Georgien oder Grusien (Tiflis).

Rechnungsart.

Rubel zu 100 Kopeken seit 1833 wie Rußland. — Früher Abazes zu 20 Kurthuli-Thetri (= Kopeken).

Goldmünzen wie Rußland.

Silbermünzen.

Nach Ukas vom 21. Oktober 1802:

Doppel-Abazes od. 40 Kurthuli-Thetri (oder Kopeken) 5
Abazes oder 20 Kurthuli-Thetri 6
½ Abazes „ 10 „ „ 7

Seit 1833 wie Rußland.

Gibraltar.

Rechnungsart.

Cob oder Dollar (der spanische Silber-Piaster) zu 12 Reales zu 16 Cuartos. — Seit 1838 wird der Werth des Cob in den spanischen Silberpiastern, wie in allen brittischen Colonieen auf 50 Pence oder 4⅙ Schilling Sterl. gesetzt; früher 54—52 Pence.

Kupfermünzen.

1 Cuarto (= 1 Farthing) de 1841.
½ Cuarto.

Griechenland.

Rechnungsart.

Drachme zu 100 Lepta (5 Lepta = 1 Obol). — Seit 1869 nach Gesetz v. 10. April 1867 und nach Beitritt zur lateinischen Münz-Convention (1868) 1 Drachme = 1 französischen Frank. — Vorher nach dem Gesetz v. 1833, eine Drachme gleich ⅙ des spanischen Silberpiasters oder 4,477 Gramm Silber von $\frac{9}{10}$ Feingehalt. — Noch früher von 1828—1833 rechnete man nach Phönix zu 100 Lepta. — Ein Phönix ebenfalls = ⅙ spanischem Silberpiaster sollte gesetzlich 4,476 Gramm Silber von $\frac{9}{10}$ Feingehalt sein, da er aber schlechter ausgebracht war, wurde er später auf 0,93 Drachme herabgesetzt.

	Gewicht 1 Stückes	Auf 1 Pfund brut.	Fein-gehalt	Auf 1 Pfund fein	Ein Stück enthält fein Gold	fein Silber	Werth Gold : Silb. = 1:15½ oder 1 Thlr. = 3 M. Mark	Pfennig
	Gramm	Stück	1000	Stück	Gramm	Gramm	Mark	Pfennig
1	10							
2	5							
3	2							
4	1							
5	6,2654	79,8035	916⅔	87,0584	. . . .	5,7425	1	03,38
6	3,1327	159,6071	"	174,1168	. . . .	2,8712	. . .	51,69
7	1,5663	319,2142	"	348,2336	. . . .	1,4306	. . .	25,84

Griechenland. Groß-Britanien.	
Goldmünzen.	
Nach dem Gesetz v. 8. (20.) Febr. 1833:	
40 Drachme-Stück	1
20 „ „	2
Nach dem Gesetz v. 10. (22.) April 1867:	
100, 50, 20, 10 u. 5 Drachme-Stücke wie die entsprechenden Französischen Frank-Stücke.	
Silbermünzen.	
Phönix zu 100 Lepta (1828—1833), gesetzlich	3
5 Drachme-Stück, gesetzlich	4
1 „ „ „	5
$\frac{1}{2}$ „ „ (50 Lepta), gesetzlich	6
$\frac{1}{4}$ „ „ (25 „), „	7
Seit 1869, nach Gesetz v. 10. (22.) April 1867:	
5, 2, 1, $\frac{1}{2}$ u. $\frac{1}{5}$ Drachme-Stück, wie die entsprechenden französ. Frank-Stücke seit 1864.	
Kupfermünzen.	
10 Lepta, gesetzlich	8
5, 2, 1 Lepton nach Verhältniß.	

Groß-Britanien.

Rechnungsart.

Pound- (Pfund) oder Livre Sterling zu 20 Shilling Sterl. zu 12 Pence Sterl. (Penny oder Pfennig). — Nach dem Gesetz v. 22. Juni 1816 werden $3\frac{148}{160}$ Pound Sterl. aus 1 Troy Unze Standard Gold geprägt (Standard Gold ist Gold von $\frac{11}{12}$ Feingehalt) oder $934\frac{1}{2}$ Sovereign = 20 Troy Pfund à $\frac{11}{12}$ ($916\frac{2}{3}$ Tausendtheil) Feingehalt. — Nach dem Gesetz vom 4. April 1870 ist 1 Sovereign = 7,98805 Grm. zu 916,66 Tausendtheil Feingehalt und hat bis zum Gewicht von 7,93787 Grm. zum vollen Werth Umlauf. — Gold ist seit 1816 das einzige gesetzliche Zahlmittel für Beträge über 2 Pound Sterl. — Silber- und Kupfermünzen sind Scheidemünzen. —
Das Silber wird so ausgeprägt, daß $5\frac{1}{2}$ Shilling Sterl. eine Troy Unze Standard Silber wiegen (Standard Silber ist Silber von $\frac{37}{40}$ oder $\frac{925}{1000}$ Feingehalt). Es sind also 66 Shilling in Silbermünzen = 1 Troy Pfund Silber von 925 Tausendtheil Feingehalt.

	Gewicht 1 Stückes	Auf 1 Pfund brut.	Feingehalt	Auf 1 Pfund fein	Ein Stück enthält fein Gold	fein Silber	Werth Gold : Silb. = 1 : 15½ oder 1 Thlr. = 3 M.	
	Gramm	Stück	1000	Stück	Gramm	Gramm	Mark	Pfennig
1	11,5533	43,2775	900	48,0861	10,398	. . . .	29	01,04
2	5,7766	86,555	"	96,1722	5,199	. . . .	14	50,52
3	4,4764	111,6959	900	124,1065	. . . .	4,0284	. . .	72,51
4	22,3849	22,3365	900	24,8183	. . . .	20,1465	3	62,63
5	4,477	111,6824	"	124,0916	. . . .	4,0293	. . .	72,53
6	2,2385	223,3649	"	248,1832	. . . .	2,0146	. . .	36,26
7	1,1192	446,7298	"	496,3664	. . . .	1,0073	. . .	18,13
8	10							

Groß-Britanien.

Goldmünzen.

Aeltere Münzen vor 1816:

Guinea zu 21 Shilling Sterling, gesetzlich 1
Dergl. Guinea, nach gewöhnlicher Annahme 2
Dergl. „ nach französischer Probe 3
Dergl. „ vom Jahre 1790, befunden 4
$\frac{5}{1}$, $\frac{2}{1}$, $\frac{1}{2}$, $\frac{1}{4}$ und $\frac{1}{3}$ nach Verhältniß.

Neuere Münzen n. d. Ges. v. 22. Jan. 1816 u. 4. Apr. 1870 seit 6. Febr. 1817:

5 Sovereign-Stück zu 100 Shil. Sterl., gesetzlich 5
2 „ „ „ 40 „ „ „ 6
Sovereign (Pound Sterl.) zu 20 Shil. Sterl., gesetzlich 7
Dergl. bei Benutzung des Schrot- und Korn-Remediums . . . 8
Dergl. aus neuerer Zeit in großen Summen im Durchschnitt befunden 9
$\frac{1}{2}$ Sovereign zu 10 Shil. Sterl., gesetzlich 1

Silbermünzen.

Aeltere Münzen:

Crown (Krone) zu 5 Shil. Sterl., gesetzlich 2
Dergl. Krone nach französ. Probe 3
Dergl. Krone nach gewöhnlicher Annahme 4
Halbe Krone zu $2\frac{1}{2}$ Shil. Sterl., gesetzlich 5
Schilling zu 12 Pence Sterl. 6
Dergl. Schilling nach gewöhnlicher Annahme 7
$\frac{1}{2}$, $\frac{1}{3}$, $\frac{1}{4}$, $\frac{1}{6}$, $\frac{1}{12}$ Schilling nach Verhältniß.
Bankthaler v. J. 1801 zu 5 Schilling, befunden 8
3 Schillingstück, Bank token von 1812 u. 1813, befunden . . . 9
$1\frac{1}{2}$ Schillingstück, Bank token nach Verhältniß.

Neuere Münzen nach d. Ges. v. 22 Juni 1816, 30. Juli 1849 u. 4. Apr. 1870 (als Scheidemünzen in der seit 1816 eingeführten Goldwährung).

Crown, Krone, zu 5 Shill. Sterl., gesetzlich 1
Half-Crown ($\frac{1}{2}$ Krone), zu 2 Shil. 6 Pence Sterl., gesetzlich . . 2

Florin, 2 Shilling, seit 1849, gesetzlich 3
Shilling Sterl., gesetzlich 4
$\frac{1}{2}$ Shilling (Six Pence Sterl.), gesetzlich 5

4 Pence Sterl., Groat oder Fourpence, gesetzlich 6
3 „ „ Half-Sixpence od. Threepence für Westindien und für die Jonischen Inseln als 30 Oboli-Stück, gesetzlich . . 7

	Gewicht 1 Stückes	Auf 1 Pfund brut.	Feingehalt	Auf 1 Pfund fein	Ein Stück enthält fein Gold	fein Silber	Werth Gold : Silb. = 1 : 15½ oder 1 Thl.r = 3 M.	
	Gramm	Stück	1000	Stück	Gramm	Gramm	Mark	Pfennig
1	8,3873	59,6134	916⅔	65,0328	7,6884	. . . .	21	45,07
2	8,2054	60,9351	916	66,5230	7,5162	. . . .	20	97,02
3	8,3388	59,9601	915	65,5302	7,6301	. . . .	21	28,79
4	8,3570	59,8297	914	65,7469	7,6049	. . . .	21	21,77
5	39,94028	12,5187	916⅔	13,65675	36,6119	. . . .	102	14,73
6	15,97611	31,2967	„	34,1418	14,64476	. . . .	40	85,89
7	7,98805	62,5935	„	68,2837	7,3224	. . . .	20	42,945
8	7,93787	62,9892	914⅔	68,8662	7,26045	. . . .	20	25,666
9	7,98078	62,6505	916,6	68,3511	7,31518	. . . .	20	39,6
1	3,99402	125,1869	916⅔	136,5675	3,66119	. . . .	10	21,47
2	30,0998	16,6114	925	17,9582	. . . .	27,8424	5	01,16
3	30,0007	16,6663	920	18,1155	. . . .	27,6007	4	96,81
4	29,9814	16,6766	916½ Θ	18,1964	. . . .	27,4779	4	94,60
5	15,0499	33,2227	925	35,9165	. . . .	13,9214	2	50,58
6	6,0199	83,0569	925	89,7912	. . . .	5,5685	1	00,23
7	5,9963	83,3848	916 Θ	91,0315	. . . .	5,4926	. . .	98,86
8	26,8799	18,6012	895⅝ Θ	20,7641	. . . .	24,0790	4	33,42
9	14,6645	34,0958	894 Θ	38,1385	. . . .	13,1101	2	35,98
1	28,27590	17,6829	925	19,11665	. . . .	26,1552	4	70,79
2	14,13795	35,3658	„	38,23330	. . . .	13,0776	2	35,39
3	11,31036	44,2072	925	47,7916	. . . .	10,4621	1	88,32
4	5,65518	88,4145	„	95,5832	. . . .	5,2310	. . .	94,16
5	2,82759	176,829	„	191,1665	. . . .	2,6155	. . .	47,08
6	1,88506	265,2335	925	286,7496	. . . .	1,7437	. .	31,38
7	1,41379	353,658	925	382,3330	. . . .	1,3077	. . .	23,54

Groß-Britanien. Hamburg.

Silbermünzen.

2 Pence Sterl., Half Groat od. Twopence für Westindien, gesetzl. 1
1½ „ „ Threehalfpence, gesetzlich 2
Penny Sterl., Maunday (Gründonnerstag) -Money, gesetzlich . . 3

Kupfermünzen bis 1860:

2 Pence, gesetzlich 4
Penny, „ 5
½ Penny, Halfpenny, gesetzlich 6
¼ „ Farthing, „ 7
½ Farthing, ⅛ Penny, „ 8
¼ „ 1/16 „ „ 9

Bronzemünzen seit 1860:

Penny 1
Halfpenny 2
Farthing 3

Hamburg.

Rechnungsart.

Mark zu 100 Pfennig wie Deutschland. — Die deutsche Reichswährung ist durch Gesetz v. 11. Nov. 1872 seit 15. Febr. 1873 eingeführt.

Vorher:

a) Mark Banko zu 16 Schilling Banko zu 12 Pfennig Banko. — Bankogeld ist nicht geprägte, sondern nur Rechnungsmünze. Bis 1868 27¾ Mark Banko gleich einer Cölnischen Mark fein Silber, wonach 59,3315 Mark Banko = 1 Pfund fein Silber, oder 1 Mark Banko = 8,42722 Gramm fein Silber gleich 15,1690 Silbergroschen Preuß. — Vom 1. Juli 1868—1873 wurden 59⅓ Mark Banko = 1 Deutschen Pfunde fein Silber gesetzt, wonach 1 Mark Banko = 8,426966 Gramm fein Silber oder = 1 Mark 51,685.. Pfennig in neuer deutscher Reichswährung. Gold : Silber = 1 : 15½.

b) Mark Hamburger oder Lübisch Kurant zu 16 Schilling zu 12 Pfennig Kurant. Seit 1. Juli 1856 waren 35 Kurant Mark gesetzlich = 1 Cöln. Mark fein Silber, und wurden 2½ Mark oder 40 Schilling = 1 Thaler Preußisch gerechnet. Bei letzterer Annahme sind 75 Kurantmark = 1 Pfund fein Silber, oder 1 Kurantmark = 6⅔ Gramm fein Silber = 1,2 Mark deutscher Reichswährung.

	Gewicht 1 Stückes	Auf 1 Pfund brut.	Fein-gehalt	Auf 1 Pfund fein	Ein Stück enthält fein Gold	Ein Stück enthält fein Silber	Werth Gold : Silb. = 1 : 15½ oder 1 Thlr. = 3 M. Mark	Werth Pfennig
	Gramm	Stück	1000	Stück	Gramm	Gramm	Mark	Pfennig
1	0,94253	530,4670	925	573,4992	. . . .	0,8718	. . .	15,69
2	0,70689	707,316	„	764,6660	. . . .	0,6539	. . .	11,77
3	0,47126	1060,9340	„	1146,9984	. . . .	0,4359	. . .	07,84
4	37,799							
5	18,8995							
6	9,4497							
7	4,7249							
8	2,3624							
9	1,1812							
1	9,4498							
2	5,6699							
3	2,8349							

Hamburg. Hannover.

Rechnungsart.

c) Alte Kurant Mark zu 16 Schilling zu 12 Pfennig (Grobkurant). 3 Mark = 1 Thaler Lübisch Kurant. 34 dieser Mark (oder = $11\frac{1}{3}$ Thaler Lübisch) = 1 Cöln. Mark fein Silber.

Goldmünzen.

Dukaten 1

Silbermünzen.

Speciesthaler zu 3 Bankmark, aus älterer Zeit nach d. leipziger Fuß 2
2 Mark-Stück zu 32 Schilling Lübisch Kurant, gesetzlich 3
1 Mark zu 16 Schilling Lübisch Kurant, gesetzlich 4
$\frac{1}{2}$ " " 8 " " " " 5
$\frac{1}{4}$ " " 4 " " " " 6
$\frac{1}{8}$ " " 2 " " " " 7

Scheidemünze seit 1840:

Schilling, gesetzlich 8
$\frac{1}{2}$ Schilling, gesetzlich 9
$\frac{1}{4}$ " " 1

Hannover.

Rechnungsart.

Von 1857—1866: Thaler zu 30 Groschen zu 10 Pfennig. — Nach dem Gesetz vom 3. Juni 1857 30 Thaler = 1 Pfund fein Silber. Krone zu 10 Kronzehntel zu 10 Krongroschen zu 10 Kronpfennig. Nach dem Gesetz vom 3. Juni 1857, 50 Kronen = 1 Pfund fein Gold.

Von 1834—1857: Thaler zu 24 Gutegroschen zu 12 Pfennig. — Nach Gesetz vom 8. April 1834 bis 1857 14 Thaler = 1 Cöln. Mark fein Silber. Pistole zu 5 Thaler Gold. — $35\frac{1}{6}$ Stück Pistolen aus der Cöln. Mark Gold von $\frac{258}{288}$ Feingehalt.

Von 1817—1834: Thaler zu 24 Gutegroschen zu 12 Pfennig oder zu 36 Mariengroschen zu 8 Pfennig im Conventionsfuß, $13\frac{1}{3}$ Thaler = 1 Cöln. Mark fein Silber.

Von 1690—1817: Thaler (Reichsthaler) zu 36 Mariengroschen zu 8 Pfennig im Leipziger Fuß, 12 Thaler oder 18 Gulden = 1 Cöln. Mark fein Silber.

Für Ostfriesland: Thaler zu 54 Stüber Ostfr. zu 10 Witten.
Gulden zu 20 Stüber Ostfr. zu 10 Witten, oder auch Gulden zu 10 Schaap zu 20 Witten.

	Gewicht 1 Stückes	Auf 1 Pfund brut.	Fein-gehalt	Auf 1 Pfund fein	Ein Stück enthält fein Gold	fein Silber	Werth Gold : Silb. = 1 : 15½ oder 1 Thlr. = 3 M.	
	Gramm	Stück	1000	Stück	Gramm	Gramm	Mark	Pfennig
1	3,4904	143,2509	979	146,3237	3,4171	. . . .	9	53,37
2	29,2319	17,1046	888 8/9	19,2426	. . . .	25,9840	4	67,71
3	18,3416	27,2604	750	36,3472	. . . .	13,7562	2	47,61
4	9,1708	54,5208	"	72,6945	. . . .	6,6781	1	23,81
5	5,5025	90,8681	625	145,3889	. . . .	3,4390	. . .	61,90
6	3,0569	163,5625	562½	290,7779	. . . .	1,7195	. . .	30,95
7	1,9651	254,4306	437½	581,5556	. . . .	0,8597	. . .	15,48
8	1,0826	461,8237	375	1231,5299	. . . .	0,4060	. . .	07,31
9	0,7692	649,9740	250	2599,8960	. . . .	0,1923	. . .	03,46
1	0,5128	974,961	187½	5199,7920	. . . .	0,0961	. . .	01,73

Hannover.

Goldmünzen.	
Aeltere Münzen:	
Dukaten, aus früherer Zeit zu $2\frac{2}{3}$ Thlr. Kassengeld u. $2\frac{5}{6}$ Rthlr. Gold, gesetzlich	1
1 Goldgulden zu 2 Thaler, gesetzlich	2
Georgd'or aus früher Zeit, gesetzlich	3
$\frac{2}{1}$ und $\frac{1}{1}$ nach Verhältniß.	
Doppel-Georgd'or, nach Valvation v. J. 1831, bei 10500 Stück v. J. 1825 befunden	4
Doppel-Georgd'or, bei 17500 Stück von verschiedenen Jahren mit Ausnahme von 1825, befunden	5
Dergleichen einzelne Stücke v. J. 1824, befunden	9
Neuere Münzen nach Gesetz v. 8. April 1834:	
Doppel-Wilhelmd'or (Doppel-Pistole) zu 10 Thlr. Gold, gesetzlich .	7
Wilhelmd'or (auch Pistole oder Louisd'or genannt) zu 5 Thaler Gold, gesetzlich	8
Dergleichen Doppel-Wilhelmd'or in großen Summen i. J. 1840 befunden	9
Dergleichen Doppel-Ernst-Augustd'or i. J. 1840 befunden . .	1
$\frac{1}{2}$ Pistole zu $2\frac{1}{2}$ Thaler Gold nach Verhältniß.	
Nach dem Vertrage v. 24. Januar u. Gesetz v. 3. Juni 1857:	
Krone, Vereinshandelsmünze, gesetzlich	2
$\frac{1}{2}$ Krone, " "	3
Silbermünzen.	
Nach dem Reichsfuß von 1738:	
Alter Reichsspeciesthaler, gesetzlich	4
$\frac{2}{3}$ Stück oder Gulden ($\frac{1}{2}$ Reichsspeciesthaler), gesetzlich	5
Feines $\frac{2}{3}$ Stück oder Gulden, gesetzlich	6
$\frac{1}{3}$ Stück oder $\frac{1}{2}$ Gulden nach Verhältniß.	
Nach d. Conventionsfuß 1817—1833:	
Feines $\frac{2}{3}$ Stück oder Gulden zu 16 Ggroschen, gesetzlich	7
Dergleichen befunden	8
$\frac{1}{6}$ Thalerstück zu 4 Ggroschen = 6 Mariengroschen, gesetzlich . . .	9
$\frac{1}{12}$ " " 2 " = 3 " "	1
$\frac{1}{24}$ " " 1 "	2
Nach d. Gesetz v. 8. April 1834:	
Doppelthaler oder $3\frac{1}{2}$ Guldenstück, gesetzlich	3

	Gewicht 1 Stückes	Auf 1 Pfund brut.	Feingehalt	Auf 1 Pfund fein	Ein Stück enthält fein Gold	fein Silber	Werth Gold : Silb. = 1 : 15½ oder 1 Thlr. = 3 M.	
	Gramm	Stück	1000	Stück	Gramm	Gramm	Mark	Pfennig
1	3,4904	143,2509	986 1/9	145,2685	3,4419	. . . .	9	60,29
2	3,2479	153,9411	784722	196,1728	2,54877	. . . .	7	11,07
			152778 Silb.	1007,613	. . . .	0,49622	. . .	08,93
3	6,6815	74,8325	902 7/9	82,8914	6,032	. . . .	16	82,92
4	13,2817	37,6457	884,548	42,5592	11,7483	. . . .	32	77,78
5	13,2561	37,6316	892,361	42,1708	11,8565	. . . .	33	07,97
6	13,2814	37,6465	888,888	42,3524	11,8057	. . . .	32	93,79
7	13,2998	37,5944	895 5/6	41,9659	11,9144	. . . .	33	24,13
8	6,6499	75,1889	895 5/6	83,9318	5,9572	. . . .	16	62,06
9	13,2908	37,6200	894	42,0806	11,882	. . . .	33	15,06
1	13,2886	37,6262	895	42,0405	11,8933	. . . .	33	18,22
2	11,1111..	45	900	50	10	. . . .	27	90
3	5,5555	90	"	100	5	. . . .	13	95
4	29,2319	17,1046	888 8/9	19,2426	. . . .	25,9840	4	67,71
5	17,3226	28,864	750	38,4853	. . . .	12,9920	2	33,85
6	13,0828	38,2180	993 1/18					
7	11,7747	42,4638	993 1/18	42,7614	. . . .	11,6927	2	10,47
8	11,7515	42,5476	996	42,7185	. . . .	11,7045	2	10,68
9	5,8464	85,5229	500	171,0458	. . . .	2,9231	. . .	52,62
1	3,2395	154,3421	437½	352,7819	. . . .	1,4173	. . .	25,51
2	1,9488	256,5687	312½	821,0195	. . . .	0,609	. . .	10,96
3	37,1100	13,4699	900	14,9665	. . . .	33,4079	6	01,34

Hannover. Hessen (Cassel).

Silbermünzen.

Thaler zu 24 Ggroschen, gesetzlich 1
Thaler aus feinem Silber (1834—1840), gesetzlich 2
Feines $\frac{2}{3}$ Stück nach d. Leipziger Fuß (bis 1839), gesetzlich . . . 3
$\frac{1}{6}$ Thaler zu 4 Ggroschen, gesetzlich 4
$\frac{1}{12}$ „ „ 2 „ (justirt), gesetzlich 5

Scheidemünze.

$\frac{1}{24}$ Thaler oder 1 Ggroschen, gesetzlich 6
6 Pfennigstück, $\frac{1}{48}$ Thaler (seit 1843), gesetzlich . . 7
4 „ $\frac{1}{72}$ „ (bis 1842), „ . . 8

Nach dem Gesetz v. 3. Juni 1857—1866:

Doppelthaler, 2 Vereinsthaler	wie Preußen.
Thaler, Vereinsthaler	
$\frac{1}{6}$ Thaler, zu 5 Groschen	
$\frac{1}{12}$ „ „ $2\frac{1}{2}$ „	
Scheidemünze.	
Groschen zu 10 Pfennig	
$\frac{1}{2}$ „ „ 5 „	

Kupfermünzen.

2 Pfennig seit 1857, gesetzlich 9
1 „ „ „ „ 1

Hessen (Cassel) das vormalige Kurfürstenthum.

Rechnungsart.

I. Provinz Nieder-Hessen (Cassel).

Von 1841—1866:

Thaler zu 30 Silbergroschen zu 12 Heller. — Nach d. Ges. v. 19. Novbr. 1857 enthalten 30 Thaler 1 Pfund fein Silber, vorher 14 Thaler 1 Cöln. Mark fein Silber.

Früher vor 1841:

Thaler zu 24 Gutegroschen zu 12 Pfennig oder 16 Heller. — Seit 1819, 14 Thaler gleich 1 Cöln. Mark fein Silber. (In der Zeit 1821—1831 wurden $\frac{1}{3}$ und $\frac{1}{6}$ Thalerstücke im $14\frac{2}{3}$ Thalerfuß ausgeprägt.)

Thaler-Kurant zu 32 Hessen Albus zu 12 Heller oder auch zu 24 Gutegroschen zu 16 Heller gerechnet im 14 Thalerfuß wie die vorstehenden. — Vor 1819 im Conventions- oder $13\frac{1}{3}$ Thalerfuß.

	Gewicht 1 Stückes	Auf 1 Pfund brut.	Feingehalt	Auf 1 Pfund fein	Ein Stück enthält fein Gold	Ein Stück enthält fein Silber	Werth Gold : Silb. = 1 : 15½ oder 1 Thlr. = 3 M.	
	Gramm	Stück	1000	Stück	Gramm	Gramm	Mark	Pfennig
1	22,2719	22,4498	750	} 29,9330	. . . .	16,7039	3	00,67
2	16,8208	29,7251	993 1/18					
3	13,0828	38,2180	993 1/18	38,4853	. . . .	12,992	2	33,85
4	5,3452	93,5407	520 5/6	179,5981	. . . .	2,7840	. . .	50,11
5	2,6726	187,0813	"	359,1961	. . . .	1,392	. . .	25,05
6	1,9488	256,5686	312 1/2	821,0195	. . . .	0,609	. . .	10,96
7	1,392	359,1961	218 3/4	1642,0393	. . . .	0,3045	. . .	5,48
8	0,928	538,7941	"	2463,0589	. . . .	0,203	. . .	3,65
9	4							
1	2							

Hessen (Cassel).

Rechnungsart.

II. Provinz Ober-Hessen (Hanau).

Gulden zu 60 Kreuzer im 52½, 24½ und 24 Guldenfuß wie Hessen-Darmstadt.

Goldmünzen.

Pistole zu 5 Thaler Gold, ältere bis 1806, gesetzlich 1
" " " " " von 1814—1819, " 2
" " " " " von 1839 u. nach Ges. v. 18. Jan. 1841 3
Doppelte nach Verhältniß.
(Die Münzen für das Königreich Westfalen siehe unter Westfalen.)

Silbermünzen.

Aeltere Münzen:

Landgräfl. Thaler v. 1776 u. 1778, befunden 4
Halbe Thaler nach Verhältniß.
Landgräfl. Thaler v. J. 1789, befunden 5
Dergl. v. 1789, befunden. 6
Landgräfl. ½ Thaler v. J. 1789, befunden 7
" ¼ " " " 1768—1771, befunden 8
" ⅛ " " " 1766—1769, " 9

Conventions-Speciesthaler, gesetzlich 1
Conventions-Gulden, gesetzlich 2
½ " " " 3
Landgräfl. ⅙ Thaler, " 4
" $\frac{1}{12}$ " " 5

Münzen von 1819—1834:

Thaler, gesetzlich 6
½ Thaler, gesetzlich 7
⅓ " von 1822—1828, befunden 8
⅙ " " 1823—1831, " 9

Nach d. Ges. v. 3. Mai 1834 u. Conv. v. 30. Juli 1838—1857:

Doppelthaler oder 3½ Guldenstück, gesetzlich 1
Thaler, gesetzlich 2
½ Thaler nach Verhältniß.
⅙ Thaler, gesetzlich 3

Scheidemünze.

2½ Silbergroschenstück, $\frac{1}{12}$ Thaler (seit 1852) . . . 4
2 Silbergroschen, $\frac{1}{15}$ Thaler (nur 1842) 5
Silbergroschen = 12 Heller (seit 1841) 6
½ " = 6 " (seit 1842) 7

	Gewicht 1 Stückes	Auf 1 Pfund brut.	Feingehalt	Auf 1 Pfund fein	Ein Stück enthält fein Gold	Ein Stück enthält fein Silber	Werth Gold : Silb. = 1 : 15½ oder 1 Thlr. = 3 M.	
	Gramm	Stück	1000	Stück	Gramm	Gramm	Mark	Pfennig
1	6,6499	75,1889	$895\frac{5}{6}$	83,93177	5,95722	....	16	62,06
2	6,6625	75,04635	$899\frac{1}{3}\frac{1}{6}$	83,4492	5,99167	....	16	71,67
3	6,6816	74,8325	$902\frac{7}{9}$	82,8914	6,0320	....	16	82,92
4	23,3855	21,3807	751	28,4697	....	17,5625	3	16,12
5	18,75	26,6666	860	31,0077	....	16,125	2	90,25
6	19,0513	26,2448	882	29,7561	....	16,8033	3	02,46
7	9,4774	52,7569	886	59,5451	....	8,3970	1	51,14
8	7,7185	64,7793	574	112,8559	....	4,4304	...	79,75
9	4,9179	101,6696	441	230,5434	....	2,1688	...	39,04
1	28,0627	17,8173	833⅓	21,3807	....	23,3855	4	20,94
2	14,0313	35,6345	"	42,7614	....	11,6927	2	10,47
2	7,0156	71,2690	"	85,5229	....	5,8463	1	05,23
4	5,8464	85,5229	500	171,0458	....	2,9232	...	52,62
5	3,3408	149,6616	437½	342,0915	....	1,4616	...	26,31
6	22,2719	22,4498	750	29,9330	....	16,7039	3	00,67
7	11,1359	44,8995	"	59,8660	....	8,3519	1	50,33
8	8,4958	58,8526	625Θ	94,1641	....	5,3099	...	95,58
9	5,2618	95,0245	500Θ	190,0489	....	2,6309	...	47,35
1	37,1199	13,4699	900	14,9665	....	33,4079	6	01,34
2	22,2719	22,4498	750	29,9330	....	16,7039	3	00,67
3	5,3452	93,5407	$520\frac{5}{6}$	179,5981	....	2,7840	...	50,11
4	3,248	153,9412	375	410,5099	....	1,2180	...	21,92
5	2,5984	192,4265	"	513,1373	....	0,9744	...	17,54
6	1,5590	320,7109	.312½	1026,2747	....	0,4872	...	08,77
7	0,0744	513,1374	250	2052,5495	....	0,2436	...	04,38

Hessen (Cassel und Darmstadt).

Silbermünzen.

Nach dem Vertrage v. 24. Jan. u. Ges. v. 19. Novbr. 1857 bis 1866:

Doppelthaler, 2 Vereinsthaler }
Thaler, Vereinsthaler . . . . } wie Preußen.
⅙ Thaler . . . . }

Kupfermünzen seit 1857:

3 Heller-Stück, gesetzlich 1
2 " " " 2
1 " " " 3

Hessen (Darmstadt), Großherzogthum.

Rechnungsart.

Seit 1. Januar 1875 wie Deutschland. — Vorher Gulden zu 60 Kreuzer zu 4 Pfennig oder Heller. Nach Gesetz v. 24. Dezbr. 1857 enthalten 52½ Gulden 1 Pfund fein Silber; von 1837 bis 1857 24½ Gulden, vor 1837 aber 24 Gulden eine Cöln. Mark fein Silber.

Goldmünzen.

Zehnguldenstück, gesetzlich 4
Fünfguldenstück, " 5
Dergl. 10 Guldenstück in großen Summen befunden 6
Dergl. 5 " " " " " 7

Silbermünzen.

Aeltere Münzen:

Conventions-Speciesthaler, gesetzlich 8
½ " " 9
Kopfstück, Conventions 20 Kreuzer, zu 24 Kreuzer im 24 Guldenfuß, gesetzlich 1
Halbes Kopfstück, Conventions 10 Kreuzer, zu 12 Kreuzer im 24 Guldenfuß, gesetzlich 2
¼ Kopfstück, Conventions 5 Kreuzer, zu 12 Kreuzer im 24 Guldenfuß, gesetzlich 3

Neuere Münzen von 1819—1837:

Kronenthaler zu 2 Gulden 42 Kreuzer, gesetzlich 4

Scheidemünze.

6 Kreuzerstück, gesetzlich 5
3 " " 6
1 " " 7

	Gewicht 1 Stückes	Auf 1 Pfund brut.	Feingehalt	Auf 1 Pfund fein	Ein Stück enthält fein Gold	fein Silber	Werth Gold:Silb. = 1:15½ oder 1 Thlr. = 3 M. Mark	Pfennig
	Gramm	Stück	1000	Stück	Gramm	Gramm	Mark	Pfennig
1	9							
2	6							
3	3							
4	6,7490	74,0842	900	82,3158	6,0742	. . . .	16	94,69
5	3,3745	148,1684	"	164,6316	3,0371	. . . .	8	47,34
6	6,7262	74,3362	898	82,7797	6,0401	. . . .	16	85,19
7	3,3558	148,9951	"	165,9196	3,0135	. . . .	8	40,77
8	28,0627	17,8173	$833\frac{1}{3}$	21,3807	. . . .	23,3855	4	20,94
9	14,0313	35,6345	"	42,7614	. . . .	11,6927	2	10,47
1	6,6815	74,8325	$583\frac{1}{3}$	128,2843	. . . .	3,8976	. . .	70,16
2	3,8976	128,2843	500	256,5686	. . . .	1,9488	. . .	35,08
3	2,2272	224,4976	$437\frac{1}{2}$	513,1372	. . . .	0,9744	. . .	17,54
4	29,5012	16,9485	$871\frac{1}{2}$	19,4475	. . . .	25,7102	4	62,78
5	2,4296	205,7894	$343\frac{3}{4}$	598,6602	. . . .	0,8351	. . .	15,03
6	1,3858	360,7997	$281\frac{1}{4}$	1282,8433	. . . .	0,3897	. . .	07,02
7	0,5939	841,8660	$218\frac{3}{4}$	3848,5300	. . . .	0,1299	. . .	02,34

Hessen. Hohenzollern.

Silbermünzen.

Nach den Conventionen v. 25. August 1837, 30. Juli 1838, 27. März 1845 u. 4. Jan. 1857 wie Bayern.

3½ Gulden oder 2 Thaler-Stück, Vereinsmünze, gesetzlich 1
Vereinsthaler zu 1¾ Gulden, gesetzlich 2
2 Gulden-Stück, gesetzlich 3
Gulden, gesetzlich 4
½ „ „ 5

Scheidemünze.

6 Kreuzerstück, gesetzlich 6
3 „ „ 7

Kupfermünzen.

Heller oder Pfennig 8

Hessen (Homburg), vormalige Landgrafschaft.

Seit 1875 wie Deutschland, vorher wie Großherzogthum Hessen-Darmstadt.

Hohenzollern (Hechingen und Sigmaringen).

Rechnungsart.

Gulden zu 60 Kreuzer zu 4 Pfennig wie Württemberg.

Goldmünzen.

Karolin, wie Württemberg, gesetzlich 9

Dukaten, nach dem alten Reichsfuß, gesetzlich 1

Aeltere Münzen:

Silbermünzen.

Conventions-Speciesthaler } wie Württemberg. 2
24 Kreuzerstücke . . . . } wie Württemberg. 3
12 „ . . . . } wie Württemberg. 4

Nach den Conventionen von 1837, 1838 u. 1845:

3½ Gulden oder 2 Thalerstück } wie Württemberg.
2 Gulden . . . . } wie Württemberg.
Gulden . . . . } wie Württemberg.
½ Gulden . . . . } wie Württemberg.

	Gewicht 1 Stückes	Auf 1 Pfund brut.	Feingehalt	Auf 1 Pfund fein	Ein Stück enthält fein Gold	fein Silber	Werth Gold : Silb. = 1 : $15\frac{1}{2}$ oder 1 Thlr. = 3 M.	
	Gramm	Stück	1000	Stück	Gramm	Gramm	Mark	Pfennig
1	37,0370	13,5	900	15	. . . .	33,3333	6	. . .
2	18,5185	27	"	30	. . . .	16,6666	3	. . .
3	21,1640	23,625	"	26,25	. . . .	19,0477	3	42,86
4	10,5820	47,25	"	52,5	. . . .	9,5238	1	71,43
5	5,2910	94,5	"	105	. . . .	4,7619	. . .	85,71
6	2,4636	203	350	580	. . . .	0,8620	. . .	15,52
7	1,2315	406	"	1160	. . . .	0,4310	. . .	7,71
8	2,774							
9	9,7437	51,3157	$770\frac{5}{6}$	66,5692	7,511	. . . .	20	95,51
			146 Silb.	. . . . .	. . . .	1,4226	. . .	25,61
1	3,4904	143,2509	$986\frac{1}{9}$	145,2685	3,4419	. . . .	9	60,29
2	28,0626	17,8173	$833\frac{1}{3}$	21,3807	. . . .	23,3854	4	20,94
3	6,0815	74,8325	$583\frac{1}{3}$	128,2843	. . . .	3,8976	. . .	70,15
4	3,8976	128,2843	500	256,5686	. . . .	1,9488	. . .	35,08

Hohenzollern. Holland. Jamaica. Japan.

Scheidemünze.

6 Kreuzerstück . . . . . } wie Württemberg.
3 „ . . . . . }
1 „ (nur 1842) }

Kupfermünzen.

Kreuzer, gesetzlich 1

Holland s. Niederlande.

Jamaica s. Westindien.

Japan.

Rechnungsart.

Yen zu 100 Sen zu 10 Rin. — Seit Herbst 1871 1 Yen = 1½ Gramm fein Gold, seit 1875 auch = 24,494 Gramm fein Silber. [Gold : Silber = 1 : 16,3293.]

Früher, wie in China nach den Gewichten: Monme oder Meh [= 3,7565 Grm.] zu 10 Fun (Pun oder Candorin) zu 10 Rin (Sen, Cash) zu 10 Mô zu 10 Shi. — 10 Monme = 1 Rio (chinesisch Liang oder Tehl).

Goldmünzen.

Aeltere Münzen:

Ko-bang, älterer Art, nach engl. u. französ. Proben 2
Ko-bang, neuerer Art, nach engl. u. französ. Proben 3
Ko-bang oder Rio (Rjoo), nach hiesiger Probe i. J. 1868 . . . 4

Ko-bang, nach holländ. Probe i. J. 1833 5

Ko-bang, nach holländ. Probe i. J. 1834 6

½ Ko-bang oder Ni-bu (2 Bu), älterer Art, nach hiesiger Probe i. J. 1868 7

	Gewicht 1 Stückes	Auf 1 Pfund brut.	Feingehalt	Auf 1 Pfund fein	Ein Stück enthält fein Gold	fein Silber	Werth Gold : Silb. = 1 : 15½ oder 1 Thlr. = 3 M.	
	Gramm	Stück	1000	Stück	Gramm	Gramm	Mark	Pfennig
1	7,7952							
2	17,2842	28,2696	854	33,1026	15,1046	. . . .	42	14,18
3	13,066	38,2672	666	57,4583	8,702	. . . .	24	27,86
4	13,082	38,2205	559	68,3730	7,3128	5,6514	20	40,27
			432 Sil.				1	01,72
5	13,1004	38,1665	559	68,2764	7,3232	5,5414	20	43,17
			423 Sil.					99,74
6	12,5295	39,9056	534	74,7296	6,6908	5,4754	18	66,73
			437 Sil.					98,56
7	5,6	89,2857	194	460,2355	1,0864	4,4128	3	03,10
			788 Sil.					79,43

Japan.

Goldmünzen.

½ Ko-bang oder Ni-bu, neuerer Art, im Durchschnitt von 3 Stück, 1868, hier befunden 1

¼ Ko-bang oder Itze-bu (1 Bu) nach Verhältniß.
⅛ Ko-bang oder Ni-shu (½ Itze-bu) i. J. 1868 befunden . . . 2

Münzen seit 1871:

20 Yen, gesetzlich 3
10 „ „ 4
5 „ „ 5
2 „ „ 6
1 „ „ 7

Silbermünzen.

Aeltere Münzen:

Itze-Bu, älterer Art (mit 2 Sternen auf dem Rande), befunden . 8
Itze-Bu, neuerer Art (mit 3 Sternen), bei 5 Stück im Durchschnitt befunden 9
Ni-shu oder ½ Bu nach Verhältniß.
I-shu oder ¼ Bu, befunden 1

Neuere Münzen:

Handelsmünze: 1 Yen von 1871—1875 (zu 416 Troygrains) 2
1 Yen, seit 1875, nach Gesetz v. 28. Febr. 1845 gleich dem amerik. Trade Dollar zu 420 Tr. gr. . 3

Silber-Scheidemünzen:

Von 1871—1873: 50 Sen-Stück, gesetzlich 4
20 „ „ „ 5
10 „ „ „ 6
5 „ „ „ 7
Seit 1873: 50 „ „ „ 8
20 „ „ „ 9
10 „ „ „ 1
5 „ „ „ 2

Kupfermünzen. Seit 1871:

2 Sen-Stück 3
1 „ „ 4
½ „ „ 5
1 Rin 6

	Gewicht 1 Stückes	Auf 1 Pfund brut.	Feingehalt	Auf 1 Pfund fein	Ein Stück enthält fein Gold	fein Silber	Werth Gold : Silb. = 1 : 15½ oder 1 Thlr. = 3 M.	
	Gramm	Stück	1000	Stück	Gramm	Gramm	Mark	Pfennig
1	3	166,6666	228 / 754 Sil.	730,9912	0,684	2,262	1	90,83 / 40,71
2	0,77	649,3506	234 / 758 Sil.	2775,002	0,1802	0,5836	. . .	50,27 / 10,50
3	33,3333	15	900	16,6666..	30	. . . .	83	70
4	16,6666	30	"	33,3333	15	. . . .	41	85
5	8,3333	60	"	66,6666	7,5	. . . .	20	92,5
6	3,3333	150	"	166,6666	3	. . . .	8	37
7	1,6666	300	"	333,3333	1,5	. . . .	4	18,5
8	8,7	57,47127	990	58,0518	. . . .	8,613	1	55,03
9	8,75	57,1429	903	63,2811	. . . .	7,9012	1	42,22
1	1,85	270,270	988	273,5530	. . . .	1,8278	. . .	32,90
2	26,9563	18,5485	900	20,6095	. . . .	24,2607	4	36,69
3	27,2155	18,3718	900	20,4131	. . . .	24,4940	4	40,89
4	12,5	40	800	50	. . . .	10	1	80
5	5	100	"	125	. . . .	4	. . .	72
6	2,5	200	"	250	. . . .	2	. . .	36
7	1,25	400	"	500	. . . .	1	. . .	18
8	13,4783	37,0966	"	46,3709	. . . .	10,7826	1	94,09
9	5,3013	92,7415	"	115,9272	. . . .	4,3130	. . .	77,63
1	2,6956	185,483	"	231,8545	. . . .	2,1565	. . .	38,82
2	1,3478	370,966	"	463,709	. . . .	1,0782	. . .	19,41
3	14,26							
4	7,13							
5	3,56							
6	0,90							

Jonische Inseln. Isle de la Réunion. Italien.

Jonische Inseln.

Rechnungsart.

Pfund Sterling zu 20 Schilling zu 12 Pfennig Sterling. (Der spanische Silberpiaster = 52 Pence Sterl. gesetzt.)

Talari (Conventions-Speciesthaler) zu 100 Oboli oder Cents zu 5 Obolicci. (Nach Parlamentsacte v. 23. Jan. 1836 = 50 Pence.)

Dollar (spanischer Silberpiaster) zu 100 Oboli oder Cents = 500 Obolicci (= 52 Engl. Pence).

Piaster zu 40 Paras wie Türkei. ($6\frac{2}{3}$ Piaster = 1 Span. Piaster.)

Silbermünzen.

30 Obolicci (= 6 Oboli = $\frac{1}{4}$ Schilling) in England geprägt, nach Oesterr. Probe 1

Kupfermünzen.

$2\frac{1}{2}$ Obolicci ($\frac{1}{2}$ Obolo = $\frac{1}{4}$ Penny).
1 Obolicio ($\frac{1}{5}$ Obolo = $\frac{1}{10}$ Penny).

Irland s. Großbritanien.

Island s. Dänemark.

Isle de la Réunion früher Isle de Bourbon.

Rechnungsart.

Franc zu 100 Centimes, wie Frankreich.

Früher: Span. Piaster (Dollar) zu 100 Cents oder zu 10 Colonial Livres zu 20 Colonial Sous. — In neuerer Zeit der Piaster gleich dem Französ. Fünffrankstück, wie Chile.

Kupfermünzen.

Sou marqué (gestempelter Sou) = 3 Colonial-Sous (gewöhnliche Rechnungs-Sous).

Italien.

(Italien unter Napoleon siehe Lombardisch-Venetianisches Königreich.)

Rechnungsart.

Lira zu 100 Centesimi. Nach dem lateinischen Münzvertrage v. 23. Dezbr. 1865, seit August 1866, die Lira gleich dem Französ. Frank.

	Gewicht 1 Stückes	Auf 1 Pfund brut.	Fein-gehalt	Auf 1 Pfund fein	Ein Stück enthält fein Gold	fein Silber	Werth Gold : Silb. = 1 : 15½ oder 1 Thlr. = 3 M.	
	Gramm	Stück	1000	Stück	Gramm	Gramm	Mark	Pfennig
1	1,4130	353,8403	924	382,9440	. . . .	1,3056	. . .	23,50

5*

Italien. Kirchenstaat (Rom).

Goldmünzen.
20 Lire-Stück, gesetzlich 1
10 „ „ „ 2
5 „ „ „ 3
Silbermünzen.
5 Lire-Stück, gesetzlich 4
2 „ „ „ 5
1 Lira-Stück, „ 6
Dergleichen befunden 7
50 Centesimi oder $\frac{1}{2}$ Lira, gesetzlich 8
20 „ „ $\frac{1}{5}$ „ „ 9
Kupfermünzen.
10 Centesimi seit 1863 1
5 „ „ „ 2
2 „ „ „ 3
1 Centesimo „ „ 4

Kirchenstaat (Rom).

Rechnungsart.

Lira (pontificia) zu 20 Soldi zu 5 Centesimi oder zu 100 Centesimi. — Nach Edict v. 18. Juni 1866, seit 1867, die Lira gleich dem Französ. Frank. —

Vorher: Scudo romano zu 10 Paoli zu 10 Bajocchi oder zu 100 Bajocchi zu 5 Quattrini. Nach Gesetz v. 10. Jan. 1835 Scudo = 26,898 Gramm Silber zu $\frac{9}{10}$ fein. — Scudo = $3\frac{1}{3}$ Testoni = 5 Papeti = 10 Paoli = 20 Grossi (Soldi) = 240 Denari. —

In Bologna: Scudo = 5 Lira oder Papeti (Lira = Papeto) zu 20 Soldi zu 12 Denari. (Soldo = Bolognino = Bajocco.)

Goldmünzen.

Aeltere Münzen seit Clemens XIII.:

Zecchine, nach französ. Probe . . . .
Zecchine seit 1760, nach engl. Probe . . . .
Dergl. Zecchinen, römische u. bologneser, nach mailänder Proben im Durchschnitt befunden . . . .
$\frac{10}{1}$, $\frac{3}{1}$, $\frac{2}{1}$ u. $\frac{1}{2}$ Zecchinen nach Verhältniß.
Doppia, Pistole von Pius VI. nach französ. Probe . . . . . .
Doppia vom Jahre 1802, nach engl. Probe . . . .
Dergl. Doppien, römische u. bologneser, nach mail. Proben . .
$\frac{4}{1}$, $\frac{2}{1}$ u. $\frac{1}{2}$ nach Verhältniß.

	Gewicht 1 Stückes	Auf 1 Pfund brut.	Feingehalt	Auf 1 Pfund fein	Ein Stück enthält fein Gold	fein Silber	Werth Gold : Silb. = 1 : 15½ oder 1 Thlr. = 3 M. Mark	Pfennig
	Gramm	Stück	1000	Stück	Gramm	Gramm	Mark	Pfennig
1	6,4516	77,5	900	86,111..	5,8065	. . . .	16	20
2	3,2258	155	"	172,222..	2,9032	. . . .	8	10
3	1,6129	310	"	344,444..	1,4516	. . . .	4	05
4	25	20	900	22,22..	. . . .	22,5	4	05
5	10	50	835	59,88025	. . . .	8,35	1	50,3
6	5	100	"	119,7605	. . . .	4,175	. . .	75,15
7	5	100	833	120,0480	. . . .	4,165	. . .	74,97
8	2,5	200	835	239,5210	. . . .	2,0875	. . .	37,575
9	1	500	"	598,8025	. . . .	0,835	. . .	15,03
1	10							
2	5							
3	2							
4	1							
5	3,3900	147,1015	906½	147,6182	3,0871	. . . .	9	45
6	3,4016	146,9882	993	148,0244	3,3778	. . . .	9	42,41
7	3,417	146,3275	995⅗	146,9742	3,402	. . . .	9	49,14
8	5,4710	91,3898	906¼	100,8439	4,9582	. . . .	13	83,35
9	5,5074	90,7868	901	100,7623	4,9622	. . . .	13	84,44
1	5,4570	91,625	909,7	100,7177	4,9644	. . . .	13	85,06

Kirchenstaat (Rom).

Goldmünzen.	
Doppia, seit 1818 gesetzlich	1
Halbe nach Verhältniß.	
Zecchine, seit 1818 gesetzlich	2
Halbe nach Verhältniß.	
Nach dem Gesetz vom 10. Januur 1835:	
10 Scudi oder 100 Paoli-Stück	3
5 Scudi oder 50 Paoli-Stück	4
$2\frac{1}{2}$ Scudi oder 25 Paoli-Stück	5
Scudo oder 10 Paoli-Stück (seit 1853)	6
Nach dem Gesetz vom 18. Juni 1866:	
20 Lire-Stück, wie Italien, gesetzlich	7
Silbermünzen.	
Aeltere Münzen:	
Scudo romano, gesetzlich	8
Dergl. nach französ. Proben	9
Dergl. Scudo nach mailänder Proben	1
Halber Scudo oder 50 Bajocchi-Stück, gesetzlich	2
Testone oder 30 Bajocchi-Stück, gesetzlich	5
Papeto zu 20 Bajocchi, gesetzlich	4
Paolo zu 10 Bajocchi, gesetzlich	5
$\frac{1}{2}$ Paolo oder Grosso zu 5 Bajocchi, gesetzlich	6
$\frac{1}{2}$ Grosso zu $2\frac{1}{2}$ Bajocchi, gesetzlich	7
Für Bologna:	
Madonna-Thaler, nach mailänder Proben	8
$\frac{1}{2}$ Thaler nach Verhältniß.	
Scudo (10 Paoli), nach mailänder Proben	9
$\frac{1}{2}$ Scudo nach Verhältniß.	
Testone, nach mailänder Proben	1
Nach dem Gesetz vom 10. Januar 1835:	
Scudo zu 10 Paoli oder 100 Bajocchi	2
$\frac{1}{2}$ Scudo zu 5 Paoli oder 50 Bajocchi	3
Testone, $\frac{3}{10}$ Scudo zu 3 Paoli oder 30 Bajocchi	4
Papeto, $\frac{1}{5}$ Scudo zu 2 Paoli oder 20 Bajocchi	5
Paolo, $\frac{1}{10}$ Scudo zu 10 Bajocchi	6
$\frac{1}{2}$ Paolo, $\frac{1}{20}$ Scudo zu 5 Bajocchi	7

Im Jahre 1849 sind 40, 16, 8 und 4 Bajocchi-Stücke aus geringhaltigem Silber geprägt, die beiden letzteren im Feingehalt von 210 Tausendtheilen.

	Gewicht 1 Stückes	Auf 1 Pfund brut.	Feingehalt	Auf 1 Pfund fein	Ein Stück enthält fein Gold	fein Silber	Werth Gold : Silb. = 1 : 15½ oder 1 Thlr. = 3 M.	
	Gramm	Stück	1000	Stück	Gramm	Gramm	Mark	Pfennig
1	5,4689	91,4261	916⅔	99,7376	5,0132	. . . .	13	98,67
2	3,425	145,9863	1000	145,9863	3,425	. . . .	9	55,57
3	17,336	28,8417	900	32,0464	15,6024	. . . .	43	53,06
4	8,668	57,6834	„	64,0927	7,8012	. . . .	21	76,53
5	4,334	115,3668	„	128,1854	3,9006	. . . .	10	88,27
6	1,7336	288,4171	„	320,4635	1,5602	. . . .	4	35,30
7	6,4516	77,5	900	86,111...	5,8065	. . . .	16	20
8	26,4278	18,9198	916⅔	20,6398	. . . .	24,2250	4	36,05
9	26,3618	18,9668	913	20,7742	. . . .	24,0683	4	33,23
1	26,4184	18,9296	906	20,8899	. . . .	23,9350	4	30,83
2	13,2141	37,8384	916⅔	41,2783	. . . .	12,1129	2	18,03
3	7,9284	63,0640	„	68,7971	. . . .	7,2677	1	30,82
4	5,2856	94,5960	„	103,1957	. . . .	4,8452	. . .	87,21
5	2,6428	189,1921	„	206,3914	. . . .	2,4226	. . .	43,60
6	1,3214	378,3842	„	412,7828	. . . .	1,2113	. . .	21,80
7	0,6607	756,7685	„	825,5655	. . . .	0,6056	. . .	10,90
8	29,0179	17,2307	833	20,6852	. . . .	24,1718	4	35,09
9	26,4184	18,9262	906	20,8899	. . . .	23,9350	4	30,83
1	7,9051	63,2506	906	69,8129	. . . .	7,1620	1	28,91
2	26,898	18,5887	900	20,6542	. . . .	24,2082	4	35,75
3	13,449	37,1775	„	41,3083	. . . .	12,1041	2	17,87
4	8,0694	61,9625	„	68,8472	. . . .	7,2624	1	30,72
5	5,3796	92,9437	„	103,2708	. . . .	4,8416	. . .	87,15
6	2,6898	185,8874	„	206,5416	. . . .	2,4208	. . .	43,57
7	1,3449	371,7749	„	413,0832	. . . .	1,2104	. . .	21,78

Kirchenstaat (Rom). Krakau. Lippe-Detmold.

Silbermünzen.

Nach dem Gesetz vom 18. Juni 1866:

5 Lire-Stück, gesetzlich 1
2½ Lire-Stück, gesetzlich 2
2 Lire-Stück, „ 3
1 Lira-Stück, „ 4
Dergleichen, ein Stück vom Jahre 1866 befunden 5
10 Soldi oder 50 Centesimi, gesetzlich 6
5 Soldi oder 25 Centesimi, „ 7

(Nach Angaben der französischen Regierung sind die Silbermünzen 9 % schlechter befunden.

Bronzemünzen seit 1866:

20 Centesimi oder 2 Soldi.
10 „ „ 1 Soldo.
5 „
2½ „
1 Centesimo.

Krakau.

Rechnungsart.

Seit 1847 wie Oesterreich. — Vorher Gulden zu 30 Groschen, im Werthe von 85,853 Gulden = 1 Cöln. Mark fein Silber.

Silbermünzen.

Münzen aus den Jahren 1835–1846:

Gulden gesetzlich 8
Ein dergl. Gulden v. Jahre 1835, befunden 9
10 Groschenstück, gesetzlich 1
Ein dergl. Stück v. Jahre 1835, befunden 2
5 Groschenstück, gesetzlich 3

Lippe-Detmold.

Rechnungsart.

Seit 1875 wie Deutschland. — Vorher Thaler zu 30 Silbergroschen zu 12 Pfennig; seit 1847 im 14 und 30 Thalerfuß wie Preußen. Noch früher: Thaler zu 36 Mariengroschen zu 6 Pfennig zu 2 Heller, im Conventions- oder 13⅓ Thalerfuß.

Silbermünzen.

Aeltere Münzen:

Conventions-Speciesthaler, gesetzlich . . . .
Gulden oder ½ Conventions-Speciesthaler, gesetzlich 5

	Gewicht 1 Stückes	Auf 1 Pfund brut.	Feingehalt	Auf 1 Pfund fein	Ein Stück enthält fein Gold	fein Silber	Werth Gold:Silb. = 1:15½ oder 1 Thlr. = 3 M.	
	Gramm	Stück	1000	Stück	Gramm	Gramm	Mark	Pfennig
1	25	20	900	22,222	. . . .	22,5	4	05
2	12,5	40	835	47,9042	. . . .	10,4375	1	87,87
3	10	50	"	59,8802	. . . .	8,35	1	50,3
4	5	100	"	119,7605	. . . .	4,175	. . .	75,15
5	5	100	831	120,3369	. . . .	4,155	. . .	74,79
6	2,5	200	835	239,5210	. . . .	2,0875	. . .	37,57
7	1,25	400	"	479,0420	. . . .	1,04375	. . .	18,79
8	3,113	160,615	875	183,5600	. . . .	2,7239	. . .	49,03
9	3,106	160,984	877	183,5022	. . . .	2,7238	. . .	49,02
1	2,954	169,241	187½	902,6197	. . . .	0,5539	. . .	09,97
2	2,923	171,045	186	919,601	. . . .	0,5437	. . .	09,78
3	1,477	338,482	187½	1805,2395	. . . .	0,2769	. . .	04,98
4	28,0627	17,8173	833⅓	21,3807	. . . .	23,3855	4	20,94
5	14,0313	35,6345	"	42,7614	. . . .	11,6927	2	10,47

Lippe-Detmold. Lippe-Bückeburg.

Silbermünzen.

½ Gulden oder ¼ Conventions-Speciesthaler, gesetzlich 1
⅙ Thalerstück, von 1765—1770 im Durchschnitt befunden 2
$\frac{1}{12}$ Thalerstück vom Jahre 1765, befunden 3

Münzen von 1843—1857:

Doppelthaler oder 3½ Guldenstück 4
Scheidemünze, seit 1847 gesetzlich:
2½ Silbergroschenstück 5
Silbergroschen 6
Halber Silbergroschen 7

Nach dem Vertrage vom 24. Jan. 1857:

Vereinsthaler, gesetzlich 8
Scheidemünze, gesetzlich;
2½ Silbergroschenstück 9
Silbergroschen 1

Kupfermünzen.

3 Pfennigstück seit 1857 2
Pfennig seit 1857 3

Lippe-Bückeburg oder Schaumburg-Lippe.

Rechnungsart.

Seit 1875 wie Deutschland. — Vorher Thaler zu 30 Silbergroschen zu 12 Pfennig; seit 1858 im 30 Thalerfuß wie Preußen.

Noch früher: Thaler zu 24 Gutegroschen zu 12 Pfennig oder Thaler zu 36 Mariengroschen (1 Mariengroschen = 2 Mattier) zu 8 Pfennig. — Von diesen Thalern enthielten zuletzt 14, vorher 13⅓ Thaler eine Cöln. Mark fein Silber.

Goldmünzen.

Doppel Georg Wilhelmd'or oder 10 Thalerstück, gesetzlich 4
Ein dergl. Stück vom Jahre 1829, befunden 5
Georg Wilhelmd'or oder 5 Thalerstück, gesetzlich 6

Silbermünzen.

Aeltere Münzen:

Conventions-Speciesthaler . . . . } wie Lippe-Detmold.
½ Conventions-Speciesthaler oder Gulden . } wie Lippe-Detmold.
¼ Conventions-Speciesthaler oder ½ Gulden } wie Lippe-Detmold.
$\frac{1}{24}$ Thalerstück vom Jahre 1821, befunden 7
Mariengroschen vom Jahre 1821, befunden 8
½ Mariengroschen oder 4 Pfennigstück vom Jahre 1821, befunden . 9

	Gewicht 1 Stückes	Auf 1 Pfund brut.	Feingehalt	Auf 1 Pfund fein	Ein Stück enthält fein Gold	fein Silber	Werth Gold : Silb. = 1 : $15\frac{1}{2}$ oder 1 Thlr. = 3 M.	
	Gramm	Stück	1000	Stück	Gramm	Gramm	Mark	Pfennig
1	7,0156	71,2690	$833\frac{1}{3}$	85,5229	. . . .	5,8463	1	05,23
2	5,8806	85,0247	480	177,1348	. . . .	2,8226	. . .	50,81
3	3,5798	139,6696	370	377,4853	. . . .	1,3245	. . .	23,84
4	37,1199	13,4699	900	14,9665	. . . .	33,4079	6	01,34
5	3,248	153,9412	375	410,5099	. . . .	1,2180	. . .	21,92
6	1,559	320,7109	$312\frac{1}{2}$	1026,2747	. . . .	0,48724	. . .	08,77
7	0,9744	513,1374	250	2052,5495	. . . .	0,2436	. . .	04,38
8	18,5185	27	900	30	. . . .	16,6666	3	. . .
9	3,2206	155,25	375	414	. . . .	1,2077	. . .	21,74
1	2,1958	277,7	220	1035	. . . .	0,4831	. . .	08,69
2	4,5							
3	1,5							
4	13,2841	37,639	$895\frac{5}{6}$	42,0156	11,9003	. . . .	33	20,19
5	13,2744	37,6664	892	42,2269	11,8408	. . . .	33	03,63
6	6,6420	75,278	$895\frac{5}{6}$	84,0312	5,9502	. . . .	16	60,09
7	1,875	266,6667	312	854,7008	. . . .	0,5850	. . .	10,53
8	1,55	322,5806	250	1290,3224	. . . .	0,3875	. . .	06,97
9	0,755	662,2516	"	2649,0064	. . . .	0,18875	. . .	03,40

Lippe-Bückeburg. Lombardisch-Venetianisches Königreich.

Silbermünzen.

Neuere Münzen seit 1858:

Vereinsthaler, gesetzlich 1

Scheidemünze:

$2\frac{1}{2}$ Silbergroschenstück 2

Silbergroschen 3

$\frac{1}{2}$ Silbergroschen 4

Lombardisch-Venetianisches Königreich.

Rechnungsart.

Jetzt Italien. — Vor 1866 Florenus (Gulden) zu 100 Soldi austriaci (Oesterr. Neukreuzer). — Nach d. Patent v. 19. Septbr. 1857 (seit 1. Novbr. 1858) wie Oesterreich 45 floreni = 1 Pfund fein Silber.

Früher: Lira austriacha zu 100 Centesimi. — Nach Verfügung vom 1. Novbr. 1823 1 Lira = $\frac{1}{3}$ Oesterr. Gulden oder 20 Kreuzer im Conventionsfuß, also 60 Lire austriache = 1 Cöln. Mark fein Silber.

Lira corrente oder milanese (Kurant oder Mailänd. Lira) zu 20 Soldi zu 12 Denari corrente. — Nach Gesetz v. 1. Novbr. 1823 werden $113\frac{9}{37}$ Mailänd. Lire gleich 100 Oesterr. Liren gerechnet, im Verkehr 5 Mailänd. = 4 Oesterr. Lire. — Der Scudo (Thaler) = 6 Lire corrente.

Lira italiana zu 100 Centisimi italiani. — Von 1806 bis 1823 1 Lira italiana = 1 französ. Frank. — Nach Gesetz v. 1. Novbr. 1823 sind 87 italienische Lire 100 österr. Lire gleichgesetzt.

Lira corrente piccola (Venetianische oder Klein-Kurant-Lira) zu 20 Soldi oder Marchetti zu 12 Denari di Lira. — $6\frac{1}{5}$ Lire = 1 Ducato. — Nach Gesetz v. 1. Novbr. 1823 wurden $169\frac{5}{8}\frac{2}{7}$ Venetianische Lire gleich 100 Oesterr. Lire gerechnet.

Goldmünzen.

Aeltere Münzen:

Für das Herzogthum Mailand unter Oesterreich.

Zecchine, im Durchschnitt nach verschiedenen Proben 5

Zecchine, nach französischer Probe 6

Doppie oder Pistole (1755—1796), seit 1823 zu $22\frac{2}{5}$ Lire aust. gerechnet, nach französ. Probe . . . .

	Gewicht 1 Stückes	Auf 1 Pfund brut.	Fein-gehalt	Auf 1 Pfund fein	Ein Stück enthält fein Gold	fein Silber	Werth Gold:Silb. = 1:15½ oder 1 Thlr. = 3 M.	
	Gramm	Stück	1000	Stück	Gramm	Gramm	Mark	Pfennig
1	18,5185	27	900	30	. . . .	16,6666	3	. . .
2	3,2206	155,25	375	414	. . . .	1,2077	. . .	21,74
3	2,1958	227,7	220	1035	. . . .	0,4831	. . .	08,69
4	1,0979	455,4	„	2070	. . . .	0,24154	. . .	04,35
5	3,4645	144,3199	989	145,9251	3,4264	. . . .	9	55,97
6	3,452	144,8436	990	146,3066	3,4175	. . . .	9	53,48
7	6,32	79,1139	905	87,4187	5,7196	. . . .	15	95,76

Lombardisch-Venetianisches Königreich.

Goldmünzen.

Für den ehemaligen Freistaat Venedig.

Scudo d'oro, Goldkrone, nach französ. Probe 1
½ Scudo d'oro, nach französ. Probe 2
Osella d'oro v. Jahre 1783, nach französ. Probe 3
Zecchine (als Handelsmünze bis 1823 geprägt), nach französ. Probe 4
½ Zecchine, nach französ. Probe 5
¼ Zecchine nach Verhältniß.
Ducato d'oro, Gold-Dukaten, nach französ. Probe 6
Doppia oder Pistole, nach französ. Probe 7

Für das Königreich Italien unter Napoleon.

40 Lire italiane-Stück, gesetzlich 8
20 Lire italiane-Stück „ 9

Neuere Münzen nach dem Gesetz vom 1. November 1823:

Sovrano, Souveraind'or, zu 40 Lire austr. 1
½ Sovrano zu 20 Lire austr. (= 6 Gulden 40 Kreuzer) . . . 2

Münzen seit 1858:

Krone, ½ Krone } Vereinshandelsmünze, wie Oesterreich.

Silbermünzen.

Aeltere Münzen:

Für das Herzogthum Mailand unter Oesterreich.

Scudo zu 6 Lire austr. von 1778 u. 1785, im Durchschnitt, nach französ. Probe 3
½ Scudo von 1778 u. 1784, im Durchschnitt nach französ. Probe 4
Lira nuova v. Jahre 1780, nach französ. Probe 5
30 Soldi v. Jahre 1800, nach französ. Probe 6

Für den ehemaligen Freistaat Venedig.

Scudo della croce zu 12⅖ Lire, nach französ. Probe 7
Ducatone oder Giustina zu 11 Lire, nach französ. Probe . . . 8
½ Ducatone nach Verhältniß.
Osella zu $3\frac{9}{10}$ Lire, nach französ. Probe 9
Ducato d'argento zu 8 Lire, im Durchschnitt nach franz. Proben 1
½ und ¼ Ducato nach Verhältniß.
Talaro zu 10 Lire corrente, nach französ. Proben 2
½, ¼ und ⅛ Talaro nach Verhältniß.
10 Lire-Stück vom Jahre 1797, nach französ. Proben 3
Lirazza zu 30 Soldi v. Jahre 1778, nach französ. Proben . . . 4

	Gewicht 1 Stückes	Auf 1 Pfund brut.	Feingehalt	Auf 1 Pfund fein	Ein Stück enthält fein Gold	Ein Stück enthält fein Silber	Werth Gold : Silb. = 1 : 15½ oder 1 Thlr. = 3 M.	
	Gramm	Stück	1000	Stück	Gramm	Gramm	Mark	Pfennig
1	41,908	11,9309	994	12,003	41,6564	. . . .	116	22,10
2	20,98	23,8322	997	23,9039	20,9171	. . . .	58	35,87
3	13,969	35,7935	995	35,9734	13,8991	. . . .	38	77,86
4	3,452	144,8436	997	145,2794	3,4416	. . . .	9	60,22
5	1,7	294,1176	996	295,2989	1,6932	. . . .	4	72,41
6	2,178	229,5684	996	230,4904	2,1693	. . . .	6	05,23
7	6,745	74,1290	906	81,8201	6,111	. . . .	17	04,96
8	12,9032	38,75	900	43,0555	11,6129	. . . .	32	40,00
9	6,4516	77,5	"	86,1111	5,8065	. . . .	16	20,00
1	11,3314	44,1253	900	49,0281	10,1982	. . . .	28	45,30
2	5,6657	88,2506	"	98,0563	5,0991	. . . .	14	22,65
3	23,105	21,6406	896	24,1522	. . . .	20,7020	3	72,64
4	12,526	43,3802	"	48,4154	. . . .	10,3273	1	85,89
5	6,214	80,4635	549	146,5637	. . . .	3,4115	. . .	61,41
6	7,33	68,2128	684	99,7263	. . . .	5,0137	. . .	92,05
7	31,391	15,9281	947	16,8196	. . . .	29,7272	5	35,09
8	27,2146	18,3725	"	19,4007	. . . .	25,7723	4	63,90
9	9,774	51,1561	944	54,1908	. . . .	9,2206	1	66,08
1	22,627	22,0975	816	27,0803	. . . .	18,4636	3	32,23
2	28,682	17,4325	830	21,0031	. . . .	23,8060	4	28,51
3	28,682	17,4325	826	21,1048	. . . .	23,6913	4	26,44
4	7,436	67,2404	388	173,3001	. . . .	2,8851	. . .	51,93

Lombardisch-Venetianisches Königreich. Lucca.

Silbermünzen.

Provinzialmünzen aus der ersten Zeit der österr. Herrschaft.

24 Kreuzerstück zu 2 Lire v. Jahre 1800, nach französ. Probe . 1
12 „ „ 1 Lira v. Jahre 1795, „ „ „ . 2
6 „ „ ½ „ v. Jahre 1795, „ „ „ . 3
2 Lire-Stück v. Jahre 1801, nach französ. Probe 4
Lira vom Jahre 1800, nach französ. Probe 5
½ Lira v. Jahre 1800, „ „ „ 6
1½ Lira-Stück vom Jahre 1802, nach französ. Probe 7
Lira vom Jahre 1802, nach französ. Probe 8
½ Lira vom Jahre 1802, nach französ. Probe 9

Für die cisalpinische Republik, 1797—1803.

Scudo vom Jahre 8, nach französ. Probe 1
30 Soldi-Stück vom Jahre 9, nach französ. Probe. 2
5 Frankstück vom Jahre 10, nach schweizer Proben 3

Für das Königreich Italien unter Napoleon.

5 Lire italiane-Stück, gesetzlich 4
2 Lire italiane-Stück, „ 5
Lira italiana, „ 6
¾ Lira italiana, „ 7
½ Lira italiana, „ 8
¼ Lira italiana, „ 9

Münzen, nach dem Gesetz vom 1. November 1823—1857:

Scudo zu 6 Lire austriache (= 1 Conv.-Speciesthaler) . . . 1
½ Scudo zu 3 Lire austriache (= 1 Conv.-Gulden) 2
Lira austriaca (= 20 Kreuzer Conv.Geld) 3
½ Lira austr. zu 50 Centesimi (= 10 Kreuzer Conv.-Geld). . 4
¼ Lira austr., Quatrino zu 25 Centesimi (= 5 Krz. Conv.-Geld) 5

Münzen von 1858—1866 wie Oesterreich.

Kupfermünzen, seit 1852 gesetzlich.

5 Centesimi (Soldo austr. = 1 Kreuzer) 6
3 Centesimi 7
Centesimo 8

Lucca.

(Seit 1847 mit **Toscana**, seit 1866 mit **Italien** vereinigt.)

Rechnungsart.

Jetzt Italien. Vorher Lira lucchese zu 20 Soldi zu 12 Denari (1 Soldo = 4 Quattrini). — Von 1842—1847 Lira gesetzlich = ¾ französ. Frank = $\frac{8}{9}$ Toskanische Lire.

	Gewicht 1 Stückes	Auf 1 Pfund brut.	Feingehalt	Auf 1 Pfund fein	Ein Stück enthält fein Gold	fein Silber	Werth Gold:Silb. = 1:15½ oder 1 Thlr. = 3 M.	
	Gramm	Stück	1000	Stück	Gramm	Gramm	Mark	Pfennig
1	9,03	55,3710	239	231,6778	....	2,1582	...	38,85
2	4,461	112,0822	246	455,6200	....	1,0974	...	19,75
3	2,231	224,1147	239	937,7184	....	0,5332	...	09,60
4	8,446	59,1996	246	240,6488	....	2,0777	...	37,40
5	4,78	104,6025	236	443,2310	....	1,1281	...	20,30
6	2,231	224,1147	239	937,7184	....	0,5332	...	09,60
7	12,057	41,4697	243	170,6572	....	2,9298	...	52,74
8	8,18	61,1247	246	248,4743	....	2,0123	...	36,22
9	4,09	122,2494	239	511,5037	....	0,9775	...	17,59
1	23,158	21,5908	896	24,0969	....	20,7495	3	73,49
2	7,33	68,2128	684	99,7263	....	5,0137	...	90,25
3	24,9632	20,0295	899	22,2797	....	22,4420	4	03,95
4	25	20	900	22,2222	....	22,5	4	05
5	10	50	"	55,5555	....	9	1	62
6	5	100	"	111,1111	....	4,5	...	81
7	3,75	133,333..	"	148,1481	....	3,375	...	60,75
8	2,5	200	"	222,2222	....	2,25	...	40,5
9	1,25	400	"	444,4444	....	1,125	...	20,25
1	25,9839	19,2427	900	21,3807	....	23,3855	4	20,94
2	12,9919	38,4853	"	42,7614	....	11,6927	2	10,47
3	4,3306	115,4559	"	128,2843	....	3,8976	...	70,16
4	2,1653	230,9118	"	256,5686	....	1,9488	...	35,08
5	1,624	307,8824	600	513,1373	....	0,9744	...	17,54
6	5,476							
7	3,2856							
8	1,0952							

Rechnungsart.

Noch früher: Lira nuova (Franco) zu 20 Soldi zu 12 Denari oder zu 100 Centesimi. — Von 1805—1842 Lira = 1 Französ. Frank. — Scudo d'oro (Goldthaler) zu 20 Soldi d'oro zu 12 Denari d'oro. — $7\frac{1}{2}$ Lire = 1 Scudo d'oro.

Goldmünzen.

Doppia oder Pistole, aus älterer Zeit, nach französ. Probe . . . 1

Silbermünzen.

Aeltere Münzen:

Scudo zu $7\frac{1}{2}$ Lire, nach engl. Probe 2
$\frac{1}{2}$ „ „ $3\frac{3}{4}$ „ „ „ „ 3
$\frac{1}{3}$ „ „ $2\frac{1}{2}$ „ „ „ „ 4
$\frac{1}{5}$ „ „ $1\frac{1}{2}$ „ „ „ „ 5
Barbone zu 12 Soldi, nach engl. Probe 6
$\frac{1}{2}$ Barbone oder Grosso nach Verhältniß.

Münzen aus den Jahren 1807—1842:

5 Franchi-Stück (1807—1808) } gesetzlich 7
5 Lire-Stück }
2 Lire-Stück (1837), gesetzlich 8
Franco } gesetzlich 9
Lira (1838) }
10 Soldi, gesetzlich 1

Münzen von 1842—1847:

5, 2, 1 u. $\frac{1}{2}$ Lira im Werthe von $\frac{3}{4}$ Franc die Lira.

Kupfermünzen.

5 Centesimi oder 1 Soldo.
3 „
1 Centesimo.

Lübeck.

Rechnungsart.

Jetzt Deutschland. — Vorher Thaler zu 40 Schilling oder zu $2\frac{1}{2}$ Mark Kurant. — 1 Mark zu 16 Schilling zu 12 Pfennig. — Nach Verordnung v. 16. Dezember 1848 eine Cöln Mark fein Silber = 14 Thaler oder 35 Mark Kurant.

Früher: Thaler Lübisch zu 48 Schill. zu 12 Pf. — 1 Cöln. Mark fein Silber = $11\frac{1}{3}$ Thaler in altem Kurant = $11\frac{2}{3}$ Thaler in neuem Kurant. — Mark Lübisch zu 16 Schill. zu 12 Pf. — 1 Cöln. Mark fein Silber = 34 Mark in altem Kurant = 35 Mark in neuem Kurant.

	Gewicht 1 Stückes	Auf 1 Pfund brut.	Feingehalt	Auf 1 Pfund fein	Ein Stück enthält fein Gold	Ein Stück enthält fein Silber	Werth Gold : Silb. = 1 : 15½ oder 1 Thlr. = 3 M.	
	Gramm	Stück	1000	Stück	Gramm	Gramm	Mark	Pfennig
1	5,524	90,5141	914	99,0307	5,0489	. . . .	14	08,65
2	26,4363	18,9134	913	20,7157	. . . .	24,1363	4	34,45
3	12,6347	39,5736	„	43,3446	. . . .	11,5355	2	07,64
4	9,0062	55,5172	„	60,8074	. . . .	8,2227	1	48,00
5	4,9890	100,2200	„	109,7700	. . . .	4,5550	. . .	81,99
6	2,8671	174,3919	661	263,8303	. . . .	1,8951	. . .	34,11
7	25	20	900	22,222..	. . . .	22,5	4	05
8	10	50	„	55,555..	. . . .	9	1	62
9	5	100	„	111,111...	. . . .	4,5	. . .	81
1	2,5	200	„	222,222...	. . . .	2,25	. . .	40,5

Lübeck. Luxemburg. Malta.

Goldmünzen. (Seit 1801 nicht mehr geprägt.)
Doppel-Dukaten, gesetzlich 1
Dukaten (Species-Dukaten), gesetzlich 2

Silbermünzen. (Seit 1797 nicht mehr geprägt.)
Speciesthaler zu 3¾ Mark Kurant, gesetzlich 3
Kuranttthaler oder 3 Markstück, gesetzlich 4
2 Markstück, gesetzlich 5
1 " " 6

8 Schillingstück, ½ Mark, gesetzlich 7
4 " gesetzlich 8
2 " " 9

Scheidemünze.
1 Schilling, gesetzlich 1
½ " " 2
¼ " " 3

Luxemburg.

Rechnungsart.

Frank zu 100 Centimes, seit 1849 wie Frankreich. — Nach Gesetz v. 20. Dezbr. 1848 tritt von Januar 1849 ab an Stelle des Holländischen Gulden der Französ. Frank und werden 47¼ alte Cents = 1 Frank gerechnet. Der Preuß. Thaler hat den festen Werth von 3¾ Frank.

Bronzemünzen.

Nach Gesetz v. 9. Juni 1852 seit 1853:

10 Centimes-Stück 4
5 " " 5
2½ " " 6

Madeira s. Portugal.

Mailand s. Lombard.-Venet. Königreich.

Malta.

Rechnungsart.

Pound- oder Livre-Sterling zu 20 Shilling zu 12 Pence Sterl. — Seit 1825 wie Groß-Britanien. Im Verkehr 1 Neapolitanischer Scudo, Pezza di Sicilia = 4⅙ Shilling oder 50 Pence.

	Gewicht 1 Stückes	Auf 1 Pfund brut.	Feingehalt	Auf 1 Pfund fein	Ein Stück enthält fein Gold	fein Silber	Werth Gold:Silb. = 1:15½ oder 1 Thlr. = 3 M.	
	Gramm	Stück	1000	Stück	Gramm	Gramm	Mark	Pfennig
1	6,9808	71,6254	979 1/6	73,1494	6,8353	....	19	07,06
2	3,4904	143,2509	"	146,2987	3,4177	....	9	53,54
3	29,2320	17,1046	888 8/9	19,2427	....	25,9840	4	67,71
4	27,5124	18,1736	750	24,2315	....	20,6342	3	71,41
5	18,3416	27,2604	"	36,3472	....	13,7562	2	47,61
6	9,1708	54,5208	"	72,6945	....	6,8781	1	23,80
7	5,5025	90,8681	625	145,3889	....	3,4390	...	61,90
8	3,0569	163,5625	562½	290,7778	....	1,7195	...	30,95
9	1,9651	254,4306	437½	581,5556	....	0,8597	...	15,47
1	1,0826	461,8237	375	1231,5299	....	0,4060	...	07,30
2	0,7692	649,9740	250	2599,8960	....	0,1923	...	03,46
3	0,5128	974,961	187½	5199,7920	....	0,0961	...	01,73
4	10							
5	5							
6	2,5							

Malta. Marokko.

Rechnungsart.

Früher und noch jetzt im inneren Verkehr: Oncia oder Pezza (Wechselpiaster) zu 2½ Scudi oder zu 30 Tari. — Scudo zu 12 Tari zu 2 Cartini zu 10 Grani (1 Grano = 6 Piccioli) oder zu 240 Grani. — 12 Scudi = 1 £ Sterling oder 1 Scudo = 20 Pence Sterl.; seit 1851 vorschriftsmäßig 1 Scudo = 19⅕ Pence Sterl.

Goldmünzen.

Neue Doppia oder Pistole der letzten Großmeister 1
Dergl. Doppia nach engl. Proben 2
²⁄₁ u. ½ Doppia nach Verhältniß.

Silbermünzen.

Pezza oder Oncia zu 30 Tari, gesetzlich 3
Oncia von Emanuel Pinto (1759), nach engl. Probe 4
Oncia von Emanuel Rohan (1781), nach engl. Probe 5
Oncia von Ferdinand v. Hompesch (1798), nach engl. Probe . . 6
Scudo zu 12 Tari, nach engl. Probe 7
Dergl. Scudo nach französ. Probe 8
24, 6, 4, 2, 1 Tari-Stück nach Verhältniß.
2 Tari-Stück nach engl. Probe 9

Kupfermünzen.

Taro oder 20 Grani-Stück.
½ Taro oder 10 Grani-Stück.
¼ Taro oder 5 Grani-Stück.
⅛ Taro oder 2½ Grano-Stück.
Grano.
Third Farthing (⅓ Farthing oder ¹⁄₁₂ Penny) in England 1844 geprägt.

Marokko.

Rechnungsart.

Mitskal (Mitkul) zu 10 Uckias (Ockiat oder Unzen), seit 1852 zu 4½ Musnuas oder Blanquillos (früher zu 4 Musnias) zu 6 Quartes zu 4 Flus zu 4 Kirat.

Früher: Peso, Spanischer Silberpiaster, zu 100 Cents. Der Peso galt früher 15 Uckias, später auf 20–24 Uckias erhöht. — Ducado zu 10 Uckias.

Goldmünzen.

Madridia, Dublone, von 10 Rials oder span. Piastern 1
Bendoki (Butaca) = 2 Rials oder span. Piastern 2
½ Bendoki = 1 Rial oder span. Piaster 3
Mitskal (Mitkul) Deheb 4

	Gewicht 1 Stückes	Auf 1 Pfund brut.	Fein-gehalt	Auf 1 Pfund fein	Ein Stück enthält fein Gold	fein Silber	Werth Gold : Silb. = 1 : 15⅓ oder 1 Thlr. = 3 M.	
	Gramm	Stück	1000	Stück	Gramm	Gramm	Mark	Pfennig
1	8,2198	60,8282	854	71,2274	7,0198	. . . .	19	58,52
2	8,2989	60,2488	843	71,4695	6,996	. . . .	19	51,88
3	29,6815	16,8455	833⅓	20,2146	. . . .	24,7346	4	45,22
4	29,6620	16,8566	736	22,9029	. . . .	21,8313	3	92,96
5	29,6620	16,8566	830	20,3091	. . . .	24,6195	4	43,15
6	29,6620	16,8566	833	20,236	. . . .	24,7084	4	44,75
7	12,1244	41,2391	736	56,0314	. . . .	8,9236	1	60,62
8	12,11	41,2882	736	56,0981	. . . .	8,9129	1	60,43
9	1,6857	296,6126	680	436,1951	. . . .	1,1463	. . .	20,63
1	. . . .	. . . .	. . .	32,4587	15,4041	. . . .	42	97,77
2	. . . .	. . . .	. . .	162,2936	3,0808	. . . .	8	59,55
3	. . . .	. . . .	. . .	324,5872	1,5404	. . . .	4	29,77
4	1,9569	255,4996	777	328,8269	1,5206	. . . .	4	24,23

Marokko. Mauritius. Mecklenburg-Schwerin.

Silbermünzen.

Mitskal, Rial (marokkan. Piaster) nach französ. Probe 1
6 Musnua-Stück ($\frac{1}{10}$ Span. Piaster) 2
Uckia (Dirhem) ($\frac{1}{15}$ Span. Piaster) 3
Musnua oder Blanquillo ($\frac{1}{60}$ Span. Piaster) 4

Kupfermünzen.

Quarte = $\frac{1}{6}$ Musnua.
Fels (Mehrheit Flus), gleich $\frac{1}{4}$ Quarte.
Kirat, gleich $\frac{1}{4}$ Fels.

Mauritius (Insel), Isle de France.

Rechnungsart.

Pound, Pfund, zu 12 Shilling zu 12 Pence Sterling. — Seit 1826 wie Großbritanien.

Früher: Kurant-Piaster (Kurant-Dollar) zu 100 Cents. 1 Kurant-Piaster = 10 Colon.-Livres = 4 Schilling Sterling ist nur Rechnungsmünze. —

Colonial-Livre (Frank) zu 20 Colonial-Sous. — 2 Colonial-Sous = 1 Cent. — 1 Colonial-Livre = $\frac{1}{10}$ Kurant-Piaster.

Silbermünzen.

Dollar (Piaster), zu 100 Cents, in England geprägt 5
$\frac{1}{2}$ Dollar zu 50 Cents 6
$\frac{1}{4}$ Dollar zu 25 Cents 7
$\frac{1}{8}$ Dollar zu $12\frac{1}{2}$ Cents 8
$\frac{1}{16}$ Dollar zu $6\frac{1}{4}$ Cents 9

Kupfermünzen.

Sou marqué (= 3 Colonial-Sous = $1\frac{1}{2}$ Cents); unter französ. Herrschaft bis 1810 geprägt.

Mecklenburg-Schwerin.

Rechnungsart.

Seit 1. Januar 1874 wie Deutschland. — Vorher: Thaler zu 48 Schilling zu 12 Pfennig oder zu 3 Mark zu 16 Schilling zu 12 Pfennig. — Nach Verordnung vom Januar 1848 im 14 Thalerfuß und nach Verordnung vom Februar 1858 im 30 Thalerfuß wie Preußen.

Früher:

Reichsthaler zu 24 Groschen oder 48 Schilling, im $13\frac{1}{3}$ Thalerfuß.
Mark zu 16 Schilling oder 8 Groschen, im 34 Markfuß.
Thaler in neuen $\frac{2}{3}$-Stücken, zu 48 Schill., im 12 Thalerfuß.
Gulden oder neue $\frac{2}{3}$-Stücke zu 32 Schilling im 18 Guldenfuß.

	Gewicht 1 Stückes	Auf 1 Pfund brut.	Feingehalt	Auf 1 Pfund fein	Ein Stück enthält fein Gold	Ein Stück enthält fein Silber	Werth Gold : Silb. = 1 : 15½ oder 1 Thl.r = 3 M.	
	Gramm	Stück	1000	Stück	Gramm	Gramm	Mark	Pfennig
1	28,4703	17,5621	850	20,6613	. . . .	24,1998	4	35,59
2	. . . . .	. . . . .	. . .	206,8456	. . . .	2,4172	. . .	43,51
3	. . . . .	. . . . .	. . .	310,2685	. . . .	1,6115	. . .	29
4	. . . . .	. . . . .	. . .	1241,0740	. . . .	0,4029	. . .	07,25
5	26,9833	18,53	900	20,5888	. . . .	24,2850	4	37,13
6	13,4916	37,0599	„	41,1776	. . . .	12,1425	2	18,56
7	6,7458	74,1198	„	82,3553	. . . .	6,0713	1	09,28
8	3,3729	148,2397	„	164,7107	. . . .	3,0356	. . .	54,64
9	1,6864	296,4793	„	329,4215	. . . .	1,5178	. . .	27,32

Mecklenburg-Schwerin.

Goldmünzen.	
Doppel-Pistole, doppelter Friedrich-Franzd'or, Pauld'or, gesetzlich	1
Dergleichen befunden	2
Pistole, Friedrich-Franzd'or, Pauld'or, gesetzlich	3
Silbermünzen.	
Aeltere Münzen:	
2 Markstück zu 32 Schilling, seit 1763 gesetzlich	4
1 Markstück zu 16 Schilling, gesetzlich	5
12 Schillingstück, seit 1774 gesetzlich	6
8 „ gesetzlich	7
4 „ „	8
2 „ „	9
Scheidemünze:	
1 Schilling, gesetzlich	1
½ „ oder Sechsling, gesetzlich	2
¼ „ „ Dreiling, „	3
Neuere Münzen:	
Neues ⅔ Thalerstück oder Gulden, seit 1789, gesetzlich ⅓ Thalerstück nach Verhältniß.	4
Neues ⅔ Thalerstück aus feinem Silber, seit 1830, gesetzlich	5
Dergleichen ⅔ Thalerstück v. 1839 u. 1845, befunden	6
Scheidemünze 1828—1848:	
4 Schillingstück, gesetzlich	7
1 „ „	8
Nach Verordnung v. 12. Jan. 1848—1857:	
Thaler zu 48 Schilling, gesetzlich	9
⅙ Thaler zu 8 Schilling, gesetzlich	1
Scheidemünze:	
$\frac{1}{12}$ Thaler oder 4 Schillingstück, gesetzlich	2
Schilling, $\frac{1}{48}$ Thaler	3
Nach Verordnung vom Februar 1858:	
Vereinsthaler, gesetzlich	4
Schilling, gesetzlich	5
Kupfermünzen.	
Von 1857—1872: 3 Pfennigstück, gesetzlich	6
2 „ „	7
1 „ „	8
Seit 1872: 5 „ „	9
2 „ „	1
1 „ „	2

	Gewicht 1 Stückes	Auf 1 Pfund brut.	Feingehalt	Auf 1 Pfund fein	Ein Stück enthält fein Gold	fein Silber	Werth Gold : Silb. = 1 : 15½ oder 1 Thlr. = 3 M.	
	Gramm	Stück	1000	Stück	Gramm	Gramm	Mark	Pfennig
1	13,3188	37,5410	895⅚	41,9062	11,9314	. . . .	33	28,88
2	13,3023	37,5873	893	42,0911	11,8790	. . . .	33	14,24
3	6,6594	75,082	895⅚	83,8124	5,9657	. . . .	16	64,44
4	18,3416	27,2604	750	36,3472	. . . .	13,7562	2	47,61
5	9,1708	54,5208	"	72,6945	. . . .	6,8781	1	23,80
6	8,7988	56,826	562½	101,0231	. . . .	4,9493	. . .	89,08
7	5,5025	90,8681	625	145,3889	. . . .	3,4390	. . .	61,90
8	3,0569	163,5625	562½	290,7779	. . . .	1,7195	. . .	30,95
9	1,9651	254,4306	437½	581,5556	. . . .	0,8547	. . .	15,47
1	1,083	461,8134	375	1231,5297	. . . .	0,406	. . .	07,31
2	0,769	649,9739	250	2599,8961	. . . .	0,192	. . .	03,46
3	0,513	974,9610	187½	5199,7922	. . . .	0,096	. . .	01,73
4	17,3226	28,864	750	38,4853	. . . .	12,9920	2	33,85
5	13,1749	37,9508	986⅓	38,4853	. . . .	12,9920	2	33,85
6	13,1675	37,9722	989	38,3045	. . . .	13,0227	2	34,40
7	3,0569	163,5625	500	327,125	. . . .	1,5284	. . .	27,51
8	1,1136	448,9952	312½	1436,7846	. . . .	0,3479	. . .	06,26
9	22,2719	22,4498	750	29,9330	. . . .	16,7039	3	00,67
1	5,3452	93,5407	520⅚	179,5981	. . . .	2,7840	. . .	50,11
2	2,436	205,2549	500	410,5099	. . . .	1,218	. . .	21,92
3	1,2992	384,8530	208⅓	1847,2944	. . . .	0,2707	. . .	04,87
4	18,5185	27	900	30	. . . .	33,333	3	. . .
5	1,3008	384,384	208	1848	. . . .	0,2705	. . .	04,87
6	2,4							
7	1,624							
8	0,812							
9	7,5							
1	3							
2	1,5							

Mecklenburg-Strelitz. Mexico.

Mecklenburg-Strelitz.

Rechnungsart.

Seit 1. Jan. 1874 wie Deutschland. — Vorher Thaler zu 48 Schilling oder zu 24 Ggroschen wie Mecklenburg-Schwerin.

Goldmünzen.

Pistole, aus älterer Zeit, gesetzlich 1

Silbermünzen.

Aeltere Münzen:

$\frac{1}{6}$ Thaler oder 4 Gutegroschen, gesetzlich 2

$\frac{1}{12}$ „ „ 2 „ „ 3

Von 1846–1848 geprägte Münzen:

4 Schillingstücke, $\frac{1}{12}$ Thaler, gesetzlich 4

Schilling, $\frac{1}{48}$ Thaler, gesetzlich 5

Nach Verordnung vom Februar 1858:

Vereinsthaler, gesetzlich 6

Schilling, gesetzlich 7

Kupfermünzen wie Mecklenburg-Schwerin.

Mexico.

Rechnungsart.

Peso oder Piaster (Dollar) zu 100 Centavos (Cents) in gleichem Werthe mit dem alten Spanischen Silberpiaster = $489\frac{7}{17}$ Castilischen Granos fein Silber.

Früher bis 1861: Peso zu 8 Reales de Plata zu 4 Quartillos. — 1 Real zu 12 Granos zu $70\frac{5}{6}$ Dineros oder = 850 Castil. Dineros. — 1 Quartillo = 2 Tlacos oder Octavos = 3 Granos.

Goldmünzen.

Onza de oro oder Doblone (vierfache Pistole) zu 8 Escudos de oro oder 16 Pesos, wie Spanien seit 1786, gesetzlich . . 8

Dergleichen von Kaiser Augustinus, von 1823, befunden . . . 9

Dergleichen der Republik, von 1827, befunden 1

Dergleichen der Republik, von 1831, befunden 2

Onza der Republik, nach nordamerik. Untersuchungen:

aus der Münzstätte in Mexiko 3

„ „ „ „ Guanaxuato 4

„ „ „ „ Durango 5

„ „ „ „ Guadalaxara 6

Dergleichen Onza de 1861, hier befunden 7

	Gewicht 1 Stückes	Auf 1 Pfund brut.	Fein-gehalt	Auf 1 Pfund fein	Ein Stück enthält fein Gold	fein Silber	Werth Gold : Silb. = 1 : 15½ oder 1 Thlr. = 3 M.	
	Gramm	Stück	1000	Stück	Gramm	Gramm	Mark	Pfennig
1	6,6816	74,4162	$902\frac{7}{9}$	82,8914	6,032	. . . .	16	82,92
2	5,8464	85,5229	500	171,0458	. . . .	2,9232	. . .	52,61
3	3,341	149,6616	$437\frac{1}{2}$	342,0915	. . . .	1,4616	. . .	26,31
4	3,248	153,9412	375	410,5099	. . . .	1,218	. . .	21,92
5	1,2992	384,8530	$208\frac{1}{3}$	1847,2944	. . . .	0,2707	. . .	04,87
6	18,5185	29	900	30	. . . .	33,333..	3	. . .
7	1,3008	384,384	208	1848	. . . .	0,2705	. . .	04,87
8	27,0643	18,4745	875	21,1137	23,6813	. . . .	66	07,08
9	27,0290	18,4986	865	21,3857	23,3801	. . . .	65	23,05
1	27,0353	18,4943	864	21,4055	23,3585	. . . .	65	17,02
2	27,0447	18,4879	868	21,2994	23,4748	. . . .	65	49,48
3	27,0079	18,5131	866	21,3777	23,3889	. . . .	65	25,50
4	27,0209	18,5042	863	21,4417	23,3190	. . . .	65	06,01
5	27,0209	18,5042	868	21,3182	23,4541	. . . .	65	43,70
6	26,9723	18,5375	865	21,4307	23,3310	. . . .	65	09,35
7	27,02	18,5048	870	21,2609	23,5074	. . . .	65	58,56

Mexico.

Goldmünzen.

½ Onza de oro (Doppel-Pistole) zu 4 Escudos de oro oder 8 Pesos, gesetzlich 1
Dergleichen 4 Stücke v. J. 1832 befunden 2
¼ Onza de oro (Pistole) zu 2 Escudo de oro, gesetzlich . . . 3
Dergleichen v. J. 1825 befunden 4

Escudo de oro (⅛ Onza) oder ½ Pistole, gesetzlich 5
Dergleichen 4 Stücke v. J. 1831 befunden 6
Dergleichen 1 Stück v. J. 1863, befunden. 7
½ Escudo de oro, Escudillo oder Peso de oro ($\frac{1}{16}$ Onza), gesetzl. 8
Dergleichen 10 Stücke v. J. 1831 befunden 9
Dergleichen 1 Stück v. J. 1863, befunden. 1

Neuere Münzen:

20 Pesos-Stück, gesetzlich 2
Dergleichen 1 Stück v. Kaiser Maximilian de 1866 befunden . 3
10 Pesos-Stück, Hidalgo, gesetzlich 4
5 „ „ gesetzlich 5
2½ „ „ „ 6
1 Peso, gesetzlich 7

Silbermünzen.

Aeltere Münzen:

Peso, Piaster oder Dollar zu 3 Reales de Plata mexicana (wie Spanien seit 1772), gesetzlich 8
Dergleichen in großen Summen, befunden 9
„ von Kaiser Augustinus, v. J. 1823, befunden . . 1
„ der Republik v. J. 1826, befunden 2
„ 44 Stück v. d. J. 1824—1835, befunden 3
„ 64 Stück v. d. J. 1836—1840, befunden 4
„ 20 neue Stücke v. J. 1840, befunden 5
Nach Nordamerikanischen Untersuchungen befunden:
Dergleichen aus der Münzstätte zu Mexiko 6
„ „ „ „ „ Zacatecas 7
„ „ „ „ „ Guanaxuato 8
„ „ „ „ „ Durango 9
„ „ „ „ „ Potosi 1
„ „ „ „ „ Chihuahua 2
„ „ „ „ „ Guadalaxara 3
(In Guadalaxara sollen 1833 u. 1834 Piaster von geringerem Gehalt (870—840) geprägt sein.)
½ Peso zu 4 Reales de plata, gesetzlich 4
Dergleichen von verschiedenen Münzstätten, befunden 5

	Gewicht 1 Stückes	Auf 1 Pfund brut.	Fein-gehalt	Auf 1 Pfund fein	Ein Stück enthält fein Gold	fein Silber	Werth Gold:Silb. =1:15½ oder 1 Thlr. = 3 M.	
	Gramm	Stück	1000	Stück	Gramm	Gramm	Mark	Pfennig
1	13,5321	36,9490	875	42,2275	11,8406	. . . .	33	03,52
2	13,0223	36,9758	868	42,5989	11,7374	. . . .	32	93,31
3	6,7661	73,8981	875	84,455	5,9203	. . . .	16	51,76
4	6,7598	73,9666	864	85,6095	5,8405	. . . .	16	29,37
5	3,3830	147,7962	875	168,9099	2,9601	. . . .	8	25,87
6	3,3789	147,9781	868	170,4817	2,9329	. . . .	8	18,28
7	3,4	. . . .	873	. . . .	2,9682	. . . .	8	28,13
8	1,6915	295,5924	875	337,8198	1,4801	. . . .	4	12,95
9	1,6872	296,3368	868	341,4019	1,4645	. . . .	4	08,59
1	1,67	. . . .	873	. . . .	1,4579	. . . .	4	06,75
2	33,840	14,7754	875	16,8861	29,6100	. . . .	82	61,19
3	33,65	14,8588	870	17,0791	29,2755	. . . .	81	67,88
4	16,920	29,5508	875	33,7723	14,8050	. . . .	41	30,60
5	8,460	59,1016	"	67,5447	7,4025	. . . .	20	65,30
6	4,230	118,2033	"	135,0895	3,7012	. . . .	10	32,65
7	1,692	295,5082	"	337,7236	1,4805	. . . .	4	13,06
8	27,0643	18,4745	902 7/9	20,4641	. . . .	24,4330	4	39,79
9	26,9833	18,53	900	20,5888	. . . .	24,2850	4	37,13
1	27,1137	18,4409	896	20,5813	. . . .	24,2939	4	37,29
2	26,9667	18,5414	900	20,6015	. . . .	24,2701	4	36,86
3	26,9885	18,5264	897	20,6537	. . . .	24,2087	4	35,75
4	26,8923	18,5927	901	20,6356	. . . .	24,2299	4	36,14
5	27,0103	18,5114	897	20,6371	. . . .	24,2282	4	36,11
6	26,9723	18,5375	902	20,5516	. . . .	24,3290	4	37,92
7	26,8265	18,6383	896	20,8017	. . . .	24,0365	4	32,66
8	26,9237	18,5710	898	20,6804	. . . .	24,1775	4	35,19
9	26,9561	18,5487	903	20,5412	. . . .	24,3413	4	38,14
1	27,0047	18,5153	901	20,5497	. . . .	24,3312	4	37,96
2	27,1213	18,4357	903	20,4160	. . . .	24,4906	4	40,83
3	26,9561	18,5487	879	21,1020	. . . .	23,6944	4	26,50
4	13,5321	36,9491	902 7/9	40,9282	. . . .	12,2165	2	19,89
5	13,3484	37,4575	900	41,6195	. . . .	12,0135	2	16,24

Mexico. Mittel-America. Modena.

Silbermünzen.

¼ Peso, (Pesado oder Peseta gen. zu 2 Reales d. p., gesetzlich 1
Dergleichen von verschiedenen Münzstätten, befunden 2
⅛ Peso = ½ Peseta oder 1 Real de plata, gesetzlich 3
Medio Real oder ½ Real, gesetzlich 4
Cuartillo oder ¼ Real, gesetzlich 5

Neuere Münzen nach Ges. v. 27. Novbr. 1867:

Peso oder Dollar, gesetzlich 6
50 Centavos, ½ Peso, gesetzlich 7
25 „ ¼ Peso oder Peseta, gesetzlich 8
10 „ oder Decimo, gesetzlich 9
5 „ ½ Decimo, gesetzlich 1

Kupfermünzen.

Cuartillo, ¼ Real.
Octavo, Tlaco oder ⅛ Real.
Centavo, seit 1861 2
Centavo, seit 1867 3

Mittel-America s. Südamerikan. Freistaaten.

Modena.

Rechnungsart.

Jetzt Italien. — Vorher Lira nuova di Modena, Lira estense zu 100 Centesimi. — Seit 1808 1 Lira = 1 französ. Frank.

Früher: Lira di Modena zu 20 Soldi zu 12 Denari. — 289,5335 Lire = 1 Pfund fein Silber.

Lira di Reggio zu 20 Soldi zu 12 Denari. — 434,2981 Lire = 1 Pfund fein Silber. — 1 Lira di Reggio = ⅔ Lira di Modena.

Goldmünzen.

40 Lire nuove oder italiane, gesetzlich 4
20 „ „ „ „ „ 5

Silbermünzen.

Scudo zu 15 Lire di Mod. v. J. 1739, nach französ. Probe . . 6
„ „ „ „ „ „ „ „ 1782, „ „ „ . . 7
„ „ „ „ „ „ „ „ 1796, „ „ „ . . 8
Scudo nuovo zu 5 Lire nuove oder italiane, gesetzlich 9
2 Lire italiane, gesetzlich 1
1 Lira italiana, „ 2
½ „ „ „ 3
¼ „ „ „ 4

	Gewicht 1 Stückes	Auf 1 Pfund brut.	Feingehalt	Auf 1 Pfund fein	Ein Stück enthält fein Gold	fein Silber	Werth Gold : Silb. = 1 : 15½ oder 1 Thlr. = 3 M.	
	Gramm	Stück	1000	Stück	Gramm	Gramm	Mark	Pfennig
1	6,7660	73,8982	902 7/9	81,8564	. . . .	6,1082	1	09,95
2	6,6353	75,3540	898	83,9132	. . . .	5,9586	1	07,25
3	3,383	147,7963	902 7/9	163,7128	. . . .	3,0541	. . .	54,97
4	1,691	295,5926	"	327,4256	. . . .	1,5270	. . .	27,48
5	0,845	591,1852	"	654,8512	. . . .	0,7635	. . .	13,74
6	27,073	36,9372	902 7/9	40,9150	. . . .	24,4409	4	39,93
7	13,536	73,8743	"	81,8300	. . . .	12,2204	2	19,97
8	6,768	147,7486	"	163,6600	. . . .	6,1102	1	09,98
9	2,707	369,3717	"	409,1502	. . . .	2,4441	. . .	43,99
1	1,353	738,7434	"	818,3003	. . . .	1,2220	. . .	21,99
2	9,2							
3	8							
4	12,9032	33,75	900	43,0556	11,6129	. . . .	32	40
5	6,4516	77,5	"	86,1111	5,8065	. . . .	16	20
6	28,788	17,3684	868	20,0096	. . . .	24,988	4	49,78
7	27,726	18,0336	913	19,7520	. . . .	25,31389	4	55,65
8	28,098	17,7949	663	26,8399	. . . .	18,6290	3	35,32
9	25	20	900	22,2222..	. . . .	22,5	4	05
1	10	50	"	55,555..	. . . .	9	1	62
2	5	100	"	111,111..	. . . .	4,5	. . .	81
3	2,5	200	"	222,222..	. . . .	2,25	. . .	40,5
4	1,25	400	"	444,444..	. . . .	1,125	. . .	20,25

Modena. Moldau. Nassau.

Kupfermünzen.

5, 2 u. 1 Centesimo-Stück.

Früher: Bolognino zu 1 Soldo di Mod. zu 1½ Soldi di Reggio.

Soldo di Reggio = ⅔ Soldo di Modena.

Sixiani = 4 Denari di Mod. = 6 Denari di Reggio.

Moldau s. Rumänien.

Nassau.

Rechnungsart.

Vor 1866: Gulden zu 60 Kreuzer zu 4 Pfennig. — Nach dem Vertrage v. 24. Jan. 1857, 52½ Gulden = 1 Pfund fein Silber. Von 1837—1857, 24½ Gulden = 1 Cöln. Mark fein Silber.

Goldmünzen.

Dukaten, gesetzlich 1

Silbermünzen.

Aeltere Münzen:

Kronenthaler zu 2 Guld. 42 Krz., gesetzlich 2
Conv.-Speciesthaler zu 2 Guld. 24 Krz., gesetzlich 3
24 Kreuzerstück, gesetzlich 4
12 " " 5

6 Kreuzerstück, von d. J. 1808 u. 1809, gesetzlich 6
6 " von 1824—1837, gesetzlich 7
3 " " " " " " 8
1 " " " " " " 9

Neuere Münzen, nach Conv. v. 25. Aug. 1837, 30. Juli 1838 u. 27. März 1845—1857:

3½ Gulden oder 2 Thaler, gesetzlich 1
2 Gulden-Stück, gesetzlich 2
Gulden, gesetzlich 3
½ Gulden, gesetzlich 4

Scheidemünze:

6 Kreuzerstück, gesetzlich 5
3 " " 6
1 " " 7

Nach d. Münzvertrage v. 24. Jan. 1857:

Vereinsthaler zu 1 Guld. 45 Krz., gesetzlich 8

	Gewicht 1 Stückes	Auf 1 Pfund brut.	Feingehalt	Auf 1 Pfund fein	Ein Stück enthält fein Gold	fein Silber	Werth Gold : Silb. = 1 : 15½ oder 1 Thlr. = 3 M.	
	Gramm	Stück	1000	Stück	Gramm	Gramm	Mark	Pfennig
1	3,4904	143,2509	986 1/9	145,2685	3,4419	. . . .	9	60,29
2	29,5272	16,9335	871 19/36	19,4297	. . . .	25,7338	4	63,21
3	28,0627	17,8173	833⅓	21,3807	. . . .	23,3855	4	20,94
4	6,6816	74,8325	583⅓	128,2843	. . . .	3,8976	. . .	70,15
5	3,8976	128,2843	500	256,5686	. . . .	1,9488	. . .	35,08
6	2,2272	224,4976	437½	513,1372	. . . .	0,9744	. . .	17,54
7	2,2272	224,4976	375	598,6603	. . . .	0,8351	. . .	15,03
8	1,3858	360,7997	281¼	1282,843	. . . .	0,3897	. . .	07,01
9	0,5315	940,7520	229⅙	4105,10	. . . .	0,1218	. . .	02,19
1	37,1199	13,4699	900	14,9665	. . . .	33,4079	6	01,34
2	21,2114	23,5723	„	26,1914	. . . .	19,0902	3	43,62
3	10,6057	47,1445	„	52,3828	. . . .	9,5451	1	71,81
4	5,3028	94,2890	„	104,7655	. . . .	4,7725	. . .	85,90
5	2,5984	192,4265	333⅓	577,2796	. . . .	0,8661	. . .	15,59
6	1,2992	384,8530	„	1154,5591	. . . .	0,4330	. . .	07,79
7	0,7795	641,4217	156¼	4105,10	. . . .	0,1218	. . .	02,19
8	18,5185	27	900	30	. . . .	16,666..	3	. . .

Neapel. Neu-Granada. Niederlande.

Kupfermünzen.

1 Kreuzerstück 1
$\frac{1}{2}$ " 2
$\frac{1}{4}$ " 3

Neapel s. Sicilien.

Neu-Granada s. Südamerikan. Freistaaten.

Niederlande.

Rechnungsart.

Gulden zu 100 Cents. — Ein Gulden = 9,45 Gramm fein Silber oder = 0,6048 fein Gold. — Nach Gesetz v. 22. März 1839 ein Gulden = 10 Gramm Silber von $\frac{945}{1000}$ Feingehalt. — Nach Gesetz v. 6. Juni 1875 ist gleichzeitig das goldene 10 Guldenstück von 6,72 Gramm Gold zu $\frac{900}{1000}$ Feingehalt gesetzliches Zahlmittel. — Von 1816—1839 sollten 24,327 Gulden 1 Cöln. Mark fein Silber enthalten.

Früher: Gulden zu 20 Stüver zu 16 Pfennig. — 1 Schilling = 6 Stüver. — 1 Stüver = 8 Deut = 16 Pfennig. — 1 Dubbeltje = 2 Stüver.

Für Luxenburg: Frank zu 100 Centimes, siehe Luxenburg.

Goldmünzen.

Aeltere Münzen:

Oesterreich-Niederländischer Souveraind'or, gesetzlich 4
Dergleichen, nach französ. Proben 5
Dergleichen, nach älteren Angaben 6
$\frac{1}{2}$ Oesterreich-Niederländischer Souveraind'or, gesetzlich 7
Dergleichen, nach älteren Angaben 8

Holländischer Rijder (Reiter) zu 14 Gulden Kurant, gesetzlich . . 9
Dergleichen, nach französ. Probe 1
$\frac{1}{2}$ Holländischer Rijder zu 7 Gulden Kurant, gesetzlich 2
Dergleichen, nach französ. Probe 3

Löwen der belgischen Staaten von 1790 à 14 Fl., befunden . . . 4

Brabanter Dukaten 5
Holländische Dukaten, gesetzlich 6
Dergleichen, befunden 7
Dergleichen, nach französ. Probe 8

	Gewicht 1 Stückes	Auf 1 Pfund brut.	Fein-gehalt	Auf 1 Pfund fein	Ein Stück enthält fein Gold	fein Silber	Werth Gold : Silb. = 1 : 15½ oder 1 Thlr. = 3 M.	
	Gramm	Stück	1000	Stück	Gramm	Gramm	Mark	Pfennig
1	4,2							
2	2,1							
3	1							
4	11,1112	44,9996	$917\frac{77}{144}$	49,0440	10,1949	. . . .	28	44,38
5	11,048	45,2571	915	49,4613	10,1089	. . . .	28	20,39
6	11,0049	45,4340	916	49,6005	10,0905	. . . .	28	12,50
7	5,5556	89,9992	$917\frac{77}{144}$	98,0880	5,0975	. . . .	14	22,19
8	5,5025	90,8681	916	99,2009	5,0403	. . . .	14	06,24
9	9,9513	50,2447	$916\frac{2}{3}$	54,8124	9,1220	. . . .	25	45,04
1	9,933	50,3373	917	54,8934	9,1086	. . . .	25	41,29
2	4,9756	100,4894	$916\frac{2}{3}$	109,6248	4,561	. . . .	12	72,52
3	4,939	101,2351	917	110,3981	4,5291	. . . .	12	63,61
4	8,2780	60,4006	916	65,9395	7,5827	. . . .	21	15,57
5	3,4617	144,4386	986	146,4895	3,4132	. . . .	9	52,28
6	3,4904	143,2509	$982\frac{23}{36}$	145,7818	3,4[illegible]98	. . . .	9	56,91
7	3,4645	144,3199	979	147,4156	3,3918	. . . .	9	46,27
8	3,4520	144,8435	„	147,9505	3,3795	. . . .	9	42,88

Niederlande.	
Goldmünzen.	
Neuere Münzen, nach d. Gesetzen v. 28. Septbr. 1816, 22. März 1839 u. nach d. Ges. v. 26. Novbr. 1847 nur als Handelsmünzen zu wechselndem Kurse.	
Doppel-Gold-Willem, 20 Guldenstück, gesetzlich	1
10 Guldenstück, Gold-Willem, gesetzlich	2
Ein dergleichen Stück v. J. 1819, befunden	3
Ein dergleichen Stück v. J. 1824, "	4
5 Guldenstück, halber Gold-Willem, gesetzlich	5
Doppel-Gold-Dukaten, gesetzlich	6
Gold-Dukaten, gesetzlich	7
Dergleichen Dukaten, befunden	8
Nach d. Gesetz v. 6. Juni 1875, seit 1. Juli 1875:	
10 Guldenstück, gesetzlich	9
Silbermünzen.	
Aeltere Münzen:	
Für die österr. Niederlande oder Brabant:	
Ducaton, Brabanter, seit 1749, nach französ. Probe	1
Dergleichen, nach gewöhnlicher Annahme	2
$\frac{1}{2}$, $\frac{1}{4}$, $\frac{1}{8}$ Ducaton nach Verhältniß.	
Kronenthaler, Brabanter, seit 1755, gesetzlich	3
Dergleichen, nach rheinischen Kursbestimmungen ($9\frac{1}{11}$ Kronenthaler = 1 Cöln. Mark fein Silber)	4
Dergleichen befunden	5
$\frac{1}{2}$ u. $\frac{1}{4}$ Kronenthaler nach Verhältniß.	
Doppel-Schilling, Doppel-Escalin, seit 1749, nach französ. Probe .	6
Schilling, Escalin, seit 1749, nach engl. Probe	7
$\frac{1}{2}$ Schilling, Plaquet, nach engl. Probe	8
5 Stüverstück, seit 1749	9
$2\frac{1}{2}$ Stüverstück nach Verhältniß.	
Löwenthaler der Belgischen Staaten von 1790 zu $3\frac{1}{2}$ Gulden, nach französ. Probe	1
Belgischer Gulden von 1790 zu 20 Stüver, nach französ. Probe .	2
Belgischer $\frac{1}{2}$ Gulden von 1790, nach französ. Probe	3
Für Holland:	
Alter Thaler zu $1\frac{1}{2}$ Gulden oder 30 Stüver, aus d. 17. Jahrhundert, im Durchschnitt befunden	4
3 Guldenstück, aus dem 18. Jahrhundert	5
Dergleichen, im Durchschnitt befunden	6

	Gewicht 1 Stückes	Auf 1 Pfund brut.	Feingehalt	Auf 1 Pfund fein	Ein Stück enthält fein Gold	Ein Stück enthält fein Silber	Werth Gold : Silb. = 1 : 15½ oder 1 Thlr. = 3 M.	
	Gramm	Stück	1000	Stück	Gramm	Gramm	Mark	Pfennig
1	13,4580	37,1526	900	41,2807	12,1122	…	33	79,30
2	6,7290	74,3053	″	82,5614	6,0561	…	16	89,65
3	6,720	74,4049	899	82,7641	6,0413	…	16	85,51
4	6,7306	74,2873	″	82,6333	6,0508	…	16	88,17
5	3,3645	148,6105	900	165,1228	3,0280	…	8	44,82
6	6,988	71,5512	983	72,7886	6,8692	…	19	16,51
7	3,4940	143,1025	″	145,5773	3,4346	…	9	58,25
8	3,4904	143,2509	979$\frac{1}{6}$	146,2987	3,4177	…	9	55,72
9	6,720	74,40475	900	82,67196	6,048	…	16	87,39
1	33,303	15,0137	868	17,2968	…	28,9071	5	20,32
2	32,9374	15,1803	868 Θ	17,4888	…	28,5897	5	14,61
3	29,5385	16,9270	871$\frac{12}{36}$	19,4223	…	25,7436	4	63,38
4	29,516	16,9399	″	19,4370	…	25,7241	4	63,03
5	29,2685	17,0832	872	19,5908	…	25,5222	4	59,40
6	9,88	50,6073	576	87,8599	…	5,6908	1	02,43
7	4,2404	101,2056	574	176,3165	…	2,8358	…	51,04
8	2,7243	183,7352	475	386,8111	…	1,2926	…	23,27
9	4,7243	105,8346	410	258,1331	…	1,9370	…	34,86
1	32,825	15,2323	872	17,4682	…	28,6234	5	15,22
2	9,296	53,7866	868	61,9661	…	8,0690	1	45,24
3	4,621	108,2019	″	124,6563	…	4,0110	…	72,20
4	15,4584	32,3448	901	35,8987	…	13,9284	2	50,70
5	31,5637	15,841	917	17,2748	…	28,9439	5	20,99
6	31,4745	15,8859	913	17,3997	…	28,7361	5	17,25

Niederlande.

Silbermünzen.	
Gulden zu 20 Stüver	1
Dergleichen ohne Rand, befunden	2
Dergleichen mit Rand, „	3
½ u. ¼ Gulden nach Verhältniß.	
Ducaton, silberner Ruyder (Handelsmünze)	4
Dergleichen, nach französ. Probe	5
½ Ducaton nach Verhältniß.	
Thaler, nach dem Albertus=Thaler= oder Burgunder=Fuß	6
Dergleichen Albertus=Thaler, nach französ. Probe	7
Dergleichen im Durchschnitt befunden	8
½ u. ¼ Albertus=Thaler nach Verhältniß.	
Thaler zu 50 Stüver, unter Louis Napoleon, vom J. 1808, befunden	9
Schilling zu 6 Stüver, nach älterer Angabe	1
Gestempelte Schillinge zu 6 Stüver, aus d. 17. Jahrhundert, befunden	2
5½ Stüverstück, Sesthalfs, nach älterer Angabe	3
Dergleichen, nach englischen Proben	4
2 Stüverstück, Dubbeltjes, nach älterer Angabe	5
Stüver, nach älterer Angabe	6
Neuere Münzen, nach d. Gesetz v. 28. Septbr. 1816:	
a. Reichsmünzen:	
3 Guldenstück, gesetzlich	7
Dergleichen von verschiedenen Jahren, befunden	8
Gulden zu 100 Cents, gesetzlich	9
½ „ „ 50 „ „	1
¼ Gulden zu 25 Cents, gesetzlich	2
Dergleichen von verschiedenen Jahren, befunden	3
$\frac{1}{10}$ Gulden oder 10 Cents, gesetzlich	4
$\frac{1}{20}$ „ „ 5 „ „	5
b. Handelsmünzen bis 1847:	
Silber=Ruyder oder Ducaton zu 315 Cents, gesetzlich	6
Silber=Dukaten oder Reichsthaler zu 2½ Gulden oder 250 Cents, gesetzlich	7
Nach den Gesetzen v. 22. März 1839 u. 26. Novbr. 1847:	
Reichsmünzen:	
Reichsthaler oder 2½ Guldenstück, gesetzlich	8
Gulden zu 100 Cents, gesetzlich	9
½ Gulden oder 50 Cents, gesetzlich	1

	Gewicht 1 Stückes	Auf 1 Pfund brut.	Fein-gehalt	Auf 1 Pfund fein	Ein Stück enthält fein Gold	fein Silber	Werth Gold:Silb. = 1:15½ oder 1 Thlr. = 3 M.	
	Gramm	Stück	1000	Stück	Gramm	Gramm	Mark	Pfennig
1	10,5313	47,4772	911	52,1155	. . . .	9,5941	1	72,69
2	10,3583	48,2702	912	52,9279	. . . .	9,4468	1	70,04
3	10,4635	47,7849	"	52,3957	. . . .	9,5427	1	71,77
4	32,6158	15,33	938Θ	16,3433	. . . .	30,5936	5	50,68
5	32,506	15,3818	934	16,4687	. . . .	30,3606	5	46,49
6	28,0644	17,8161	868Θ	20,5255	. . . .	24,3599	4	38,48
7	28,098	17,7949	861	20,6677	. . . .	24,1923	4	35,46
8	27,917	17,9102	870	20,5865	. . . .	24,2877	4	37,18
9	26,3034	19,009	913	20,8203	. . . .	24,0150	4	32,27
1	4,9889	100,222	571Θ	175,5204	. . . .	2,8487	. . .	51,27
2	4,4544	112,2488	567	197,9696	. . . .	2,5256	. . .	45,46
3	4,6625	107,2371	562Θ	190,8135	. . . .	2,6203	. . .	47,16
4	4,6650	107,1794	529	202,6076	. . . .	2,4678	. . .	44,42
5	1,6124	310,0996	569Θ	544,9905	. . . .	0,9174	. . .	16,51
6	0,8062	620,1905	569Θ	1089,9660	. . . .	0,4587	. . .	08,25
7	32,2945	15,4825	893	17,3376	. . . .	28,8390	5	19,10
8	32,2782	15,4903	"	17,3464	. . . .	28,8244	5	18,84
9	10,7648	46,4475	"	52,0129	. . . .	9,6130	1	73,03
1	5,3824	92,8950	"	104,0258	. . . .	4,8065	. . .	86,52
2	4,2236	118,3813	569	208,0516	. . . .	2,4032	. . .	43,26
3	4,176	119,7320	566	211,5407	. . . .	2,3636	. . .	42,54
4	1,6894	295,9534	569	520,1289	. . . .	0,9613	. . .	17,30
5	0,8447	591,9068	"	1040,2578	. . . .	0,4806	. . .	08,65
6	32,5613	15,3557	937	16,3881	. . . .	30,5099	5	49,18
7	28,0779	17,8064	868	20,5143	. . . .	24,3716	4	38,69
8	25	20	945	21,164	. . . .	23,625	4	25,25
9	10	50	"	52,9101	. . . .	9,450	1	70,10
1	5	100	"	105,8201	. . . .	4,725	. . .	85,05

Niederlande. Nordamerikanische, vereinigte Staaten.

Silbermünzen.

25 Centsstück bis 1847, gesetzlich 1
10 „ „ „ „ 2
5 „ „ „ „ 3

Scheidemünze seit 1847:

25 Centsstück, gesetzlich 4
10 „ „ 5
5 „ „ 6

Für Niederländisch-Ostindische Colonien:

Gulden, ½ u. ¼ Gulden seit 1816 wie im Mutterlande.

Scheidemünze, nach Ges. v. 1. Mai 1854: 25 Cents, ¼ Gulden 7
10 „ 8
5 „ 9

Kupfermünzen. Für Reichsland seit 1816: 1 Cent-Stück, ges. 1
½ „ „ „ 2

Für Niederländisch-Ostindien: 2½ Cents-Stück, ges. 3
1 Cent-Stück, ges. . . . 4
½ „ „ „ . . . 5

Für Luxemburg 10, 5, 2½ Centimes siehe Luxemburg.

Nordamerikanische, vereinigte Staaten.

Rechnungsart.

Dollar zu 10 Dimes zu 10 Cents oder zu 100 Cents. (Im Verkehr rechnet man mitunter nach Shilling zu 12 Pence = ⅛ Dollar = 12½ Cents.) — Von 1792—1853: ein Dollar = 371¼ Troy Grains fein Silber. — Nach dem Gesetz vom 21. Febr. 1853 Goldwährung: ein Dollar = 23,22 Troy Grains fein Gold, Silbermünzen nur bis 5 Dollar gesetzliches Zahlmittel. — Von 1837—1853 bestand nach Gesetz v. 18. Jan. 1837 Doppelwährung. — Gold : Silber = 1 : 15,99.

Goldmünzen.

Nach dem Gesetz v. 8. August 1786:

Eagle (Adler) zu 10 Dollars 6
½ „ zu 5 Dollars 7

Nach dem Gesetz vom 2. April 1792:

Eagle zu 10 Dollars, gesetzlich 8
Dergleichen, nach englischen Proben 9

	Gewicht 1 Stückes	Auf 1 Pfund brut.	Fein-gehalt	Auf 1 Pfund fein	Ein Stück enthält fein Gold		Werth Gold : Silb. = 1 : 15½ oder 1 Thlr. = 3 M.	
					fein Gold	fein Silber		
	Gramm	Stück	1000	Stück	Gramm	Gramm	Mark	Pfennig
1	2,5	200	945	211,64	. . . .	2,3625	. . .	42,52
2	1	500	„	529,101	. . . .	0,9450	. . .	17,01
3	0,5	1000	„	1058,201	. . . .	0,4725	. . .	08,50
4	3,575	139,8601	640	218,5297	. . . .	2,288	. . .	41,18
5	1,4	357,1429	„	558,0357	. . . .	0,896	. . .	16,13
6	0,685	729,9270	„	1140,5110	. . . .	0,438	. . .	07,89
7	3,18	157,2327	720	218,3788	. . . .	2,2896	. . .	41,21
8	1,25	400	„	555,5555	. . . .	0,9000	. . .	16,20
9	0,61	819,6722	„	1138,434	. . . .	0,4392	. . .	07,90
1	3,845							
2	1,922							
3	12,5							
4	4,8							
5	2,3							
6	17,407	28,7241	916⅔	31,3354	15,9564	. . . .	44	51,83
7	8,703	57,4482	„	62,6707	7,9782	. . . .	22	25,91
8	17,4955	28,5787	916⅔	31,1768	16,0376	. . . .	44	74,49
9	17,495	28,5796	911	31,3717	15,0379	. . . .	44	46,67

Nordamerikanische, vereinigte Staaten.	
Goldmünzen.	
½ Eagle zu 5 Dollars, gesetzlich	1
¼ „ „ 2½ „ „	2
Nach dem Gesetz v. 28. Juni 1834:	
Eagle zu 10 Dollars, gesetzlich	3
½ „ „ 5 „ „	4
¼ „ „ 2½ „ „	5
Nach d. Ges. v. 18. Jan. 1837, 3. März 1849 u. 3. März 1853:	
Doppel-Eagle zu 20 Dollars (seit 1849), gesetzlich	6
Eagle zu 10 Dollars, gesetzlich	7
½ „ „ 5 „ „	8
Dergleichen Eagles (1/1 und ½) aus neuerer Zeit, bei großen Summen im Durchschnitt befunden	9
3 Dollars-Stück (seit 1853), gesetzlich	1
¼ Eagle zu 2½ Dollars, gesetzlich	2
Dollar (seit 1849), gesetzlich	3
Silbermünzen.	
Nach dem Gesetz v. 8. August 1786:	
Dollar zu 100 Cents, gesetzlich	4
½ „ „ 50 „ „	5
¼ „ „ 25 „ „	6
Dime „ 10 „ „	7
Nach dem Gesetz v. 2. April 1792:	
Dollar zu 100 Cents (416 Tr. Gr.), gesetzlich	8
Dergleichen im Durchschnitt, nach engl. Proben	9
½ Dollar zu 50 Cents, gesetzlich	1
Ein dergleichen Stück von 1819, befunden	2
¼ Dollar zu 25 Cents, gesetzlich	3
Dime „ 10 „ „	4
½ „ „ 5 „ „	5
Nach d. Gesetz v. 18. Jan. 1837 u. 3. März 1851:	
Dollar zu 100 Cents bis 1873 geprägt (412½ Tr. Gr.), gesetzlich	6
½ „ „ 50 „ gesetzlich	7
¼ „ „ 25 „ „	8
Dime „ 10 „ „	9
½ „ „ 5 „ „	1
3 Cents-Stück, seit 1851 geprägt, gesetzlich	2

	Gewicht 1 Stückes	Auf 1 Pfund brut.	Fein-gehalt	Auf 1 Pfund fein	Ein Stück enthält fein Gold	fein Silber	Werth Gold : Silb. = 1 : $15\frac{1}{2}$ oder 1 Thlr. = 3 M.	
	Gramm	Stück	1000	Stück	Gramm	Gramm	Mark	Pfennig
1	8,7477	57,1574	$916\frac{2}{3}$	62,3535	8,0188	. . . .	22	37,25
2	4,3739	114,3148	"	124,7070	4,0094	. . . .	11	18,63
3	16,7184	29,9079	$899\frac{29}{129}$	33,2597	15,0332	. . . .	41	94,26
4	8,3592	59,8159	"	66,5194	7,5166	. . . .	20	97,13
5	4,1796	119,6318	"	133,0388	3,7583	. . . .	10	48,56
6	33,4359	14,954	900	16,6155	30,0923	. . . .	83	95,75
7	16,718	29,908	"	33,2310	15,0462	. . . .	41	97,88
8	8,359	59,916	"	66,4620	7,5231	. . . .	20	98,94
9	16,70597	29,9294	900	33,2549	15,0353	. . . .	41	94,87
1	5,0154	99,6931	"	110,7701	4,5138	. . . .	12	59,34
2	4,1795	119,6317	"	132,9242	3,7615	. . . .	10	49,47
3	1,6718	299,0794	"	332,3105	1,5046	. . . .	4	19,78
4	26,5515	18,8313	$916\frac{2}{3}$	20,5432	. . . .	24,3389	4	38,10
5	13,2757	37,6626	"	41,0865	. . . .	12,1694	2	19,05
6	5,3103	94,1565	"	102,7162	. . . .	4,8677	. . .	87,62
7	2,6551	188,3131	"	205,4324	. . . .	2,4339	. . .	43,81
8	26,9561	18,5487	$892\frac{89}{208}$	20,7845	. . . .	24,0564	4	33,02
9	26,9512	18,5521	889	20,8685	. . . .	23,9595	4	31,27
1	13,4780	37,0974	$892\frac{89}{208}$	41,5690	. . . .	12,0282	2	16,51
2	13,5051	37,0229	890	41,5987	. . . .	12,0196	2	16,35
3	6,7390	74,1947	$892\frac{89}{208}$	83,1380	. . . .	6,0141	1	08,25
4	2,6956	185,4868	"	207,8451	. . . .	2,4056	. . .	43,30
5	1,3478	370,9736	"	415,6902	. . . .	1,2028	. . .	21,65
6	26,7293	18,7061	900	20,7845	. . . .	24,0564	4	33,02
7	13,3647	37,4121	"	41,5690	. . . .	12,0282	2	16,51
8	6,6823	74,8242	"	83,1380	. . . .	6,0141	1	08,25
9	2,6729	187,0606	"	207,8451	. . . .	2,4056	. . .	43,30
1	1,3364	374,1212	"	415,6902	. . . .	1,2028	. . .	21,65
2	0,8019	623,5353	750	831,3804	. . . .	0,6014	. . .	10,85

Nordamerikanische, vereinigte Staaten. Norwegen.

Silbermünzen.

Nach d. Gesetz v. 21. Febr. 1853 als Scheidemünze:

½ Dollar zu 50 Cents, gesetzlich 1
¼ „ „ 25 „ „ 2
Dime „ 10 „ „ 3
½ Dime 5 „ bis 1873 geprägt, gesetzlich 4
3 Cents-Stück, bis 1873 gepägt, gesetzlich 5

Nach d. Gesetz v. 12. Febr. 1873 u. 3. März 1875:

Trade-Dollar, Handels-Dollar zu 420 Tr. Gr., gesetzlich 6

½ Dollar zu 50 Cents, gesetzlich 7
¼ „ „ 25 „ „ 8
⅕ „ „ 20 „ (seit 1875), gesetzlich 9
Dime „ 10 „ gesetzlich 1

Nickelmünzen.

5 Cents-Stück, seit 1866, gesetzlich } 25 % Nickel 2
3 „ „ „ 1865, „ } 3
Cent, von 1857 bis 1864 geprägt, gesetzlich (12 % Nickel) . . . 4

Kupfermünzen, ältere:

Cent, von 1796 bis 1857 geprägt, gesetzlich 5
½ Cent, von 1796 bis 1857 geprägt, gesetzlich 6

Bronzemünzen.

2 Cent-Stück, von 1864 bis 1873 geprägt, gesetzlich 7
1 „ „ seit 1864, gesetzlich 8

Norwegen.

Rechnungsart.

Krone zu 100 Oere. Auch Speciesdaler zu 4 Kronen zu 30 Skilling = 120 Skilling = 400 Oere. — Nach Gesetz v. 4. Juni 1873 und seit 1874 wie in Schweden u. Dänemark 2480 Kronen oder 620 Speciesthaler = 1 Kilogramm fein Gold, das Silber nur Scheidemünze.

Vorher: Speciesdaler (Species) zu 5 Ort (Mark) zu 24 Skilling oder zu 120 Skilling. — 9¼ Species = 1 norwegischen Mark fein Silber.

Goldmünzen.

Nach Gesetz v. 4. Juni 1873:

20 Kronen-Stück oder 5 Speciesdaler, gesetzlich 9
10 „ „ „ 2½ „ „ 1

	Gewicht 1 Stückes	Auf 1 Pfund brut.	Feingehalt	Auf 1 Pfund fein	Ein Stück enthält fein Gold	fein Silber	Werth Gold : Silb. = 1 : 15½ oder 1 Thlr. = 3 M.	
	Gramm	Stück	1000	Stück	Gramm	Gramm	Mark	Pfennig
1	12,4413	40,1888	900	44,6542	. . . .	11,1972	2	01,55
2	6,2206	80,3776	„	89,3085	. . . .	5,5986	1	00,77
3	2,4883	200,9440	„	223,2711	. . . .	2,2394	. . .	40,31
4	1,2441	401,8881	„	446,5423	. . . .	1,1197	. . .	20,15
5	0,7464	669,8135	„	744,2371	. . . .	0,6718	. . .	12,09
6	27,2155	18,37184	900	20,41316	. . . .	24,4940	4	40,89
7	12,5	40	„	44,444..	. . . .	11,25	2	02,50
8	6,25	80	„	88,888..	. . . .	5,625	1	01,25
9	5	100	„	111,111..	. . . .	4,5	. . .	81
1	2,5	200	„	222,222..	. . . .	2,25	. . .	40,5
2	5							
3	1,944							
4	4,6656							
5	10,886							
6	5,443							
7	6,221							
8	3,11							
9	8,9606	55,8	900	62	8,0645	. . . .	22	50
1	4,4803	111,6	„	124	4,03225	. . . .	11	25

Norwegen. Oesterreich-Ungarn.

Silbermünzen.

Nach d. Ges. v. 13. Aug. 1818, 24. April 1824 u. 5. April 1845:

Speciesdaler, gesetzlich 1
$\frac{1}{2}$ " 2
Reichs-Ort oder $\frac{1}{5}$ Speciesdaler, von 1818—1824, gesetzlich . . . 3
Dergleichen von 1825—1873, gesetzlich 4
12 Skilling-Species, $\frac{1}{10}$ Species, seit 1845, gesetzlich 5
8 " " $\frac{1}{15}$ " bis 1824, " 6
Dergleichen, von 1825—1845 geprägt, gesetzlich 7

Scheidemünze 1816—1873: 4 Skilling, gesetzlich 8
2 " " 9

Nach d. Gesetz v. 4. Juni 1873 u. 17. April 1875:

2 Kronen-Stück, $\frac{1}{2}$ Speciesdaler, gesetzlich } wie Schweden und . . 1
1 " " $\frac{1}{4}$ " " } Dänemark . . 2
80 Oere-Stück, $\frac{4}{5}$ Krone, 24 Skilling, gesetzlich 3

50 " " 15 Skilling, gesetzlich 4
40 " " 12 " " 5
25 " " $\frac{1}{4}$ Krone, " 6

10 " " $\frac{1}{10}$ " 3 Skilling, gesetzlich 7

Bronzemünzen, seit 1867:

1 Skilling-Stück 8
$\frac{1}{2}$ " " 9

Oesterreich-Ungarn.

Rechnungsart.

Gulden, Florenus (Ungarisch Forint) zu 100 Neu-Kreuzer (Ungarisch Kreytzar) zu 10 Tausendtheilen. — Seit 1. Novbr. 1858 sollen nach Münzvertrag v. 24. Jan. 1857, Patent v. 19. Septbr. 1857 und Verordnung v. 8. April 1858 45 Gulden 1 Pfund (500 Grm.) fein Silber enthalten.

Vorher: Reichsgulden zu 60 Kreuzer zu 4 Pfennig. — 20 Gulden = 1 Cöln. Mark fein Silber. — Ein Gulden Wiener Währung (Einlösungsscheine) = $\frac{2}{5}$ Reichsgulden oder 50 Gulden aus 1 Cöln. Mark fein Silber.

Reichsthaler zu 90 Kreuzer. — 13$\frac{1}{3}$ Reichsthaler = 1 Cöln. Mark fein Silber.

Gulden, Reichswährung zu 60 Kreuzer. — 24 Gulden = 1 Cöln. Mark fein Silber.

	Gewicht 1 Stückes	Auf 1 Pfund brut.	Feingehalt	Auf 1 Pfund fein	Ein Stück enthält fein Gold	Ein Stück enthält fein Silber	Werth Gold:Silb. = 1:15½ oder 1 Thlr. = 3 M.	
	Gramm	Stück	1000	Stück	Gramm	Gramm	Mark	Pfennig
1	28,8933	17,3050	875	19,7772	. . . .	25,2817	4	55,07
2	14,4466	34,610	"	39,5543	. . . .	12,1408	2	27,53
3	7,3546	67,9840	687½	98,8859	. . . .	5,0563	. . .	91,01
4	5,7787	86,5251	875					
5	2,8893	173,0502	"	197,7717	. . . .	2,5282	. . .	45,51
6	3,3709	148,3288	500	296,6576	. . . .	1,6854	. . .	30,34
7	1,9262	259,5763	875					
8	2,9981	166,7696	250	667,0786	. . . .	0,74954	. . .	13,49
9	1,4990	333,5393	"	1334,1572	. . . .	0,3747	. . .	06,74
1	15	33,3333	800	41,6666	. . . .	12	2	16
2	7,5	66,6666	"	83,3333	. . . .	6	1	08
3	6	83,3333	"	104,1666	. . . .	4,8	. . .	86,4
4	5	100	600	166,66..	. . . .	3	. . .	54
5	4	125	"	208,333.	. . . .	2,4	. . .	43,2
6	2,42	206,6116	"	344,3526	. . . .	1,452	. . .	26,14
7	1,45	344,8276	400	862,0689	. . . .	0,580	. . .	10,44
8	9,3597							
9	4,6798							

Oesterreich-Ungarn.

Goldmünzen.

Aeltere Münzen:

Vierfacher Reichs-Dukaten, gesetzlich 1
Doppelter „ „ „ 2
Reichs- (Kaiserl.) Dukaten, „ 3
Dergleichen ältere, befunden 4
Dergleichen von 1838 und 1839, befunden 5
Ungarischer (Kremnitzer) Dukaten, gesetzlich 6
Souveraind'or, Sovrano } siehe Niederlande u. Lombard.-
Zecchine oder venetian. Dukaten } Venetian. Königreich.

Nach Vertrag v. 24. Jan. u. Patent v. 19. Septbr. 1857:

Krone (Vereinshandelsmünze = 2,9052 Dukaten = 0,9805 Sovrano), gesetzlich 7
½ Krone, gesetzlich 8

Nach d. Gesetz v. 9. März 1870:

8 Gulden-Stück (= 20 französ. Francs), gesetzlich 9
4 „ „ (= 10 „ „), „ 1

Silbermünzen.

Aeltere Münzen, nach den Conventionen v. 21. Septbr. 1753:

Conv.-Speciesthaler, Levantiner Thaler zu 2 Gulden, gesetzlich . . 2
Ein dergleichen Stück befunden 3
½ Speciesthaler, Gulden, gesetzlich 4
Ein dergleichen Stück befunden 5
¼ Conv.-Speciesthaler oder ½ Gulden, gesetzlich 6
30 Kreuzer-Stück oder ½ Gulden seit 1775 7
20 „ „ gesetzlich 8
Dergleichen von 1821—1834 (auf freien Stempeln geprägt), befunden 9
Dergleichen von 1834—1859 (im Ringe geprägt) 12717 Stück, im Durchschnitt befunden 1
17 Kreuzer-Stück, gesetzlich 2
10 „ „ 3
Dergleichen 46 Stück, befunden 4
7 Kreuzer-Stück, gesetzlich 5
5 „ „ „ 6
3 „ „ Kaisergroschen, gesetzlich 7
3 „ „ gesetzlich 8

Scheidemünze, n. Bekanntm. v. 18. Septbr. 1848 u. 3. Juni 1849:

6 Kreuzerstück v. J. 1848, gesetzlich 9
Dergleichen im Durchschnitt befunden . . . 1
6 Kreuzerstück, gesetzlich 2

	Gewicht 1 Stückes	Auf 1 Pfund brut.	Feingehalt	Auf 1 Pfund fein	Ein Stück enthält fein Gold	fein Silber	Werth Gold:Silb. = 1:15½ oder 1 Thlr. = 3 M.	
	Gramm	Stück	1000	Stück	Gramm	Gramm	Mark	Pfennig
1	13,9615	35,8127	986$\frac{1}{9}$	36,3171	13,7676	. . . .	38	41,16
2	6,9808	71,6254	„	72,6342	6,8838	. . . .	19	20,58
3	3,4904	143,2508	„	145,2685	3,4419	. . . .	9	60,29
4	3,4517	144,8544	984	147,2098	3,3965	. . . .	9	47,62
5	3,4893	143,2936	986	145,3282	3,4405	. . . .	9	59,90
6	3,4904	143,2508	989$\frac{7}{12}$	144,7587	3,4540	. . . .	9	63,66
7	11,111..	45	900	50	10	. . . .	27	90
8	5,555..	90	„	100	5	. . . .	13	95
9	6,4516	77,5	900	86,111..	5,8064	. . . .	16	20
1	3,2258	155	„	172,222..	2,9032	. . . .	8	10
2	28,0627	17,8173	833$\frac{1}{3}$	21,3807	. . . .	23,3856	4	20,94
3	27,8434	17,9576	836	21,4803	. . . .	23,2761	4	18,99
4	14,0313	35,6345	833$\frac{1}{3}$	42,7614	. . . .	11,6928	2	10,47
5	14,0313	35,6345	836	42,6251	. . . .	11,7302	2	11,14
6	7,0156	71,2690	833$\frac{1}{3}$	} 85,5229	. . . .	5,847	1	05,24
7	9,3556	53,444	625					
8	6,6815	74,8325	583$\frac{1}{3}$	128,2843	. . . .	3,8976	. . .	70,16
9	6,6502	75,1853	585	128,5219	. . . .	3,8904	. . .	70,03
1	6,5580	76,2422	583	130,7756	. . . .	3,8242	. . .	68,82
2	6,117	81,7394	541$\frac{2}{3}$	196,1745	. . . .	3,3134	. . .	59,64
3	3,8976	128,2843	500	256,5686	. . . .	1,9488	. . .	35,08
4	3,6540	136,8366	496	275,8803	. . . .	1,8124	. . .	32,62
5	3,2471	158,0805	420$\frac{10}{72}$	366,5062	. . . .	1,3644	. . .	24,56
6	2,2272	224,4976	437$\frac{1}{2}$	513,1372	. . . .	0,9744	. . .	17,54
7	1,7007	293,8949	443$\frac{3}{4}$	} 855,2290	. . . .	0,5846	. . .	10,52
8	1,8729	266,9656	312$\frac{1}{2}$					
9	2,2272	224,4976	437$\frac{1}{2}$	513,1372	. . . .	0,9743	. . .	17,54
1	2,2106	226,1763	433	522,347	. . . .	0,9572	. . .	17,23
2	1,9090	261,9139	437$\frac{1}{2}$	598,6602	. . . .	0,8352	. . .	15,03

Italien. Kirchenstaat (Rom).

Silbermünzen.

Nach Dekret v. 29. April 1852:

Conventions-Thaler zu 2 Gulden (= 6 Lombard. Lire), gesetzlich . . . 1
½ " " Gulden (= 3 Lombard. Lire), gesetzlich . . . 2
20 Kreuzer-Stück (= 1 Lira), gesetzlich . . . 3
10 " " (= ½ Lira), " . . . 4

Nach d. Vertrage v. 24. Jan. 1857, Patent v. 19. Septbr. 1857 und 27. April 1858:

Zwei Vereinthaler-Stück zu 3 Gulden, gesetzlich . . . 5
Vereinsthaler zu 1½ Gulden, gesetzlich . . . 6
2 Gulden-Stück, gesetzlich . . . 7
Gulden, gesetzlich . . . 8
¼ Gulden zu 25 Neukreuzer, gesetzlich . . . 9

Scheidemünze:

10 Neukreuzer-Stück, gesetzlich . . . 1
5 " " " . . . 2

Nach d. Gesetz v. 1. Juli 1868:

20 Kreuzer-Stück, gesetzlich . . . 3
10 " " " . . . 4
5 " " " . . . 5

Handelsmünze:

Levantiner, Maria Theresiathaler, noch jetzt mit d. J. 1780 geprägt, gleich dem früheren Conventionsthaler, gesetzlich . . . 6

Kupfermünzen.

4 Kreuzer, gesetzlich . . . 7
1 " " . . . 8
$\frac{5}{10}$ " " . . . 9

Oldenburg.

Rechnungsart.

Seit 1875 wie Deutschland. — Vorher Thaler zu 30 Groschen zu 12 Schwaren. — Nach d. Gesetz v. 15. Juni 1857 wie Preußen, 30 Thaler = 1 Pfund fein Silber.

Früher: Thaler zu 72 Grote zu 5 Schwaren. — Vom 1. Oktober 1846—1857 im 14 Thalerfuß wie Preußen. Vor 1846 in Goldvaluta, sowohl Preuß. Friedrichd'or, als andere Pistolen zu 5 Thaler gerechnet; daneben in Kurantwährung, in welcher die Pistole gleich 5 Thaler 50 Grote Kurant gerechnet und 14⅓ Kuranthaler 1 Cöln. Mark fein Silber gleich gesetzt wurden.

	Gewicht 1 Stückes	Auf 1 Pfund brut.	Feingehalt	Auf 1 Pfund fein	Ein Stück enthält fein Gold	Ein Stück enthält fein Silber	Werth Gold : Silb. = 1 : 15½ oder 1 Thlr. = 3 M.	
	Gramm	Stück	1000	Stück	Gramm	Gramm	Mark	Pfennig
1	25,9839	19,2426	900	21,3807	. . . .	23,3855	4	20,94
2	12,9920	38,4853	"	42,7614	. . . .	11,6927	2	10,47
3	4,3307	115,4559	"	128,2843	. . . .	3,8976	. . .	70,16
4	2,1653	230,9118	"	256,5686	. . . .	1,9488	. . .	35,03
5	37,0370	13,50	900	15	. . . .	33,3333	6	. . .
6	18,5185	27	"	30	. . . .	16,666..	3	. . .
7	24,6914	20,25	"	22,5	. . . .	22,222..	4	. . .
8	12,3457	40,50	"	45	. . . .	11,1111..	2	. . .
9	5,3419	93,60	520	180	. . . .	2,777..	. . .	50
1	2	250	500	500	. . . .	1	. . .	18
2	1,3333	375	375	1000	. . . .	0,5	. . .	09
3	2,666..	187,5	500	375	. . . .	1,333..	. . .	24
4	1,666..	300	400	750	. . . .	0,6666..	. . .	12
5	0,9527	525	350	1500	. . . .	0,333..	. . .	06
6	28,0627	17,8173	833⅓	21,3807	. . . .	23,3856	4	20,94
7	13,333							
8	3,333							
9	1,666..							

Oldenburg.

Rechnungsart.

In Birkenfeld: Thaler zu 30 Silbergr. zu 12 Pf. wie Preußen. — Früher Gulden im 24½ Guldenfuß.

Goldmünzen.

Nach d. Gesetz v. 10. Juni 1846:

Pistole oder 5 Thaler-Stück, gesetzlich 1
$\frac{2}{1}$ und $\frac{1}{2}$ nach Verhältniß.

Silbermünzen.

Aeltere Münzen von 1816—1846:

24 Grote-Stück, $\frac{1}{3}$ Thaler, gesetzlich 2
12 " " $\frac{1}{6}$ " " 3
6 " " $\frac{1}{12}$ " " 4
4 " " gesetzlich 5

3 Grote-Stück, gesetzlich (seit 1840) 6
2 " " " 7
1 " " " (1816—1836) 8
1 " " " (seit 1836) 9

Nach dem Gesetz v. 10. Juli 1846:

Thaler zu 72 Grote, gesetzlich 1
$\frac{1}{2}$ Thaler zu 36 Grote, gesetzlich 2
$\frac{1}{3}$ " " 24 " " 3
$\frac{1}{6}$ " " 12 " " 4
6 Grote, $\frac{1}{12}$ Thaler }
4 " $\frac{1}{18}$ " }
3 " $\frac{1}{24}$ " } wie vor 1846.
2 " $\frac{1}{36}$ " }
1 " $\frac{1}{72}$ " }

Für Fürstenthum Birkenfeld:

Doppelthaler (seit 1840), gesetzlich 5

Scheidemünze:

2½ Silbergroschen-Stück, gesetzlich 6
Silbergroschen, gesetzlich 7

Nach d. Gesetz v. 15. Juni 1857:

Vereinsthaler . . . . }
$\frac{1}{6}$ Thaler . . . . }
Scheidemünze: 2½ Groschenstück } wie Preußen.
1 Groschen . . }
½ Groschen . . }

	Gewicht 1 Stückes	Auf 1 Pfund brut.	Feingehalt	Auf 1 Pfund fein	Ein Stück enthält fein Gold	Ein Stück enthält fein Silber	Werth Gold:Silb. = 1:15½ oder 1 Thlr. = 3 M.	
	Gramm	Stück	1000	Stück	Gramm	Gramm	Mark	Pfennig
1	6,6499	75,1889	895⅚	83,9318	5,9572	. . . .	16	62,06
2	7,7952	64,1422	625	102,6275	. . . .	4,8720	. . .	87,69
3	4,872	102,6275	500	205,2549	. . . .	2,4310	. . .	43,85
4	3,5794	139,6874	340 5/18	410,5099	. . . .	1,2155	. . .	21,92
5	2,3863	209,5311	"	615,7648	. . . .	0,8103	. . .	14,61
6	1,9488	256,5686	312½	821,0198	. . . .	0,6077	. . .	10,96
7	1,392	359,1962	291⅔	1231,5296	. . . .	0,4051	. . .	07,31
8	0,9744	513,1372	208⅓	2463,0593	. . . .	0,2025	. . .	03,654
9	0,928	538,7942	218¾					
1	22,2719	22,4498	750	29,9330	. . . .	16,7039	3	00,67
2	11,1359	44,8995	"	59,8660	. . . .	8,3519	1	50,33
3	8,0989	61,7308	687½	89,7990	. . . .	5,5680	1	00,22
4	5,3452	93,5407	520⅚	179,5981	. . . .	2,7840	. . .	50,11
5	37,1199	13,4699	900	14,9665	. . . .	33,4079	6	01,34
6	3,248	153,9412	375	410,5099	. . . .	1,2180	. . .	21,92
7	2,1924	228,0611	222 2/9	1026,2748	. . . .	0,487	. . .	03,77

Kupfermünzen.

Vor 1857: $2\frac{1}{2}$ Schwarenstück, $\frac{1}{2}$ Grote, gesetzlich 1
$1\frac{1}{2}$ „ gesetzlich 2
$1\frac{1}{4}$ „ $\frac{1}{4}$ Grote, gesetzlich 3
1 „ gesetzlich 4

Für Birkenfeld: 3, 2 u. 1 Pfennigstück (1848) wie Preußen.

Von 1857—1875: 3 Schwarenstück, gesetzlich 5
2 „ „ 6
1 „ „ 7

Ostindien.

A. Britisch Ostindien. B. Französische Besitzungen (Pondichery). C. Portugiesische Besitzungen (Goa). D. Niederländische Besitzungen (Java).

A. Britisch Ostindien,

bestehend aus den 3 Präsidentschaften a) **Bengalen,** b) **Bombay** und c) **Madras.**

Rechnungsart.

Rupee (Compagnie-Rupie) zu 16 Annas zu 12 Pice oder Pies (gespr. Peiss, Einh. Pie). — Bei größeren Summen: 1 Lac = 100000 Rupien. — 1 Crore = 100 Lacs = 10 Millionen Rupien. — 1 Areb = 25 Lacs = $2\frac{1}{2}$ Million Rupien. — Seit 1. Septbr. 1835 in allen drei Präsidentschaften 1 Compagnie-Rupie = 180 Engl. Troy Grän $\frac{11}{12}$ feinen Silbers gleich $\frac{15}{16}$ des Werthes der Calcutta- oder Sicca-Rupie. — Vor 1853 galten gesetzlich 15 Silber-Rupien = 1 Gold-Rupie (Mohur) von gleichem Gewicht und Gehalt wie die Silber-Rupien, seitdem sind Goldmünzen nur Waare. — In älterer Zeit 1 Gold-Rupie = 16 Silber-Rupien.

Früher: a) Bengalen:

Sicca-Rupie zu 16 Annas zu 12 Pice.

Kurant-Rupie zu 16 Annas zu 12 Pice (nicht ausgeprägt) 116 Kurant- = 100 Sicca-Rupien.

Cauhan (spr. Cähan) = 4 Annas = 16 Puns = 320 Gundas = 1280 Cauris (Muscheln).

Paukau-Rechnung: Auka (oder Rupie) = 16 Annas = 64 Pice = 256 Quartos.

b) Bombay:

Rupie zu 4 Quarters zu 100 Rees oder zu 16 Annas zu 12 Pice.

Fuddea (= 2 Pice) zu 2 Dunageys zu 2 Urdees zu 2 Rees. (Sämmtlich Kupfermünzen.)

	Gewicht 1 Stückes	Auf 1 Pfund brut.	Fein-gehalt	Auf 1 Pfund fein	Ein Stück enthält fein Gold	fein Silber	Werth Gold : Silb. = 1 : 15½ oder 1 Thlr. = 3 M.	
	Gramm	Stück	1000	Stück	Gramm	Gramm	Mark	Pfennig
1	3,2480							
2	1,9488							
3	1,6240							
4	1,2992							
5	3,8461							
6	2,5641							
7	1,2820							

Ostindien.

Rechnungsart.

c) Madras:

Alte Goldwährung: Star- (Stern-) Pagode (= 3½ Compagnie-Rupien) zu 42 Fanams zu 80 Casch (20 Casch = 1 Pie) gerechnet.

Silberwährung: Arkot-Rupie (= der Compagnie-Rupie) zu 4 Quarters zu 4 Annas zu 12 Pice oder zu 12 Fanams zu 80 Casch.

Goldmünzen.

Aeltere Münzen:

a) Bengalen:

Alte Sicca-Gold-Rupie, nach engl. Probe 1
Mohur- oder Gold-Rupie, nach dem Gesetz v. 1793 2
½ und ¼ nach Verhältniß.
Mohur- oder Gold-Rupie, nach Gesetz v. Decbr. 1818 3
½ Mohur, nach Gesetz v. Decbr. 1818 4
¼ " " " " " " 5

b) Bombay:

Alte Gold-Rupie oder Mohur, nach engl. Probe 6
Mohur, seit 1816, gesetzlich 7
5 Mohur-Stück, seit 1824, gesetzlich 8
Mohur- oder Gold-Rupie, " 9
½ Mohur, gesetzlich 1
¼ " " 2

c) Madras:

Star-, (Stern-)Pagode, gesetzlich 3
Star-Pagode, nach engl. Probe 4
Arcot-Pagode, " " " 5
Neue Gold-Rupie oder Mohur, seit 1818, gesetzlich 6
½ Mohur, seit 1818, gesetzlich 7
⅓ " " " " 8
¼ " " " " 9
Dergl. neue Rupien, im Jahre 1833 befunden 1

Neuere Münzen,
seit 1. September 1853 für die englischen Besitzungen:

Gold-Mohur, vor 1853 gleich 15 Silber-Rupien, seitdem zu einem wechselnden Kurse, gesetzlich 2
Doppel-Gold-Mohur, v. 1853 zu 30 Silber-Rupien, n. Verhäln.
⅔ Gold-Mohur, vor 1853 zu 10 Silber-Rupien, gesetzlich 3
⅓ Gold-Mohur, vor 1853 zu 5 Silber-Rupien, gesetzlich 4

	Gewicht 1 Stückes	Auf 1 Pfund brut.	Feingehalt	Auf 1 Pfund fein	Ein Stück enthält fein Gold	fein Silber	Werth Gold : Silb. = 1 : 15½ oder 1 Thlr. = 3 M.	
	Gramm	Stück	1000	Stück	Gramm	Gramm	Mark	Pfennig
1	12,3767	40,3984	993	40,6832	12,2901	. . . .	34	28,94
2	12,3726	40,4118	992	40,7367	12,2739	. . . .	34	23,44
3	13,2638	37,6967	$916\frac{2}{3}$	41,1237	12,1584	. . . .	33	92,19
4	6,6319	75,3934	„	82,2473	6,0792	. . . .	16	96,09
5	3,3159	150,7868	„	164,4947	3,0396	. . . .	8	48,05
6	11,5564	43,2660	953	45,3998	11,0133	. . . .	30	72,71
7	11,5977	43,1119	$920\frac{1}{72}$	46,8537	10,6715	. . . .	29	77,35
8	58,3185	8,5736	$916\frac{2}{3}$	9,3530	53,4581	. . . .	149	14,81
9	11,6637	42,8681	„	46,7652	10,6916	. . . .	29	82,95
1	5,8319	85,7361	„	93,5303	5,3458	. . . .	14	91,48
2	2,9159	171,4722	„	187,0606	2,6729	. . . .	7	45,74
3	3,4230	146,0705	$840\frac{5}{18}$	173,8360	2,8763	. . . .	8	02,48
4	3,4178	146,2912	791	184,9446	2,7035	. . . .	7	54,83
5	3,4017	146,9882	614	239,3945	2,0886	. . . .	5	82,72
6	11,6637	42,8681	$916\frac{2}{3}$	46,7652	10,6916	. . . .	29	82,95
7	5,8319	85,7361	„	93,5303	5,3458	. . . .	14	91,48
8	3,8879	128,6042	„	140,2955	3,5639	. . . .	9	94,33
9	2,9159	171,4722	„	187,0606	2,6729	. . . .	7	45,74
1	11,6526	42,909	913	46,9978	10,6388	. . . .	29	68,22
2	11,6637	42,8681	$916\frac{2}{3}$	46,7652	10,6916	. . . .	29	82,95
3	7,7758	64,3021	$916\frac{2}{3}$	70,1477	7,1277	. . . .	19	88,63
4	3,8879	128,6042	„	140,2955	3,5639	. . . .	9	94,32

Ostindien.

Silbermünzen.

Aeltere Münzen:

a) Bengalen:

Sicca-Rupie, vom Jahre 1793, gesetzlich 1
$\frac{1}{2}$ und $\frac{1}{4}$ nach Verhältniß.
Lucknow-Rupie, vom Jahre 1801, gesetzlich 2
$\frac{1}{2}$ und $\frac{1}{4}$ nach Verhältniß.
Benares-Rupie, von 1812 an, gesetzlich 3
$\frac{1}{2}$ nnd $\frac{1}{4}$ nach Verhältniß.
Neue Furruckabad-Rupie, von 1819 an, gesetzlich 4
$\frac{1}{2}$ und $\frac{1}{4}$ nach Verhältniß.
Sicca-Rupie, seit 1818, gesetzlich 5
$\frac{1}{2}$ Sicca-Rupie, gesetzlich 6
$\frac{1}{4}$ " " " 7

b) Bombay:

Rupie, seit 1800, gesetzlich 8
Rupie, seit 1824, " 9
$\frac{1}{2}$ Rupie, seit 1824, gesetzlich 1
$\frac{1}{4}$ " " " " 2

c) Madras:

Arcot-Rupie, alte 3
Arcot-Rupie, vor 1818, gesetzlich 4
$\frac{1}{2}$ und $\frac{1}{4}$ nach Verhältniß.
Neue Rupie, seit 1818, gesetzlich 5
$\frac{1}{2}$ Rupie, seit 1818, gesetzlich 6
$\frac{1}{4}$ " " " " 7
Doppel-Anna, seit 1818, gesetzlich 8
Anna, seit 1818, gesetzlich 9

Neuere Münzen, seit 1. Septbr. 1835 für alle engl. Besitzungen:

Compagnie-Rupie, gleich $\frac{15}{16}$ Sicca-Rupie (zu 0,374 Tr. Unze), gesetzl. 1
$\frac{1}{2}$ Compagnie-Rupie, gesetzlich 2
$\frac{1}{4}$ " " 3
$\frac{1}{8}$ " " oder 2 Annas, gesetzlich 4

Kupfermünzen.

3 Pice oder $\frac{1}{4}$ Anna.
Pie (spr. Pei) gleich 20 Cash.
$\frac{1}{2}$ Pie, gleich 10 Cash.

B. Französische Besitzungen (Pondichery).

Rechnungsart.

Pagode, Stern-Pagode zu 28 Fanams (Fanons) zu 80 Cäsch

	Gewicht 1 Stückes	Auf 1 Pfund brut.	Fein-gehalt	Auf 1 Pfund fein	Ein Stück enthält fein Gold	fein Silber	Werth Gold : Silb. = 1 : 15½ oder 1 Thlr. = 3 M.	
	Gramm	Stück	1000	Stück	Gramm	Gramm	Mark	Pfennig
1	11,6412	42,9508	$979\frac{1}{6}$	43,8647	. . . .	11,3987	2	05,17
2	11,2092	44,6061	$954\frac{3}{3}\frac{1}{6}$	46,7147	. . . .	10,7033	1	92,66
3	11,0975	45,0552	986	45,6949	. . . .	10,9421	1	96,96
4	11,6773	42,8179	$916\frac{2}{3}$	46,7105	. . . .	10,7042	1	92,67
5	12,4349	40,2093	$916\frac{2}{3}$	43,8647	. . . .	11,3987	2	05,17
6	6,2175	80,4186	"	87,7294	. . . .	5,6993	1	02,59
7	3,1087	160,8372	"	175,4588	. . . .	2,3496	. . .	51,29
8	11,5994	43,1054	920	46,8537	. . . .	10,6715	1	92,09
9	11,6629	42,8708	$916\frac{2}{3}$	46,76824	. . . .	10,6910	1	92,44
1	5,8315	85,7417	"	93,53 6	. . . .	5,3455	. . .	96,22
2	2,9157	171,4834	"	187,0728	. . . .	2,6727	. . .	48,11
3	11,4917	43,5097	$944\frac{4}{9}$	46,6090	. . . .	10,7275	1	95,36
4	11,4266	43,7576	944	46,3534	. . . .	10,7867	1	94,16
5	11,6637	42,8681	$916\frac{2}{3}$	46,7652	. . . .	10,6917	1	92,45
6	5,8318	85,7361	"	93,5303	. . . .	5,3458	. . .	96,22
7	2,9159	171,4722	"	187,0606	. . . .	2,6729	. . .	48,11
8	1,458	342,9445	"	374,1212	. . . .	1,3364	. . .	24,05
9	0,729	685,889	"	748,2424	. . . .	0,6682	. . .	12,03
1	11,6637	42,8681	$916\frac{2}{3}$	46,7652	. . . .	10,6917	1	92,45
2	5,8319	85,7361	"	93,5303	. . . .	5,3458	. . .	96,22
3	2,9659	171,4722	"	187,0606	. . . .	2,6729	. . .	48,11
4	1,4579	342,9444	"	374,1212	. . . .	1,3364	. . .	24,05

Ostindien.

Rechnungsart.

(Cashes), wie in der engl. Präsidentschaft Madras; 1 Pagode = 3½ Compagnie-Rupien = 8 frcs. 80 centimes gerechnet.

Rupie, Pondichery-Rupie, zu 8 Fanams (Fanons) zu 18 Cäsch oder zu 180 Dudu; gleich der Company-Rupie, (gewöhnlich = 2 Francs 40 Centimes gerechnet).

Goldmünzen.

Pondichery-Pagode wie Star-Pagode in der engl. Präsidentschaft Madras.

Silbermünzen.

Doppel-Fanam, nach engl. Probe 1

Fanam, nach engl. Probe 2

Kupfermünzen.

Käsch (Cache).

Dudu (Doudou).

C. Portugiesische Besitzungen (Goa).

Rechnungsart.

Milreïs zu 1000 Reïs wie Portugal.

Früher: Pardo oder Xeraphim zu 4 guten oder 5 schlechten Tangas = 160 guten oder Portugiesischen Reïs = 300 Reïs oder Bazarucas.

Goldmünzen.

St. Thomas zu 12 Xeraphim, nach engl. Probe 3

Silbermünzen.

Rupie von Goa, nach ostindischer Probe 4

D. Niederländische Besitzungen (Java).

Rechnungsart.

Gulden zu 100 Cents, wie Niederlande. — Der Gulden auch Silber-Rupie genannt.

Goldmünzen.

Mohur vom Jahre 1783, nach engl. Probe 5

Dergl. vom Jahre 1797, nach engl. Probe 6

Halber Mohur vom Jahre 1801, nach engl. Probe 7

Silbermünzen.

Von 1816—1839:

Gulden, gesetzlich 8

½ Gulden, gesetzlich (1834) 9

¼ „ „ (1834) . . . . 1.

	Gewicht 1 Stückes	Auf 1 Pfund brut.	Fein-gehalt	Auf 1 Pfund fein	Ein Stück enthält fein Gold	fein Silber	Werth Gold : Silb. = 1 : 15½ oder 1 Thlr. = 3 M.	
	Gramm	Stück	1000	Stück	Gramm	Gramm	Mark	Pfennig
1	2,7699	180,5110	912	197,9288	. . . .	2,5261	. . .	45,47
2	1,5874	314,9744	948	332,2515	. . . .	1,5049	. . .	27,09
3	3,4064	144,2408	750	192,3209	2,5998	. . . .	7	25,34
4	10,9176	45,7975	859	53,3149	. . . .	9,3782	1	68,81
5	15,6802	31,8872	757	42,1231	11,87	. . . .	33	11,73
6	15,2916	32,6975	739	44,2457	11,3005	. . . .	31	52,84
7	8,0019	62,4852	778	80,3151	6,2255	. . . .	17	36,91
8	10,7648	46,4475	893	52,0129	. . . .	9,6130	1	73,03
9	5,3824	92,8950	„	104,0258	. . . .	4,8065	. . .	86,52
1	4,2236	118,3813	569	208,0516	. . . .	2,4032	. . .	43,26

Ostindien. Paraguay. Parma und Piacenza.

Silbermünzen.

Seit 1839 u. nach Gesetz v. 26. Novbr. 1847:

$2\frac{1}{2}$ Gulden, gesetzlich 1
Gulden „ 2
$\frac{1}{2}$ Gulden „ 3
Scheidemünze, seit 1855 gesetzlich:
25 Cents = $\frac{1}{4}$ Gulden . . . 4
10 „ = $\frac{1}{10}$ Gulden . . 5
5 „ = $\frac{1}{20}$ „ . . 6

Kupfermünzen.

$2\frac{1}{2}$, 1 und $\frac{1}{2}$ Cent-Stücke wie Niederlande.

Paraguay s. Südamerikan. Freistaaten.

Parma und Piacenza.

Rechnungsart.

Jetzt Italien. — Vorher Lira italiana (Franco) zu 100 Centesimi oder 20 Soldi zu 12 Denari. — Seit 1809 ist 1 Lira = 1 Französ. Frank. — Die alte Rechnungs-Lira vor 1809 ist tarifmäßig gleich 20 Centesimi italiane. — 5 Lire von Parma = 6 Lire von Piacenza.

Goldmünzen.

Aeltere Münzen:

Achtfache Pistole, seit 1786, tarifmäßig 1
Vierfache „ „ „ „ 2
Doppelte „ „ „ „ 3
Pistole, seit 1786, tarifmäßig 4

Zecchine, Gold-Dukaten, tarifmäßig 5

Neuere Münzen seit 1815:

40 Lire-Stück, gesetzlich 6
20 „ „ „ 7
Ein dergleichen v. J. 1818, nach engl. Probe 8

Silbermünzen.

Aeltere Münzen:

Ducato zu 21 alten Lire di Parma, tarifmäßig 9
$\frac{1}{2}$, $\frac{1}{4}$ und $\frac{1}{8}$ Ducato nach Verhältniß.
3 Lire-Stück, tarifmäßig 1

	Gewicht 1 Stückes	Auf 1 Pfund brut.	Fein-gehalt	Auf 1 Pfund fein	Ein Stück enthält fein Gold	fein Silber	Werth Gold : Silb. = 1 : 15½ oder 1 Thlr. = 3 M.	
	Gramm	Stück	1000	Stück	Gramm	Gramm	Mark	Pfennig
1	25	20	945	21,1640	. . . .	23,6250	4	25,25
2	10	50	"	52,9101	. . . .	9,4500	1	70,1
3	5	100	"	105,8201	. . . .	4,7250	. . .	85,05
4	3,18	157,2327	720	218,3738	. . . .	2,2896	. . .	41,21
5	1,25	400	"	555,555..	. . . .	0,9	. . .	16,2
6	0,61	819,6722	"	1138,437	. . . .	0,4392	. . .	. . .
1	57,15	8,7489	880	9,9419	50,2920	. . . .	140	31,47
2	28,55	17,5131	"	19,9013	25,1240	. . . .	70	09,59
3	14,25	35,0877	"	39,8724	12,5400	. . . .	34	98,66
4	7,15	69,9301	"	79,4660	6,2920	. . . .	17	55,47
5	3,45	144,9275	990	146,3914	3,4155	. . . .	9	52,92
6	12,9032	38,75	900	43,0555	11,6120	. . . .	32	40
7	6,4516	77,5	"	86,1111	5,8065	. . . .	16	20
8	6,4469	77,5564	898	86,3657	5,7893	. . . .	16	15,21
9	25,65	19,4932	896	21,7558	. . . .	22,9824	4	13,68
1	3,55	140,8450	826	170,5146	. . . .	2,9323	. . .	52,78

Parma und Piacenza. Persien.

Silbermünzen.

Neuere Münzen seit 1815:

5 Lire italiane-Stück, gesetzlich 1
2 „ „ „ „ 2
1 Lira italiana, gesetzlich 3
½ „ „ „ 4
¼ „ „ „ 5

Kupfermünzen.

5, 3 und 1 Centesimo-Stück.
Früher: 2 Sessini = 1 Soldo.
Sessino = ½ Soldo.

Persien.

Rechnungsart.

Toman (Tuman) zu 10 Kran (Sahib-kiran oder Zab-kran) zu 2 Penebads (Papabats) zu 10 Schahis. — 1 Toman gleich 200 Schahis. — Der Werth des Toman ergiebt sich aus den nachfolgenden Goldmünzen.

Früher und im Kleinverkehr: 1 Toman = 50 Abassis = 100 Senar = 1000 Bisti = 10000 Dinars.

Goldmünzen.

Toman, älterer Art, gleich 50 Türk. Piastern, nach ostind. Probe 6
Toman, neuerer Art, nach ostind. Probe 7
Toman, v. J. 1839, nach nordamerik. Untersuchungen 8
½ Toman, v. J. 1837, nach nordamerik. Untersuchungen 9

Silbermünzen.

Persische Doppel-Rupie, von Schach Rochh, nach französ. Probe . . 1
Persische Rupie (= ⅛ Toman) v. Schach Ismail, nach französ. Probe 2
Persische Rupie von Schach Iman Riza, nach französ. Probe . . 3
Persische Rupie vom Jahre 1789, nach engl. Proben 4
Persische Rupie, ältere, nach ostind. Proben 5
Persische Rupie, neuere, „ „ „ 6

Huzar-Dinar (gleich dem Sahib-kiran), nach ostind. Probe . . . 7
Sahib-kiran (= 5 Türk. Piaster), v. J. 1808, nach nordamerik. Untersuchungen 8
Sahib-kiran, v. J 1839, nach nordamerik. Untersuchungen . . . 9
Sahib-kiran, aus neuester Zeit 1
½ Sahib-kiran oder Penebad nach Verhältniß.
Mamudi von Avasa, nach engl. Untersuchungen 2

	Gewicht 1 Stückes	Auf 1 Pfund brut.	Fein-gehalt	Auf 1 Pfund fein	Ein Stück enthält fein Gold	fein Silber	Werth Gold:Silb. = 1:15½ oder 1 Thlr. = 3 M.	
	Gramm	Stück	1000	Stück	Gramm	Gramm	Mark	Pfennig
1	25	20	900	22,22..	. . . .	22,5	4	05
2	10	50	"	55,55...	. . . .	9	1	62
3	5	100	"	111,11..	. . . .	4,5	. . .	81
4	2,5	200	"	222,22..	. . . .	2,25	. . .	40,5
5	1,25	400	"	444,44...	. . . .	1,125	. . .	20,25
6	4,7622	104,9922	972	108,0166	4,6289	. . . .	12	91,46
7	4,4645	111,9944	"	115,2205	4,3395	. . . .	12	10,72
8	3,4796	143,6918	965	148,9034	3,3579	. . . .	9	36,85
9	1,7495	285,7871	968	295,2345	1,6936	. . . .	4	72,51
1	23,052	21,6901	969	22,3840	. . . .	22,3374	4	02,07
2	11,261	44,4010	931	47,6918	. . . .	10,4840	1	88,71
3	11,473	43,5806	979	44,5154	. . . .	11,2321	2	02,17
4	11,5338	43,3509	977	44,37[illegible]4	. . . .	11,2685	2	02,83
5	10,3147	48,4745	944	51,3501	. . . .	9,7370	1	75,26
6	9,1592	54,5901	"	57,8284	. . . .	8,6462	1	55,63
7	6,8841	72,6308	952	76,2928	. . . .	6,5537	1	17,96
8	9,2659	53,9598	944	57,162	. . . .	8,7471	1	57,44
9	5,3782	92,9669	963	96,5388	. . . .	5,1792	. . .	93,23
1	4,781	104,5806	960	108,9382	. . . .	4,590	. . .	82,62
2	3,3277	150,2509	400	875,0272	. . . .	1,3311	. . .	23,96

Persien. Peru. Polen.

Kupfermünzen.

Schahi (= 10 Türk. Para).

$\frac{1}{2}$ und $\frac{1}{4}$ Schahi.

Peru s. Südamerikan. Freistaaten.

Polen.

Rechnungsart.

Rubel zu 100 Kopeken. — 1 Rubel = $6\frac{2}{3}$ poln. Gulden. — Nach Ukas v. 21. Jan. u. 3. Septbr. 1841 wie Rußland.

Früher: Gulden (Zloty) zu 30 Groschen. — Nach Ukas v. 19. Novbr. 1815 enthalten $86\frac{86}{125}$ Gulden Polnisch eine Cöln. Mark fein Silber. — Von 1833—1841 1 Gulden Poln. = 15 Ruff. Kopeken oder 10 Gulden = $1\frac{1}{2}$ Rubel.

Goldmünzen.

Aeltere Münzen:

Aeltere Dukaten, seit 1766, gesetzlich 1
Dukaten vom Jahre 1812, nach älteren Proben 2

Neuere Münzen,
nach Ukas vom 19. November 1815:

50 Gulden (50 Zlot) Stück, gesetzlich 3
Ein dergleichen Stück v. J. 1819, befunden 4
Ein " " " " " " 5
25 Gulden (Zlot) Stück, gesetzlich 6
Ein dergleichen Stück v. J. 1817, befunden 7

Während der Revolution i. J. 1831:

Dukaten mit holländ. Gepräge v. J. 1831, befunden 8

Nach Ukas vom 1. Mai 1834:

Imperial-Dukaten oder Rubel-Imperial zu 20 Gulden = 3 Rubel gesetzlich 9
Ein dergleichen Stück v. J. 1835, befunden 1

Seit 1842 wie Rußland.

Silbermünzen.

Aeltere Münzen:

Von 1766—1787:

Conv.-Speciesthaler zu 8 poln. Gulden, gesetzlich 2
$\frac{1}{2}$ Conv.-Speciesthaler zu 4 poln. Gulden n. Verhältn.
2 Guldenstück, $\frac{1}{4}$ Conv.-Species, gesetzlich 3
Gulden, gesetzlich 4

	Gewicht 1 Stückes	Auf 1 Pfund brut.	Fein-gehalt	Auf 1 Pfund fein	Ein Stück enthält fein Gold	fein Silber	Werth Gold : Silb. = 1 : 15½ oder 1 Thlr. = 3 M.	
	Gramm	Stück	1000	Stück	Gramm	Gramm	Mark	Pfennig
1	3,4904	143,2508	$982\frac{2}{3}\frac{3}{6}$	145,7818	3,4298	. . . .	9	56,91
2	3,4904	143,2508	$975\frac{2}{3}\frac{5}{6}$	146,8194	3,4055	. . . .	9	50,13
3	9,8121	50,9574	$916\frac{2}{3}$	55,5899	8,9944	. . . .	25	09,44
4	9,7987	51,0272	916	55,7066	8,9756	. . . .	25	04,19
5	9,7925	51,0593	915	55,8025	8,9602	. . . .	24	99,90
6	4,9060	101,9148	$916\frac{2}{3}$	111,1797	4,4972	. . . .	12	54,72
7	4,9047	101,9433	916	111,2918	4,4927	. . . .	12	53,46
8	3,9904	143,2508	981	146,0253	3,4241	. . . .	9	51,32
9	3,9264	127,3424	$916\frac{2}{3}$	138,9189	3,5992	. . . .	10	04,18
1	3,9244	127,4077	916	139,0914	3,5948	. . . .	10	02,95
2	28,0626	17,8173	$833\frac{1}{3}$	21,3807	. . . .	23,3856	4	20,94
	9,3542	53,4518	625	85,5229	. . . .	5,8464	1	05,23
3								
4	5,3779	92,9726	$541\frac{2}{3}$	171,0458	. . . .	2,9232	. . .	52,62

Polen.

Silbermünzen.

½ Gulden, gesetzlich 1
¼ " " 2

Von 1787—1794:

Speciesthaler zu 8 poln. Gulden, befunden 3
½ Speciesthaler zu 4 Gulden, befunden 4
2 Guldenstück, befunden 5
Gulden, befunden 6
Dergleichen vom Jahre 1792, befunden 7
10 Groschenstück, nach älteren Proben 8

Von 1794—1795:

Thaler, zu 6 poln. Gulden, befunden 9
⅓ Thaler, zu 2 Gulden, nach älteren Proben 1
Dergleichen 13 Stück, befunden 2
⅙ Thaler, 1 Gulden, befunden 3

Für das Herzogthum Warschau von 1807—1815:

Thaler, zu 6 Gulden polnisch, von 1811 u. 1812, befunden . 4
⅓ Thaler, zu 2 Gulden, von 1811 bis 1814, befunden . . . 5
Dergleichen 2 Stück von 1812 und 1813, befunden . . . 6
Dergleichen von 1813 und 1814, befunden 7
2 Guldenstück vom Jahre 1813 (Zamoscia), befunden . . . 8
⅙ Thalerstück, 1 Gulden, v. d. J. 1811—1814, befunden . . 9
10 Groschen- (Groszy) Stück, nach warschauer Proben. . . . 1
5 Groschen-Stück, nach warschauer Proben 2

Neuere Münzen, nach Ukas v. 19. Novbr. (1. Dezbr.) 1815:

10 Guldenstück, seit 1820, gesetzlich 3
5 " " " " 4
Dergleichen von 1816—1818, befunden 5
Dergleichen vom Jahre 1832, befunden 6
2 Guldenstück, gesetzlich 7
Dergl. 67 Stück v. d. J. 1816—1830, i. Durchschn. befunden 8
Gulden, gesetzlich 9
Dergl. von den Jahren 1816—1818, befunden 1
Dergl. 55 Stück v. d. J. 1818—1832, i. Durchschn. befunden 2
10 Groszy-Stück, ⅓ Gulden, gleich 3 Kopeken (seit 1. Jan. 1852 außer Kurs), gesetzlich 3
5 Groszy-Stück, ⅙ Gulden (seit 1. Jan. 1852 außer Kurs), gesetzl. 4

Nach Ukas v. 15. Octbr. 1832 u. 27. Jan. 1833 bis 1842:

10 Guldenstück, gleich 1½ Rubel, gesetzlich 5
Dergl. vom Jahre 1837, befunden 6
5 Guldenstück, gleich ¾ Rubel, gesetzlich 7
Dergl. vom Jahre 1837, befunden 8

	Gewicht 1 Stückes	Auf 1 Pfund brut.	Fein-gehalt	Auf 1 Pfund fein	Ein Stück enthält fein Gold	Ein Stück enthält fein Silber	Werth Gold : Silb. = 1 : 15½ oder 1 Thlr. = 3 M.	
	Gramm	Stück	1000	Stück	Gramm	Gramm	Mark	Pfennig
1	3,3408	149,6616	437$\frac{1}{2}$	342,0915	. . . .	1,4616	. . .	26,31
2	1,9855	251,8175	368$\frac{1}{16}$	684,1831	. . . .	0,7308	. . .	13,15
3	27,5124	18,1736	817	22,2443	. . . .	22,4776	4	04,60
4	13,7562	36,3472	"	44,4886	. . . .	11,2443	2	02,30
5	9,1798	54,4674	598	91,0826	. . . .	5,4895	. . .	98,81
6	5,1883	96,3804	529	182,1726	. . . .	2,7446	. . .	49,40
7	5,0571	98,8704	521	189,7704	. . . .	2,6347	. . .	47,42
8	2,6474	188,8630	352 Θ	536,5427	. . . .	0,9319	. . .	16,77
9	23,9704	20,8590	697	29,9269	. . . .	16,7074	3	00,73
1	9,2488	54,0612	597 Θ	90,5547	. . . .	5,5215	. . .	99,38
2	8,8483	56,5082	600	94,1802	. . . .	5,3090	. . .	95,56
3	5,3149	94,0752	518	181,6123	. . . .	2,7531	. . .	49,55
4	22,9270	21,8083	725	30,0805	. . . .	16,6221	2	99,20
5	8,5818	58,2625	634	91,8960	. . . .	5,4409	. . .	97,93
6	8,1922	61,0333	626	97,4973	. . . .	5,1283	. . .	92,31
7	8,3675	59,7548	628	95,1510	. . . .	5,2548	. . .	94,58
8	7,837	63,8001	644	99,0684	. . . .	5,0470	. . .	90,84
9	4,9841	100,3184	541	185,4313	. . . .	2,6964	. . .	48,53
1	2,9050	172,1148	194	887,1900	. . . .	0,5636	. . .	10,14
2	1,9025	262,8054	204	1288,2621	. . . .	0,3889	. . .	06,98
3	31,0764	16,0894	868$\frac{1}{16}$	18,5350	. . . .	26,9760	4	85,57
4	15,5382	32,1787	"	37,0699	. . . .	13,4880	2	42,78
5	15,4943	32,2699	873	36,9644	. . . .	13,5265	2	43,47
6	15,4635	32,3341	871	37,1229	. . . .	13,4688	2	42,44
7	9,0869	55,0244	593$\frac{3}{4}$	92,6726	. . . .	5,3953	. . .	97,11
8	8,7100	57,4051	593	96,8045	. . . .	5,1650	. . .	92,97
9	4,5434	110,0487	593$\frac{3}{4}$	185,3452	. . . .	2,6977	. . .	48,56
1	4,5331	110,2989	598	184,4462	. . . .	2,7108	. . .	48,79
2	4,2306	118,1849	591	199,9745	. . . .	2,5003	. . .	45,00
3	2,9050	172,1148	194$\frac{4}{5}$	885,162	. . . .	0,5649	. . .	10,17
4	1,4525	344,2296	"	1770,324	. . . .	0,2824	. . .	05,08
5	31,0972	16,0786	868$\frac{1}{16}$	18,5225	. . . .	26,9942	4	85,89
6	30,9562	16,1519	871	18,5440	. . . .	26,9629	4	85,33
7	15,5486	32,1571	868$\frac{1}{16}$	37,0450	. . . .	13,4971	2	42,95
8	15,4635	32,3341	872	37,0804	. . . .	13,4842	2	42,71

Polen. Portugal.

Silbermünzen.

2 Guldenstück (2 Zlote) gleich 30 Kopeken, gesetzlich 1
Dergl. 18 Stück von den Jahren 1835—1841, im Durchschnitt befunden 2
Gulden (1 Zloty) gleich 15 Kopeken, gesetzlich 3
44 dergl. Stücke von den Jahren 1835—1841, im Durchschnitt befunden 4
Seit 1842 wie Rußland.

Kupfermünzen.

3 Grossze, 3 Groschenstück, gesetzlich 5
1 Grossz, Eingroschenstück, „ 6

Portugal.

Rechnungsart.

Milreïs zu 1000 Reïs. — Conto oder Conto de Reïs bedeutet 1 Million Reïs und Conto de Contos eine Billion Reïs. — Nach Gesetz v. 29. Juli 1854 sind 1000 Reïs = 1,7735 Grm. Gold von $\frac{11}{12}$ Feingehalt, die Silbermünzen nur Scheidemünzen. — Der frühere Werth des Reï ergiebt sich aus den Münzen.
Früher: Cruzado novo = 480 Reïs. — Cruzado velho (alte) = 400 Reïs. — Tostão = 100 Reïs. — Real = 40 Reïs. — Vintem = 20 Reïs. — Ceiti = $\frac{1}{6}$ Reï.

Goldmünzen.

Aeltere Münzen vor 1772:

Dobrão, Dublone, zu 24000 Reïs, gesetzlich 7
Dergl. nach engl. Probe 8
Dergl. vom Jahre 1725, befunden 9
$\frac{1}{2}$ Dobrão, zu 12000 Reïs, gesetzlich 1
Dergl. nach französ. Probe 2
Lisbonnine Moid'or ($\frac{1}{5}$ Dobrão) zu 4800 Reïs, gesetzlich . . . 3
$\frac{1}{2}$ Lisbonnine nach Verhältniß.
Lisbonnine zu 4800 Reïs, nach französ. Probe 4
$\frac{1}{2}$ Lisbonnine zu 2400 Reïs, nach französ. Probe 5

Milreïs ($\frac{1}{20}$ Dobrão) zu 1200 Reïs, gesetzlich 6
Dergl. nach engl. Proben 7
Cruzado zu 480 Reïs, gesetzlich 8
Dergl. nach engl. Probe 9

	Gewicht 1 Stückes	Auf 1 Pfund brut.	Fein-gehalt	Auf 1 Pfund fein	Ein Stück enthält fein Gold	fein Silber	Werth Gold : Silb. = 1 : 15½ oder 1 Thlr. = 3 M.	
	Gramm	Stück	1000	Stück	Gramm	Gramm	Mark	Pfennig
1	6,2194	80,3928	$868\frac{1}{18}$	92,6126	. . . .	53,988	. . .	97,18
2	6,1306	81,5582	872	93,5301	. . . .	53,459	. . .	96,22
3	3,1097	160,7857	$868\frac{1}{18}$	185,2252	. . . .	2,6994	. . .	48,59
4	3,0162	165,7713	872	190,1046	. . . .	2,6301	. . .	47,34
5	2,1427							
6	0,7142							
7	53,7809	9,297	$916\frac{2}{3}$	10,1422	49,2992	. . . .	137	54,48
8	53,6489	9,3199	916	10,1745	49,1424	. . . .	137	10,73
9	53,6735	9,3156	913	10,2033	49,0039	. . . .	136	72,09
1	26,8904	18,594	$916\frac{2}{3}$	20,2843	24,6496	. . . .	68	77,24
2	26,823	18,6407	917	20,3279	24,5967	. . . .	68	62,48
3	10,7559	46,4849	$916\frac{2}{3}$	50,7108	9,8598	. . . .	27	50,90
4	10,73	46,5983	917	50,8161	9,8394	. . . .	27	45,19
5	5,364	93,2140	915	101,8732	4,9081	. . . .	13	69,36
6	2,6890	185,9396	$916\frac{2}{3}$	202,8432	2,4650	. . . .	6	87,74
7	2,6079	191,7231	912	210,2227	2,3784	. . . .	6	63,57
8	1,0756	464,8512	$916\frac{2}{3}$	507,1101	0,9860	. . . .	2	75,09
9	1,0529	474,8851	910	521,8518	0,9581	. . . .	2	67,31

Portugal.

Goldmünzen.

Münzen von 1772—1835:

Dobrão zu 12800 Reïs, seit 1822 auf 15000 Reïs, seit 1847 auf 16000 Reïs erhöht, gesetzlich 1
Dergl. nach französ. Probe 2
Dergl. vom Jahre 1730, befunden 3
$\frac{1}{2}$ Dobrão, João oder Johannes, auch Peça genannt, zu 6400 Reïs, seit 1822 auf 7500 Reïs, seit 1847 auf 8000 Reïs erhöht, gesetzlich 4
Dergl. nach französ. Probe 5
Dergl. $\frac{1}{2}$ Dobrão von Michael vom Jahre 1830, nach hydrostatischer Untersuchung 6
$\frac{1}{4}$ Dobrão, $\frac{1}{2}$ João oder $\frac{1}{2}$ Peça zu 3200 Reïs, später auf 3750 Reïs, seit 1847 auf 4000 Reïs erhöht, gesetzlich . . . 7
Dergl. nach französ. Probe 8

Escudo, $\frac{1}{8}$ Dobrão, zu 1600 Reïs, gesetzlich 9
Dergl. nach französ. Probe 1
$\frac{1}{2}$ Escudo, $\frac{1}{16}$ Dobrão, zu 800 Reïs, gesetzlich 2
Dergl. nach französ. Probe 3
Cruzado velho (alte Krone), $\frac{1}{32}$ Dobrão, $\frac{1}{4}$ Escudo, zu 400 Reïs, gesetzlich 4
Dergl. nach französ. Probe 5

Nach dem Gesetz vom 24. April 1835:

Corôa de ouro, Goldkrone, zu 5000 Reïs, seit 1847 auf 5333 Reïs erhöht, gesetzlich 6
Dergl. v. Jahre 1838, nach nordamerik. Untersuchungen . . . 7
Meia corôa, $\frac{1}{2}$ Goldkrone, zu 2500 Reïs, erhöht auf 2666 Reïs, gesetzlich 8
Dergl. v. Jahre 1838, nach nordamerik. Untersuchungen . . . 9

Nach dem Gesetz vom 29. Juli 1854:

Corôa, Goldkrone, zu 10 Milreïs (10000 Reïs), gesetzlich 1
$\frac{1}{2}$ Corôa, zu 5 Milreïs (5000 „), „ 2
$\frac{1}{5}$ „ „ 2 „ (2000 „), „ 3
$\frac{1}{10}$ „ „ 1000 Reïs, gesetzlich 4

Silbermünzen.

Aeltere Münzen:

Cruzado novo, neue Krusade oder Krone, auch Pinto genannt, früher zu 400 Reïs, dann erhöht auf 480 Reïs, gesetzlich . 5
Dergl. nach älterer Angabe 6
Dergl. v. J. 1802, nach engl. Probe 7

	Gewicht 1 Stückes	Auf 1 Pfund brut.	Feingehalt	Auf 1 Pfund fein	Ein Stück enthält fein Gold	fein Silber	Werth Gold : Silb. = 1 : 15½ oder 1 Thlr. = 3 M.	
	Gramm	Stück	1000	Stück	Gramm	Gramm	Mark	Pfennig
1	28,6830	17,4319	916⅔	19,0167	26,2927	. . . .	73	35,66
2	28,629	17,4648	915	19,0872	26,1955	. . . .	73	08,54
3	28,6342	17,4616	911	19,1676	26,0858	. . . .	72	77,94
4	14,3415	34,8639	916⅔	38,0333	13,1464	. . . .	36	67,83
5	14,288	34,9944	914	38,2871	13,0592	. . . .	36	43,52
6	14,2934	34,9810	916	38,1889	13,0928	. . . .	36	52,89
7	7,1708	69,7278	916⅔	76,0666	6,5732	. . . .	18	33,92
8	7,1170	70,2543	914	76,8647	6,5049	. . . .	18	14,87
9	3,5854	139,4555	916⅔	152,1333	3,2866	. . . .	9	16,91
1	3,559	140,4889	914	153,7078	3,2529	. . . .	9	07,56
2	1,7927	278,9110	916⅔	304,2666	1,6433	. . . .	4	08,45
3	1,753	285,2253	913	312,4045	1,6005	. . . .	4	46,54
4	0,8963	557,8221	916⅔	608,5331	0,8216	. . . .	2	04,22
5	0,956	523,0125	911	574,1081	0,8709	. . . .	2	42,98
6	9,5600	52,3012	916⅔	57,0559	8,7633	. . . .	24	44,96
7	9,5901	52,1368	912	57,1676	8,7462	. . . .	24	40,19
8	4,78	104,6025	916⅔	114,1118	4,3817	. . . .	12	22,49
9	4,795	104,2737	912	114,3352	4,3731	. . . .	12	20,09
1	17,735	28,1928	916⅔	30,7558	16,2571	. . . .	45	35,72
2	8,868	56,3855	"	61,5116	8,1285	. . . .	27	67,86
3	3,547	140,9638	"	153,7791	3,0514	. . . .	9	07,14
4	1,774	281,9277	"	307,5583	1,6257	. . . .	4	53,57
5	14,6408	34,1511	916⅔	37,2559	. . . .	13,4207	2	41,57
6	14,3503	34,8424	906¼ ⊖	38,4468	. . . .	13,0050	2	34,09
7	14,5786	34,2968	887	38,6661	. . . .	12,9312	2	32,76

Portugal.

Silbermünzen.	
Dergl. v. J. 1809, nach engl. Probe	1
Dergl. v. J. 1802, nach französ. Probe	2
Dergl. von Maria II. (1835), befunden	3
½ Crusado, zu 200 Reïs, später zu 240 Reïs oder 12 Vintens, gesetzlich	4
¼ Crusado, zu 120 Reïs oder 6 Vintens, gesetzlich	5
Dergl. 6 Stück, nach französ. Probe	6
Dergl. v. J. 1802, nach engl. Probe	7
3 Vintens zu 60 Reïs, gesetzlich	8
Tostão, Toston, zu 100 Reïs, v. J. 1802, nach engl. Probe .	9
½ Tostão, zu 50 Reïs, v. J. 1802, nach engl. Probe	1
Neuere Münzen, nach dem Gesetz vom 24. April 1835:	
Corôa de plata, Silberkrone, zu 1000 Reïs, gesetzlich	2
Dergl. v. J. 1838, nach nordamerik. Untersuchungen	3
½ Corôa, zu 500 Reïs, gesetzlich	4
Dergl. v. J. 1838, nach nordamerik. Untersuchungen	5
2 Tostoes (2 Tostons) oder 200 Reïs, gesetzlich	6
Dergl. v. J. 1838, nach nordamerik. Untersuchungen	7
Tostão zu 100 Reïs, gesetzlich	8
Dergl. v. J. 1838, nach nordamerik. Untersuchungen	9
Nach dem Gesetz v. 29. Juli 1854, als Scheidemünze:	
5 Tostôes-Stück, zu 500 Reïs, gesetzlich	1
2 Tostôes-Stück, zu 200 Reïs, "	2
Tostâo zu 100 Reïs, gesetzlich	3
½ Tostâo zu 50 Reïs, "	4
Kupfermünzen.	
20 Reïs-Stück	5
10 " "	6
5 " "	7

	Gewicht 1 Stückes	Auf 1 Pfund brut.	Feingehalt	Auf 1 Pfund fein	Ein Stück enthält fein Gold	fein Silber	Werth Gold : Silb. = 1 : 15½ oder 1 Thlr. = 3 M.	
	Gramm	Stück	1000	Stück	Gramm	Gramm	Mark	Pfennig
1	14,1894	35,2376	908	38,8079	....	12,8840	2	31,91
2	14,66	34,1064	894	38,1504	....	13,1060	2	35,91
3	14,3964	34,7309	914	37,9987	....	13,1583	2	36,85
4	7,3204	68,3023	$916\frac{2}{3}$	74,5118	....	6,7103	1	20,78
5	3,6602	136,6046	"	149,0237	....	3,3552	...	60,39
6	3,399	147,1021	899	163,6286	....	3,0559	...	55
7	3,4016	146,9882	887	165,7139	....	3,0172	...	54,31
8	1,8301	273,2091	$916\frac{2}{3}$	298,0474	....	1,6776	...	30,20
9	3,1101	160,7681	887	181,2492	....	2,7586	...	49,65
1	1,4902	335,5171	"	378,2605	....	1,3218	...	23,79
2	29,613	16,8845	$916\frac{2}{3}$	18,4194	....	27,1453	4	88,61
3	29,5480	16,9216	912	18,5544	....	26,9478	4	85,06
4	14,8065	33,769	$916\frac{2}{3}$	36,8389	....	13,5726	2	44,31
5	14,7740	33,8432	912	37,1088	....	13,4739	2	42,53
6	5,9226	84,4224	$916\frac{2}{3}$	92,0971	....	5,4290	...	97,72
7	5,8966	84,794	920	92,1673	....	5,4249	...	97,65
8	2,9613	168,8448	$916\frac{2}{3}$	184,1943	....	2,7145	...	48,86
9	2,9307	167,7446	920	182,3311	....	2,7423	...	49,36
1	12,5	40	$916\frac{2}{3}$	43,6364	....	11,4583	2	06,25
2	5	100	"	109,0909	....	4,5833	...	82,50
3	2,5	200	"	218,1818	....	2,2917	...	41,25
4	1,25	400	"	436,3636	....	1,1458	...	20,62
5	25,5							
6	12,75							
7	6,375							

Preußen.

Preußen.

Rechnungsart.

Seit 1. Jan. 1875 wie Deutschland. — Vorher Thaler zu 30 Silbergroschen zu 12 Pfenning. — Nach Gesetz v. 4. Mai 1857 im 30 Thalerfuß, d i. 30 Thaler aus 1 Pfunde fein Silber. — Früher, nach Edict v. 14. Juli 1750 u. nach den Gesetzen v. 29. März 1764 u. 30. Septbr. 1821 im 14 Thalerfuß, d. i. 14 Thaler aus 1 Cöln. Mark fein Silber. —

Vor 1821 wurde der Thaler (Reichsthaler) in 24 Gutegroschen zu 12 Pfenning getheilt.

In den Provinzen waren früher folgende Eintheilungen des Thalers üblich:

a) In Provinz Preußen: Thaler zu 3 Gulden zu 30 Groschen zu 3 Schilling zu 6 Preuß. Pfenning.

b) In Provinz Schlesien: Thaler zu 90 Kreuzer oder zu 120 Gröschel zu 3 Denar oder Schlesische Pfenning.

c) In Provinz Posen: Thaler zu 6 Gulden zu 30 Groschen zu 3 Schilling zu 6 Poln. Pfenning.

d) In den ehemals Jülich-Kleve-Bergischen Landen: Thaler zu 60 Stüber zu 4 Ort (1 Stüber = 8 Deut = 12 Pfennig). — 13 Thlr. Bergisch-Kurant = 10 Thlr. Preußisch Kurant gerechnet.

Goldmünzen.

Aeltere Münzen:

Dukaten vor 1750 (67 Stück = 1 Mark à 23 Kar 8 Gr.), gesetzlich 1
Dukaten nach 1750 (67 St. = 1 Mark à 23 Kar 6 Gr.), „ 2

Doppel-Friedrich-Wilhelmd'or vor 1750, gesetzlich 8
Friedrich-Wilhelmd'or ($34\frac{706}{943}$ St. aus 1 Mk. à 21 Kar 10 Gr.), gesetzl. 4

Nach Edict v. 14. Juli 1750 u. 29. März 1764 bis 1770:

Doppel-Friedrichd'or zu 10 Thaler Gold, gesetzlich 5
Friedrichd'or (35 St. aus 1 Mk. à 21 Kar 9 Gr.), gesetzlich . . . 6
Halber Friedrichd'or zu $2\frac{1}{2}$ Thaler Gold, gesetzlich 7

Von 1771—1855 und nach Gesetz v. 30. Septbr. 1821:

Doppel-Friedrichd'or, gesetzlich 8
Friedrichd'or (35 St. aus 1 Mk. à 21 Kar 8 Gr.), gesetzlich . . . 9
Halber Friedrichd'or, gesetzlich 1

Nach Gesetz v. 4. Mai 1857 bis 1874:

Krone, Vereinshandelsmünze mit wechselndem Kurse, gesetzlich . . 2
Halbe Krone, desgleichen, gesetzlich 3

	Gewicht 1 Stückes	Auf 1 Pfund brut.	Feingehalt	Auf 1 Pfund fein	Ein Stück enthält fein Gold	Ein Stück enthält fein Silber	Werth Gold : Silb. = 1 : 15½ oder 1 Thlr. = 3 M.	
	Gramm	Stück	1000	Stück	Gramm	Gramm	Mark	Pfennig
1	3,4904	143,2500	986 1/9	145,2685	3,4419	....	9	60,29
2	3,4904	143,2509	979 1/6	146,2987	3,4177	....	9	53,52
3	13,53119	36,9517	909 13/18	40,6186	12,3096	....	34	34,38
4	6,76559	73,90333	"	81,23724	6,15481	....	17	17,19
5	13,3632	37,4163	906 1/4	41,2869	12,1104	....	33	78,80
6	6,6816	74,8325	"	82,5738	6,0552	....	16	89,40
7	3,3408	149,6651	"	165,1476	3,0276	....	8	44,70
8	13,3632	37,4163	902 7/9	41,4457	12,064	....	33	65,85
9	6,6816	74,8325	"	82,8914	6,032	....	16	82,93
1	3,3408	149,6651	"	165,7828	3,016	....	8	41,46
2	11,1111..	45	900	50	10	....	27	90
3	5,5555..	90	"	100	5	....	13	95

Preußen.

Silbermünzen.

Aeltere Münzen:

Für den Handel geprägte Münzen:

Banco-Thaler de 1765 ($8\frac{5}{16}$ St. aus 1 Mk. à $\frac{228}{288}$) 1
Levante-Compagnie-Thaler de 1766 u. 1767 } 10 St. = 1 Mk. fein. —
Conv.-Speciesthaler de 1794 u. 1795 } $8\frac{1}{3}$ St. = 1 Mk. à $\frac{240}{288}$ 2

Albertusthaler de 1766 u. 1767 ($8\frac{1}{4}$ St. aus 1 Mk. à $\frac{249}{288}$) . . 3
Albertusthaler de 1797 ($8\frac{1}{4}$ St. aus 1 Mk. à $\frac{250}{288}$) 4
$\frac{2}{3}$ Stück oder Gulden, de 1796, 1797, 1801 u. 1810 nach dem Leipziger Fuß ($13\frac{1}{2}$ St. aus 1 Mk. à $\frac{216}{288}$) 5

Nach d. Edicten v. 14. Juli 1750 u. 29. März 1764:

Thaler, Reichsthaler, zu 24 Gutegroschen ($10\frac{1}{2}$ St. aus 1 Cöln. Mark à $\frac{216}{288}$), gesetzlich 6
$\frac{1}{2}$ Thaler zu 12 Gutegroschen (bis 1786) 7
$\frac{1}{4}$ „ „ 6 „ „ „ 8

$\frac{1}{3}$ Thaler zu 8 Gutegroschen (bis 1809), gesetzlich 9
$\frac{1}{6}$ „ „ 4 „ (bis 1857), „ 1
$\frac{1}{12}$ „ „ 2 „ (bis 1786), „ 2

$\frac{1}{24}$ Thaler oder 1 Gutergroschen gesetzlich { 1750—1764 3
1764—1771 4
1771—1782 5

$\frac{1}{48}$ Thaler, 6 Pfennig, gesetzlich { 1750—1764. 6
1764—1771. 7
1771—1780. 8

(Die $\frac{1}{24}$ und $\frac{1}{48}$ Thalerstücke wurden am 1. Mai 1808 auf $\frac{2}{3}$ des Werthes, und durch Gesetz v. 13. Dezbr. 1811 auf $\frac{4}{7}$ des Werthes reduzirt.)

Für Ansbach und Bayreuth geprägt:

Gulden (Schwabacher) zu 16 Ggr. de 1792 u. 1794, gesetzlich . . 9

Für die Provinzen Preußen und Schlesien:

Tympf, $\frac{1}{5}$ Thaler, zu 18 Preuß. Groschen oder 18 Schles. Kreuzern de 1764, gesetzlich 1
Schostack, $\frac{1}{15}$ Thaler, zu 6 Preuß. Groschen oder 6 Schles. Kreuzern de 1764, gesetzlich 2
Düttgen, $\frac{1}{30}$ Thaler, zu 3 Preuß. Groschen oder 3 Schles. Kreuzern de 1764, gesetzlich 3

	Gewicht 1 Stückes	Auf 1 Pfund brut.	Feingehalt	Auf 1 Pfund fein	Ein Stück enthält fein Gold	fein Silber	Werth Gold : Silb. = 1 : 15½ oder 1 Thlr. = 3 M.	
	Gramm	Stück	1000	Stück	Gramm	Gramm	Mark	Pfennig
1	28,1029	17,7918	$791\frac{2}{3}$	22,4738	. . . .	22,24814	4	00,46
2	28,0626	17,8173	$833\frac{1}{3}$	21,3807	. . . .	23,3855	4	20,94
3	28,3451	17,6397	$864\frac{1}{2}\frac{6}{8}\frac{8}{8}$	20,4025	. . . .	24,5068	4	41,12
4	28,3451	17,6397	$868\frac{1}{2}\frac{6}{8}\frac{}{8}$	20,4518	. . . .	24,4477	4	40,06
5	17,3226	28,864	750	38,4853	. . . .	12,9920	2	33,85
6	22,27195	22,4498	750	29,9330	. . . .	16,70397	3	00,67
7	11,13597	44,8995	"	59,8660	. . . .	8,35198	1	50,336
8	5,56798	89,7990	"	119,7320	. . . .	4,17599	. . .	75,168
9	8,35198	59,8660	$666\frac{2}{3}$	89,7990	. . . .	5,56799	1	00,224
1	5,34527	93,5407	$520\frac{5}{6}$	179,5981	. . . .	2,78399	. . .	50,112
2	3,71199	134,6985	375	359,1961	. . . .	1,39199	. . .	25,056
3	1,9818	252,2925	$343\frac{3}{4}$	733,9419	. . . .	0,6812	. . .	12,263
4	2,0787	240,5332	$312\frac{1}{2}$	769,706	. . . .	0,6496	. . .	11,693
5	2,088	239,4641	$222\frac{2}{9}$	1077,5885	. . . .	0,4640	. . .	08,342
6	1,392	359,1962	$225\frac{2}{3}\frac{5}{6}$	1591,5155	. . . .	0,3141	. . .	05,655
7	1,4435	346,3677	$187\frac{1}{2}$	1847,2943	. . . .	0,2706	. . .	04,872
8	1,392	350,1962	$166\frac{2}{3}$	2155,1774	. . . .	0,2320	. . .	04,170
9	14,8479	33,6747	750	44,8990	. . . .	11,13598	2	00,448
1	5,0392	84,1866	$562\frac{1}{2}$	149,6651	. . . .	3,3408	. . .	60,134
2	3,3408	149,6651	$333\frac{1}{3}$	448,9952	. . . .	1,1136	. . .	20,045
3	1,6410	304,6753	$263\frac{8}{9}$	1154,948	. . . .	0,4329	. . .	07,792

Preußen. Quito. Reußische Fürstenthümer.

Silbermünzen.

Nach Gesetz v. 30. Septbr. 1821, 28. Juni 1843 u. Dresdener Münz-Convention v. 30. Juli 1838:

Doppelthaler oder 3½ Guldenstück (seit 1839), gesetzlich 1
Thaler zu 30 Silbergroschen, gesetzlich 2
⅙ Thalerstück zu 5 Silbergroschen, gesetzlich 3

Scheidemünze:

2½ Silbergroschen (seit 1842), gesetzlich 4
Silbergroschen (seit 1821), gesetzlich 5
½ Silbergroschen, 6 Pfennig „ 6

Für Hohenzollern:

1/1 u. ½ Gulden, 6 u. 3 Kreuzerstücke nur de 1852 wie Baden, Bayern rc.

Nach dem Wiener Vertrage v. 24. Jan. u. Gesetz v. 4. Mai 1857:

Doppel-Thaler, 2 Vereinsthaler, gesetzlich 7
Thaler, Vereinsthaler, gesetzlich 8
⅙ Thaler zu 5 Silbergroschen, gesetzlich 9

Scheidemünze:

2½ Silbergroschenstück, gesetzlich 1
Silbergroschen, „ 2
½ Silbergroschen, „ 3

Kupfermünzen.

4 Pfennigstück, seit 1857, gesetzlich 4
3 „ „ „ „ 5
2 „ „ „ „ 6
1 „ „ „ „ 7

Quito s. Südamerikan. Freistaaten.

Reußische Fürstenthümer.

(Reuß-Plauen, ältere Linie, oder Reuß-Greiz und Reuß-Plauen, jüngere Linie, oder Reuß-Gera und Reuß-Lobenstein-Ebersdorf.)

Rechnungsart.

Seit 1875 wie Deutschland. — Vorher Thaler zu 30 Silbergroschen zu 12 Pfennig. — Seit 1841 wie Preußen, im 30 und 14 Thalerfuß.

Früher: Thaler zu 24 Gutegroschen zu 12 Pfennig. — 13⅓ Thaler = 1 Cöln. Mark fein Silber und auch 15 Thaler = 1 Cöln. Mark fein Silber, indem der Conv.-Spec.-Thaler = 1½ Kurant Thaler gesetzt wurde.

	Gewicht 1 Stückes	Auf 1 Pfund brut.	Fein-gehalt	Auf 1 Pfund fein	Ein Stück enthält fein Gold	fein Silber	Werth Gold : Silb. = 1 : 15½ oder 1 Thlr. = 3 M. Mark	Pfennig
	Gramm	Stück	1000	Stück	Gramm	Gramm	Mark	Pfennig
1	37,1199	13,4699	900	14,9665	. . . .	33,4079	6	01,343
2	22,27195	22,4498	750	29,9330	. . . .	16,7039	3	00,671
3	5,34527	93,5407	520⅚	179,5981	. . . .	2,7840	. . .	50,112
4	3,248	153,9412	375	410,5099	. . . .	1,2180	. . .	21,924
5	2,1924	228,0611	222 2/9	1026,2748	. . . .	0,487[illegible]	. . .	08,769
6	1,0962	456,1221	„	2052,5496	. . . .	0,2436	. . .	04,385
7	37,03703	13,5	900	15	. . . .	33,333..	6	. . .
8	18,51851	27	„	30	. . . .	16,666..	3	. . .
9	5,34188	93,6	520	180	. . . .	2,777..	. . .	50
1	3,2206	155,25	375	414	. . . .	1,2077	. . .	21,739
2	2,1958	227,7	220	1035	. . . .	0,4831	. . .	08,696
3	1,0979	455,4	„	2070	. . . .	0,2415	. . .	04,348
4	6							
5	4,5							
6	3							
7	1,5							

Reußische Fürstenthümer. Rumänien.

Silbermünzen.

Aeltere Münzen:

Conventions-Speciesthaler, $1\frac{1}{3}$ Reichsthaler, gesetzlich 1
$\frac{1}{2}$ „ „ $\frac{2}{3}$ „ „ 2
$\frac{1}{4}$ „ „ $\frac{1}{3}$ „ „ 3

$\frac{1}{6}$ Reichsthaler, gesetzlich 4
$\frac{1}{12}$ „ „ 5

Neuere Münzen, nach der Dresdener Convention v. 30. Juli 1838:

Doppelthaler, $3\frac{1}{2}$ Guldenstück, seit 1840, gesetzlich 6

Scheidemünze:

2 Silbergroschenstück, gesetzlich 7
Silbergroschen, „ 8
$\frac{1}{2}$ Silbergroschen, „ 9

Nach dem Wiener Münzvertrage v. 24. Jan. 1857:

Vereinsthaler, gesetzlich 1

Scheidemünze:

Silbergroschen, wie Preußen 2

Kupfermünzen.

3 Pfennigstück, seit 1857, gesetzlich 3
1 „ „ „ „ 4

Rumänien (Romania) früher Moldau u. Wallachei.

Rechnungsart.

Lëu (Neu-Piaster) zu 100 Bani (Para). — Nach Gesetz vom 14. April 1867 1 Lëu = dem neueren Französ. Silber-Frank von 5 Gramm zu $\frac{835}{1000}$ Feingehalt. — Bei der Einführung 1 neuer Lëu = 2,7 alte Lëu.

Früher: Piaster oder Lëu (auch Aslan genannt) zu 40 Paralle oder Para zu 3 Bani oder Asper. Der Werth des alten Piaster richtete sich nach dem Kurse des Oesterreich. 20 Kreuzerstückes, welches meist $2\frac{1}{2}$ Piaster galt, in Galatz aber 3 Piaster $6\frac{1}{2}$ Para.

Goldmünzen.

20 Lei-Stück (wie Frankreich), gesetzlich 5
10 „ „ „ „ „ 6
5 „ „ „ „ „ 7

	Gewicht 1 Stückes	Auf 1 Pfund brut.	Feingehalt	Auf 1 Pfund fein	Ein Stück enthält fein Gold	Ein Stück enthält fein Silber	Werth Gold : Silb. = 1 : $15\frac{1}{2}$ oder 1 Thlr. = 3 M.	
	Gramm	Stück	1000	Stück	Gramm	Gramm	Mark	Pfennig
1	28,0626	17,8173	$833\frac{1}{3}$	21,3807	. . . .	23,3855	4	20,94
2	14,0313	35,6345	"	42,7615	. . . .	11,6927	2	10,47
3	7,0156	71,2690	"	85,5229	. . . .	5,8464	1	05,24
4	5,3967	92,6498	$541\frac{2}{3}$	171,0450	. . . .	2,9232	. . .	52,62
5	3,3408	149,6616	$437\frac{1}{2}$	342,0915	. . . .	1,4616	. . .	26,31
6	37,1199	13,4699	900	14,9665	. . . .	33,4079	6	01,34
7	3,1180	160,3555	$312\frac{1}{2}$	513,1372	. . . .	0,9745	. . .	17,55
8	2,1924	228,0611	$222\frac{2}{9}$	1026,2748	. . . .	0,4872	. . .	08,77
9	1,0962	456,1221	"	2052,5496	. . . .	0,2436	. . .	04,38
1	18,5185	27	900	30	. . . .	16,666..	3	. . . .
2	2,1958	227,7	220	1035	. . . .	0,4831	. . .	08,69
3	4,5							
4	1,5							
5	6,4516	77,5	900	86,1111	5,8065	. . . .	16	20
6	3,2258	155	"	172,2222	2,9032	. . . .	8	10
7	1,6129	310	"	344,4444	1,4516	. . . .	4	05

Rio de Plata. Rußland.

Silbermünzen.
2 Lei-Stück, gesetzlich 1
Leu, gesetzlich 2
$\frac{1}{2}$ Leu, 50 Banu-Stück, gesetzlich 3
Bronzemünzen.
10 Bani-Stück, gesetzlich 4
5 " " " 5
2 " " " 6
Banu (Para) 7

Rio de la Plata s. Südamerikan. Freistaaten.

Rußland.

Rechnungsart.

Rubel zu 100 Kopeken. — Nach Gesetz v. 10. Juni 1810 sind 100 Silbrrrubel gleich $5\frac{1}{16}$ Russ. Pfund Silber von $83\frac{1}{3}$ Solotnik (= $\frac{250}{288}$) Feingehalt. — Zahlungen erfolgen meistens in Papiergeld (Reichscreditbillets), welches mit Ausnahme von Finnland Zwangskurs hat und werden diese Papierrubel im Gegensatz zu den früheren Papierrubeln oder Bankassignaten Silberrubel genannt. — Das Silberkurant erhält ein Aufgeld gegen Silberrubel in Papier von etwa $16\frac{1}{2}$ Procent. (5 Rubel Gold gelten jetzt 5 Rubel 15 Kopeken Silberkurant und etwa 6 Silberrubel in Papier.)

Früher: Papierrubel oder Bankassignaten haben seit 1840 aufgehört. Durch Ukas v. 1. Juli 1839 waren $3\frac{1}{2}$ Papierrubel 1 Silberrubel gleichgesetzt.

In Finnland: Markka zu 100 Penni. — Nach Verordnung v. 12. Juni 1860 ist 1 Markka = $\frac{1}{4}$ Russ. Silberrubel und nahezu gleich dem älteren französ. Silber-Frank.

Goldmünzen.

Aeltere Münzen:

Species-Dukaten, seit 1700 8
Species-Dukaten, von Paul I., 1797, gesetzlich 9
Andreas-Dukaten zu 2 Rubel, von Peter I., 1718 1

Imperial-Dukaten zu 5 Rubel, von 1798, gesetzlich 2
Dergleichen von 1801, nach engl. Probe 3
Doppelte nach Verhältniß.
Doppel-Goldrubel v. J. 1756, befunden 4

	Gewicht 1 Stückes	Auf 1 Pfund brut.	Fein-gehalt	Auf 1 Pfund fein	Ein Stück enthält fein Gold	fein Silber	Werth Gold : Silb. = 1 : 15½ oder 1 Thlr. = 3 M.	
	Gramm	Stück	1000	Stück	Gramm	Gramm	Mark	Pfennig
1	10	50	835	59,8802	. . . .	8,35	1	50,3
2	5	100	"	119,7605	. . . .	4,175	. . .	75,15
3	2,5	200	"	239,5210	. . . .	2,0875	. . .	37,57
4	10							
5	5							
6	2							
7	1							
8	3,4682	144,1678	968¾	148,8184	3,3598	. . . .	9	37,38
9	3,4829	143,5573	986½	145,5792	3,4346	. . . .	9	58,25
1	4,0924	122,1758	781¼	156,3850	3,1972	. . . .	8	92,02
2	6,0789	82,252	986⅑	83,4105	5,9945	. . . .	16	72,46
3	5,9963	83,3848	982	84,9133	5,8884	. . . .	16	42,86
4	3,2222	155,1727	916⅔	169,2793	2,9537	. . . .	8	24,08

Rußland.

Goldmünzen.

Goldrubel v. J. 1756, nach französ. Probe 1
$\frac{1}{2}$ Goldrubel nach Verhältniß.
Imperial zu 10 Rubel, von 1755—1762 2
Halb Imperial zu 5 Rubel, von 1755—1762 3

Münzen nach Ukas v. 18. Dezbr. 1763, 14. Febr. 1817 u. 1. Mai 1834:

Imperial zu 10 Rubel, seit 1763, gesetzlich 4
Dergleichen v. J. 1768, befunden 5
Halb Imperial zu 5 Rubel, seit 1763, gesetzlich 6
Dergleichen 40 Stück, von 1817—1830, befunden 7
Dergleichen 1000 Stück, v. J. 1836, befunden 8
Dergleichen 346 Stück nach süddeutscher Probe i. J. 1847 . . 9
Dergleichen aus neuerer Zeit bei großen Summen, im Durchschnitt befunden 1

Imperial-Dukaten zu 3 Rubel Gold oder 20 Gulden poln., seit 1834, gesetzlich 2
Dergleichen v. J. 1835, befunden 3

Dukaten mit Niederländ. Gepräge, gesetzlich 4
Dergleichen, befunden 5

Platinamünzen.

Nach Ukas v. 24. Apr. 1828 ausgeprägt, nach Ukas v. 22. Juni 1845 wieder eingezogen:

12 Rubel oder 4 Platina-Dukaten, seit 1830 6
6 „ „ 2 „ „ „ 1829 7
3 „ „ 1 „ „ „ 1828 8
(Das Ruff. Pfund Platina wird ausgebracht zu $\frac{27648}{233}$ = $18\frac{154}{233}$ Silberrubel.)

Silbermünzen.

Aeltere Münzen:

Rubel von 1704—1718 (mon. dobraja) 9
„ „ 1718—1731 (mon. novaja) 1
„ „ 1731—1762 2
Rubel zu 100 Kopeken, unter Katharina II., von 1762—1796 . . 3
$\frac{1}{2}$ Rubel zu 50 Kopeken, unter Katharina II., von 1762—1796 . 4
$\frac{1}{4}$ „ „ 25 „ „ „ „ „ „ „ „ . 5
$\frac{1}{5}$ „ „ 20 „ „ „ „ „ „ „ „ . 6
$\frac{3}{20}$ „ „ 15 „ „ „ „ „ „ „ „ . 7
$\frac{1}{10}$ „ „ 10 „ Griwen, von 1762—1796 8

	Gewicht 1 Stückes	Auf 1 Pfund brut.	Fein-gehalt	Auf 1 Pfund fein	Ein Stück enthält fein Gold	Ein Stück enthält fein Silber	Werth Gold : Silb. = 1 : 15½ oder 1 Thlr. = 3 M.	
	Gramm	Stück	1000	Stück	Gramm	Gramm	Mark	Pfennig
1	1,593	313,8732	917	342,2827	1,4608	. . . .	4	07,56
2	16,5638	30,1864	916⅔	32,9306	15,1835	. . . .	42	36,19
3	8,2819	60,3728	„	65,8612	7,5917	. . . .	21	18,08
4	13,0881	38,2027	916⅔	41,6757	11,9974	. . . .	33	47,27
5	12,9531	38,6003	913	42,2790	11,8262	. . . .	32	99,51
6	6,5440	76,4054	916⅔	83,3513	5,9987	. . . .	16	73,64
7	6,5478	76,3613	916	83,3638	5,9978	. . . .	16	73,38
8	6,5397	76,4558	915	83,5582	5,9838	. . . .	16	69,48
9	6,5177	76,714	915	83,8405	5,9637	. . . .	16	63,87
1	6,53383	76,5017	916,6	83,4528	5,9907	. . . .	16	71,41
2	3,926	127,3406	916⅔	138,9190	3,5993	. . . .	10	04,20
3	3,9244	127,4077	915	139,2434	3,5908	. . . .	10	01,83
4	3,4904	143,2509	979⅙	146,2987	3,4177	. . . .	9	55,72
5	3,4904	143,2509	978	146,4724	3,4136	. . . .	9	52,39
6	41,4133	12,0734	1000	. . . .	12,0734	. . . .	. . .	. . .
7	20,7066	24,1468	1000	. . . .	24,1468	. . . .	. . .	. . .
8	10,3533	48,2937	1000	. . . .	48,2937	. . . .	. . .	. . .
9	28,1991	17,7310	861	20,5935	. . . .	24,2795	4	37,00
1	28,4219	17,5921	729	24,1318	. . . .	20,7195	3	72,95
2	25,8347	19,3538	802	24,132	. . . .	20,7193	3	72,95
3	23,9852	20,8452	750	27,7949	. . . .	17,9889	3	23,8
4	11,9926	41,6904	„	55,5899	. . . .	8,9944	1	61,9
5	5,9645	83,8290	„	111,772	. . . .	4,4734	. . .	80,52
9	4,7709	104,8019	„	139,7359	. . . .	3,5790	. . .	64,40
7	3,5567	140,5788	„	187,4383	. . . .	2,6675	. . .	48,01
8	2,3711	210,8674	„	281,1566	. . . .	1,7784	. . .	32,01

Rußland.

Silbermünzen.

Nach Ukas v. 20. Jan. 1797:

Rubel von 1797, gesetzlich 1
$\frac{1}{2}$ " " " " 2
$\frac{1}{4}$ " " " " 3
10 Kopeken-Stück, von 1797, gesetzlich 4
5 " " " " " 5

Nach Ukas v. 3. Oktober 1797:

Rubel von 1798, gesetzlich 6
Dergleichen von 1799, befunden 7
Dergleichen von 1802, nach engl. Probe 8
$\frac{1}{2}$ Rubel nach Verhältniß.
$\frac{1}{2}$ Rubel von 1804, nach engl. Probe 9

Neuere Münzen,
nach Ukas v. 20. Juni und 29. August 1810:

Rubel zu 100 Kopeken (Bankmünze), gesetzlich 1
$\frac{1}{2}$ Rubel zu 50 Kopeken, gesetzlich 2
$\frac{1}{4}$ " " 25 " " 3
Dergleichen $\frac{1}{1}$, $\frac{1}{2}$ und $\frac{1}{4}$ Rubel, von verschiedenen Jahren der Rubel im Durchschnitt befunden 4

$\frac{1}{5}$ Rubel zu 20 Kopeken, gesetzlich 5
$\frac{1}{10}$ " " 10 " " 6
$\frac{1}{20}$ " " 5 " " 7

Scheidemünze, nach Ukas v. 10. März 1860;

20 Kopeken-Stück, gesetzlich 8
15 " " " 9
10 " " " 1
5 " " " 2

Seit 1867, nach Ukas v. 21. März: 20 Kopeken-Stück, gesetzlich . 3
15 " " " . 4
10 " " " . 5
5 " " " . 6

Für Finnland: 2, 1, $\frac{1}{2}$ u. $\frac{1}{4}$ Marka siehe Finnland.
Für Russisch-Polen: $1\frac{1}{2}$ Rubel, $\frac{3}{4}$ Rubel u. 15 Kopeken (= 10, 5 und 1 poln. Gulden) siehe Polen.
Für Georgien: 2, 1 und $\frac{1}{2}$ Abazes (= 40, 20, 10 Kopeken) siehe Georgien.

	Gewicht 1 Stückes	Auf 1 Pfund brut.	Fein-gehalt	Auf 1 Pfund fein	Ein Stück enthält fein Gold	fein Silber	Werth Gold:Silb. = 1:15⅓ oder 1 Thlr. = 3 M.	
	Gramm	Stück	1000	Stück	Gramm	Gramm	Mark	Pfennig
1	29,2319	17,1046	868 $\frac{1}{18}$	19,7045	. . . .	25,3749	4	56,75
2	14,6159	34,2092	"	39,4090	. . . .	12,6874	2	28,37
3	7,308	68,4183	"	78,8179	. . . .	6,3437	1	14,19
4	2,9232	171,0458	"	197,0448	. . . .	2,5375	. . .	45,67
5	1,4616	342,0916	"	394,0896	. . . .	1,2687	. . .	22,84
6	20,7232	24,1276	868 $\frac{1}{18}$	27,7949	. . . .	17,9889	3	23,80
7	20,3742	24,5408	872	28,1431	. . . .	17,7663	3	19,79
8	20,3123	24,6156	870	28,2938	. . . .	17,6717	3	18,09
9	10,2049	48,9961	866	56,5774	. . . .	8,8374	1	59,07
1	20,7315	24,1179	868 $\frac{1}{18}$	27,7838	. . . .	17,9961	3	23,93
2	10,3658	48,2357	"	55,5676	. . . .	8,9980	1	61,96
3	5,1829	96,4714	"	111,1351	. . . .	4,4990	. . .	80,98
4	20,5786	24,2971	872	27,8636	. . . .	17,9445	3	23,00
5	4,1463	120,5893	868 $\frac{1}{18}$	138,9189	. . . .	3,5992	. . .	64,78
6	2,0732	241,1786	"	277,8378	. . . .	1,7996	. . .	32,39
7	1,0366	482,3572	"	555,6755	. . . .	0,8998	. . .	16,20
8	4,0791	122,5754	750	163,4338	. . . .	3,0593	. . .	55,06
9	3,0592	163,4338	"	214,3812	. . . .	2,2945	. . .	41,30
1	2,0395	245,1508	"	336,8676	. . . .	1,5296	. . .	27,53
2	1,0197	490,3016	"	673,7352	. . . .	0,7648	. . .	13,76
3	3,5992	138,9189	500	277,8378	. . . .	1,7996	. . .	32,39
4	2,6994	208,3783	"	416,7567	. . . .	1,3497	. . .	24,29
5	1,7996	277,8378	"	555,6756	. . . .	0,8998	. . .	16,20
6	0,8998	555,6756	"	1111,3512	. . . .	0,4499	. . .	08,10

Rußland. Sachsen.	
Kupfermünzen, nach Ukas v. 7. Juli 1839:	
3 Kopeken-Stück	1
2 " "	2
1, $\frac{1}{2}$ und $\frac{1}{4}$ Kopeken nach Verhältniß.	
Nach Ukas v. 3. Juni 1849:	
5 Kopeken-Stück	3
3 " "	4
2 " "	5
1, $\frac{1}{2}$ uud $\frac{1}{4}$ Kopeken nach Verhältniß.	
Bronzemünzen, nach Ukas v. 21. März 1867:	
5 Kopeken-Stück	6
3 " "	7
2 " "	8
1 " "	9
$\frac{1}{2}$ " "	1
$\frac{1}{4}$ " "	2

Sachsen, Königreich.

Rechnungsart.

Seit 1875 wie Deutschland. — Vorher Thaler zu 30 Neu-Groschen zu 10 Pfennig — Vom 1. Mai 1857—1874 im 30 Thalerfuß (30 Thaler = 1 Pfund fein Silber). — Von 1841—1857 im 14 Thalerfuß (14 Thaler = 1 Cöln. Mark fein Silber) wie Preußen.

Früher: Thaler zu 24 Guten Groschen zu 12 Pfennig im Conventions- oder 20 Guldenfuß (13$\frac{1}{3}$ Thaler = 1 Cöln. Mark fein Silber).

Goldmünzen.

Doppel-Augustd'or (Antond'or) zu 10 Thaler Gold, gesetzlich . . .	3
Dergleichen 14500 Stück aus älterer Zeit, nach Valvation im Jahre 1831	4
Augustd'or zu 5 Thaler Gold, gesetzlich	5
$\frac{1}{2}$ " " 2$\frac{1}{2}$ " " "	6
Dukaten aus älterer Zeit bis 1838 (nach dem Reichsfuß), gesetzlich	7
Dergleichen vom Jahre 1830, befunden	8
Nach d. Vertrage v. 24. Jan. u. Verordnung v. 19. Mai 1857:	
Krone, Vereins-Handelsmünze, gesetzlich	9
$\frac{1}{2}$ " " "	1
(0,6032 Krone = 1 Pistole u. 0,3442 Krone = 1 Dukaten gerechnet.)	

	Gewicht 1 Stückes	Auf 1 Pfund brut.	Fein-gehalt	Auf 1 Pfund fein	Ein Stück enthält fein Gold	fein Silber	Werth Gold : Silb. = 1 : 15½ oder 1 Thlr. = 3 M.	
	Gramm	Stück	1000	Stück	Gramm	Gramm	Mark	Pfennig
1	30,7133							
2	20,4756							
3	25,5944							
4	15,3567							
5	10,2378							
6	16,352							
7	9,820							
8	6,532							
9	3,244							
1	1,600							
2	0,800							
3	13,3636	37,4103	902 7/9	41,4457	12,0640	. . . .	33	65,85
4	13,2723	37,6724	895,8	42,0545	11,8893	. . . .	32	17,11
5	6,6816	74,8325	902 7/9	82,8914	6,0320	. . . .	16	82,93
6	3,3408	149,6651	"	165,7828	3,0160	. . . .	8	41,46
7	3,4904	143,2509	986 1/9	145,2685	3,4419	. . . .	9	60,29
8	3,4757	143,8559	979	146,9417	3,4027	. . . .	9	49,35
9	11,1111	45	900	50	10	. . . .	27	90
1	5,5555	90	"	100	5	. . . .	13	95

Sachsen.	
Silbermünzen.	
Aeltere Münzen, seit 1763:	
Conventions-Speciesthaler zu $1\frac{1}{3}$ Reichsthaler, gesetzlich	1
$\frac{1}{2}$ Conv.-Speciesthaler, Gulden, oder $\frac{2}{3}$ Thalerstück, gesetzlich . . .	2
$\frac{1}{2}$ Gulden, oder $\frac{1}{3}$ Thaler, oder $\frac{1}{4}$ Speciesthaler, gesetzlich { vor 1827	3
{ seit 1827	4
$\frac{1}{6}$ Thaler oder 4 Ggroschen, gesetzlich	5
$\frac{1}{12}$ " " 2 " "	6
$\frac{1}{24}$ " " 1 " "	7
Scheidemünze:	
8 Pfennigstück, gesetzlich	8
6 " "	9
Neuere Münzen, nach der Dresdener Convention v. 30. Juli 1838 u. Gesetz v. 20. Juli 1840:	
Doppel-Thaler, $3\frac{1}{2}$ Guldenstück, seit 1839, gesetzlich	1
Thaler zu 30 Neugroschen, gesetzlich	2
$\frac{1}{3}$ " " 10 " " (seit 1852)	3
$\frac{1}{6}$ " " 5 " "	4
Scheidemünze:	
2 Neugroschen, gesetzlich	5
Neugroschen zu 10 Pfennig, gesetzlich	6
$\frac{1}{2}$ " " 5 " "	7
Nach dem Wiener Vertrage v. 24. Januar und Verordnung v. 19. Mai 1857;	
Doppel-Thaler, 2 Vereinsthaler, gesetzlich	8
Thaler, Vereinsthaler, gesetzlich	9
$\frac{1}{3}$ Thaler, gesetzlich	1
$\frac{1}{6}$ " "	2
Scheidemünze:	
2 Neugroschen, gesetzlich	3
Neugroschen, "	4
$\frac{1}{2}$ " " (bis 1861)	5
Kupfermünzen.	
5 Pfennig (seit 1861), gesetzlich	6
2 " " " "	7
1 " " " "	8

	Gewicht 1 Stückes	Auf 1 Pfund brut.	Feingehalt	Auf 1 Pfund fein	Ein Stück enthält fein Gold	fein Silber	Werth Gold:Silb. = 1:15½ oder 1 Thlr. = 3 M.	
	Gramm	Stück	1000	Stück	Gramm	Gramm	Mark	Pfennig
1	28,0627	17,8173	$833\frac{1}{3}$	21,3807	. . . .	23,3855	4	20,94
2	14,0313	35,6345	„	42,7615	. . . .	11,6927	2	10,47
3	7,0156	71,2690	„	85,5229	. . . .	5,8464	1	05,23
4	8,2537	60,5787	$708\frac{1}{3}$					
5	5,3967	92,6498	$541\frac{2}{3}$	171,045	. . . .	2,9232	. . .	52,62
6	3,3408	149,6616	$437\frac{1}{2}$	342,0915	. . . .	1,4616	. . .	26,31
7	1,9855	251,8175	$368\frac{1}{18}$	684,1831	. . . .	0,7308	. . .	13,15
8	1,2992	384,8530	250	1539,4121	. . . .	0,3248	. . .	05,84
9	0,9744	513,1374	„	2052,5495	. . . .	0,2436	. . .	04,38
1	37,1199	13,4699	900	14,9665	. . . .	33,4079	6	01,34
2	22,2719	22,4498	750	29,9330	. . . .	16,7039	3	00,67
3	8,352	59,8660	$666\frac{2}{3}$	89,7990	. . . .	5,5680	1	00,22
4	5,3452	93,5407	$520\frac{5}{6}$	179,5981	. . . .	2,7840	. . .	50,11
5	3,1180	160,3555	$312\frac{1}{2}$	513,1373	. . . .	0,9743	. . .	17,54
6	2,1260	235,1880	$229\frac{1}{6}$	1026,2748	. . . .	0,4872	. . .	08,77
7	1,063	470,3760	„	2052,5496	. . . .	0,2436	. . .	04,38
8	37,0370	13,5	900	15	. . . .	33,333..	6	. . .
9	18,5185	27	„	30	. . . .	16,666..	3	. . .
1	8,3291	60,03	667	90	. . . .	5,555..	1	. . .
2	5,3419	93,6	520	180	. . . .	2,777..	. . .	50
3	3,2206	155,25	300	517,5	. . . .	0,9662	. . .	17,39
4	2,1004	238,05	230	1035	. . . .	0,4831	. . .	08,69
5	1,0502	476,1	„	2070	. . . .	0,2415	. . .	04,35
6	7,4405							
7	2,9762							
8	1,4881							

Sachsen-Altenburg. Sachsen-Coburg und Gotha.

Sachsen-Altenburg.

Rechnungsart.

Seit 1875 wie Deutschland. — Vorher: Thaler zu 30 Neugroschen zu 10 Pfennig. — Nach Vertrag v. 24. Jan. und Gesetz vom 1. Mai 1857 30 Thaler = 1 Pfund fein Silber, von 1841 bis 1857 14 Thaler = 1 Cöln. Mark fein Silber.

Früher: Reichsthaler zu 24 Gutegroschen zu 12 Pfennig. — Als Kassengeld $13\frac{1}{3}$ Thaler = 1 Cöln. Mark fein Silber. — Im Verkehr $13\frac{23}{37}$ Thalerfuß und vor 1838 $14\frac{1}{6}$ Thalerfuß, durch Ueberschätzung der Conventionsmünzen.

Silbermünzen.

Nach der Dresdener Convention v. 30. Juli 1838 (seit 1841), d. Wiener Münzvertrage v. 24. Jan. u. Gesetz v. 1. Mai 1857:

Doppel-Thaler oder $3\frac{1}{2}$ Guldenstück .	wie Königreich Sachsen.
Thaler, Vereinsthaler	
$\frac{1}{6}$ Thaler oder 5 Neugroschen	
Scheidemünze:	
2 Neugroschen	
Neugroschen	
$\frac{1}{2}$ Neugroschen	

Kupfermünzen.

2 Pfennig (vor 1857), gesetzlich 1
1 " " " " 2

Sachsen-Coburg und Gotha.

Rechnungsart.

Seit 1875 wie Deutschland.

Vorher: A. Coburg: Gulden zu 60 Kreuzer zu 4 Pfennig. — Von 1857—1874 $52\frac{1}{2}$ Gulden = 1 Pfund fein Silber; von 1838—1857 $24\frac{1}{2}$ Gulden, nach früher 24 Gulden = 1 Cöln. Mark fein Silber.

B. Gotha: Thaler zu 30 Groschen zu 10 Pfennig. — Seit 1841 wie Sachsen-Altenburg im 30 und 14 Thalerfuß. — Vor 1841: Thaler zu 24 Gutegroschen zu 12 Pfennig zu 2 Heller, im Conventions- oder $13\frac{1}{3}$ Thalerfuß, wie Altenburg.

Goldmünzen.

Dukaten für Coburg, aus früherer Zeit, gesetzlich 3

	Gewicht 1 Stückes	Auf 1 Pfund brut.	Fein- gehalt	Auf 1 Pfund fein	Ein Stück enthält fein Gold	fein Silber	Werth Gold : Silb. = 1 : 15½ oder 1 Thlr. = 3 M.	
	Gramm	Stück	1000	Stück	Gramm	Gramm	Mark	Pfennig
1	3,426							
2	1,713							
3	3,4904	143,2509	979⅛	146,2987	3,4177	. . . .	9	53,54

Sachsen-Coburg und Gotha.

Silbermünzen.

A. Coburg:

Aeltere Münzen:

Kronenthaler, gesetzlich 1
Conventions-Speciesthaler, gesetzlich 2
½ „ „ oder Gulden, gesetzlich 3

20 Kreuzerstück, Kopfstück des 20 Guldenfußes, gesetzlich . . . 4
10 „ ½ „ „ „ „ „ . . . 5

Scheidemünze:

6 Kreuzerstück, gesetzlich 6
3 „ „ 7
1 „ „ 8

Neuere Münzen,
nach d. Conventionen v. 25. Aug. 1837 u. 30. Juli 1838:

3½ Gulden- oder 2 Thalerstück Gulden . . . . ½ Gulden	im 24½ Guldenfuß	wie Bayern.
Scheidemünze: 6 Kreuzerstück 3 „	im 27 Guldenfuß	

Nach d. Wiener Münzvertrage v. 24. Jan. 1857:

Vereinsthaler, zu 1¾ Gulden, gesetzlich 9

B. Gotha:

Aeltere Münzen, seit 1761:

Conventions-Speciesthaler, gesetzlich 1
½ und ¼ nach Verhältniß.
⅙ Thaler oder 4 Gutegroschen, gesetzlich 2
1/12 „ „ 2 „ „ 3
1/24 „ „ 1 „ „ 4
1/48 „ „ ½ „ zu 6 Pfennig 5

Nach d. Convention v. 30. Juli 1838 u. 24. Jan. 1857:

Doppel-Thaler, 3½ Guldenstück, gesetzlich . . . Thaler, gesetzlich . . . . ⅙ „ oder 5 Groschen, gesetzlich . . . . . . **Scheidemünze:** 2 Groschen (1/15 Thaler), gesetzlich Groschen zu 10 Pfennig, „ ½ „ „ 5 „ „	wie Königr. Sachsen im 14 und 30 Thalerfuß.

	Gewicht 1 Stückes	Auf 1 Pfund brut.	Fein-gehalt	Auf 1 Pfund fein	Ein Stück enthält fein Gold	fein Silber	Werth Gold : Silb. = 1 : $15\frac{1}{2}$ oder 1 Thlr. = 3 M.	
	Gramm	Stück	1000	Stück	Gramm	Gramm	Mark	Pfennig
1	29,3752	17,0211	$871\frac{19}{36}$	19,5302	. . . .	25,6014	4	60,82
2	28,0627	17,8173	$833\frac{1}{3}$	21,3807	. . . .	23,3855	4	20,94
3	14,0313	35,6345	"	42,7615	. . . .	11,6927	2	10,47
4	6,6815	74,8325	$583\frac{1}{3}$	128,2843	. . . .	3,8976	. . .	70,16
5	3,8976	128,2843	500	256,5686	. . . .	1,9488	. . .	35,08
6	2,7334	182,9240	$305\frac{5}{9}$	559,6603	. . . .	0,8351	. . .	15,03
7	1,5033	332,5890	$243\frac{1}{18}$	1368,3664	. . . .	0,3654	. . .	06,58
8	0,7995	625,5863	125	5003,0901	. . . .	0,1000	. . .	01,80
9	18,5185	27	900	30	. . . .	16,6666	3	. . .
1	28,0627	17,8173	$833\frac{1}{3}$	21,3807	. . . .	23,3855	4	20,94
2	5,3967	92,6498	$541\frac{2}{3}$	171,045	. . . .	2,9232	. . .	52,62
3	3,3408	149,6616	$437\frac{1}{2}$	342,0915	. . . .	1,4616	. . .	26,31
4	1,9855	251,8175	$368\frac{1}{18}$	684,1831	. . . .	0,7308	. . .	13,15
5	1,299	384,9114	$229\frac{1}{6}$	1679,6134	. . . .	0,2977	. . .	05,39

Sachsen-Meiningen und Hildburghausen.

Kupfermünzen für Coburg u. Gotha gemeinsam:

2 Pfennig (seit 1857), gesetzlich 1
1 " " " " 2

Sachsen-Meiningen und Hildburghausen.

Rechnungsart.

Seit 1875 wie Deutschland. — Vorher Gulden zu 60 Kreuzer zu 4 Pfennig. — Von 1857—1874 52½ Gulden = 1 Pfund fein Silber, früher 24½ Gulden, noch früher 24 Gulden = 1 Cöln. Mark fein Silber.

Früher auch: Gulden fränkisch zu 15 Batzen (gleich 20 Gutegroschen) im 19,2 Guldenfuß. — Thaler zu 24 Gutegroschen, oder zu 18 Batzen oder 90 Kreuzer im 16 Thalerfuß.

Silbermünzen.

Aeltere Münzen:

Conventions-Speciesthaler, gesetzlich 3
20 Kreuzerstück, gesetzlich 4
6 " " 5

Neuere Münzen:

Saalfelder Ausbeute-Gulden im Conventionsfuß, v. J. 1829, gesetzl. 6
Gulden (sogen. Rheinischer G.) im 24¾ Guldenfuß, gesetzlich . . . 7

Scheidemünze:

6 Kreuzerstück, gesetzlich 8
3 " " 9
1 " " 1

Nach d. Conventionen v. 25. Aug. 1837, 30. Juli 1838 u. 27. März 1845:

3½ Guldenstück, 2 Thaler, gesetzlich . . . } wie Bayern.
2 Guldenstück, gesetzlich . . . .
Gulden, " . . . .
½ Gulden, " . . . .

Scheidemünze:

6 Kreuzerstück, gesetzlich
3 " "

Nach dem Wiener Vertrage v. 24. Januar 1857:

Vereinsthaler zu 1¾ Gulden, gesetzlich 1

	Gewicht 1 Stückes	Auf 1 Pfund brut.	Feingehalt	Auf 1 Pfund fein	Ein Stück enthält fein Gold	fein Silber	Werth Gold : Silb. = 1 : 15½ oder 1 Thlr. = 3 M.	
	Gramm	Stück	1000	Stück	Gramm	Gramm	Mark	Pfennig
1	3							
2	1,5							
3	28,0627	17,8173	833⅓	21,3807	. . . .	23,3855	4	20,94
4	6,6815	74,8325	583⅓	128,2843	. . . .	3,8976	. . .	70,16
5	2,436	205,2549	333⅓	615,7648	. . . .	0,8120	. . .	14,61
6	11,8158	42,3160	$989\frac{7}{12}$	42,7615	. . . .	11,6927	2	10,47
7	12,8316	38,9664	750	51,9552	. . . .	9,6227	1	73,22
8	2,4491	204,1562	$347\frac{2}{9}$	587,9700	. . . .	0,8504	. . .	15,31
9	1,3667	365,8479	$305\frac{5}{9}$	1197,3205	. . . .	0,4176	. . .	07,52
1	0,7308	684,1831	$166\frac{2}{3}$	4105,0990	. . . .	0,1218	. . .	02,19
2	18,5185	27	900	30	. . . .	16,6666..	3	. . .

Sachsen-Weimar und Eisenach.

Kupfermünzen.

Kreuzer zu 4 Pfennig, befunden 1
$\frac{1}{2}$ „ „ 2 „ „ 2
$\frac{1}{4}$ „ „ 1 „ „ 3
$\frac{1}{8}$ „ „ $\frac{1}{2}$ „ „ 4

Sachsen-Weimar und Eisenach (Großherzogthum.)

Rechnungsart.

Seit 1875 wie Deutschland. — Vorher: Thaler zu 30 Silbergroschen zu 12 Pfennig. — Von 1857—1874: 30 Thaler = 1 Pfund fein Silber; von 1841—1857: 14 Thaler = 1 Cöln. Mark fein Silber.

Früher: Thaler zu 24 Gutegroschen zu 12 Pfennig. — $13\frac{1}{3}$ Thaler in Kassengeld, $13\frac{3}{3}\frac{3}{7}$ Thaler in den umlaufenden Conventionsmünzen und $14\frac{1}{6}$ Thaler im gewöhnlichen Handelsverkehr gleich einer Cöln. Mark fein Silber.

Silbermünzen.

Aeltere Münzen seit 1763:

Conventions-Speciesthaler, zu 1 Thlr. 8 Ggr., gesetzlich 5
$\frac{1}{2}$ „ „ Gulden, zu 16 Ggr., „ 6
$\frac{1}{4}$ „ „ $\frac{1}{2}$ „ oder $\frac{1}{3}$ Thlr., gesetzlich 7

$\frac{1}{6}$ Thalerstück ($\frac{1}{8}$ Speciesthaler) zu 4 Ggroschen, von 1763, gesetzlich 8
$\frac{1}{6}$ „ zu 4 Ggroschen, von 1763 u. folgend. J., gesetzlich . 9
$\frac{1}{12}$ „ „ 2 „ gesetzlich 1

Scheidemünze:

Groschen, $\frac{1}{24}$ Thaler, gesetzlich 2
$\frac{1}{2}$ „ $\frac{1}{48}$ „ zu 6 Pfennig, gesetzlich . . . 3

Neuere Münzen,
nach d. Conventionen v. 30. Juli 1838 u. 24. Jan. 1857:

Doppelthaler, $3\frac{1}{2}$ Guldenstück . . . . } wie Preußen.
Thaler zu 30 Silbergroschen . . . . }
Scheidemünze: }
Silbergroschen zu 12 Pfennig }
$\frac{1}{2}$ „ „ 6 „ }

Kupfermünzen.

Seit 1857: 2 Pfennigstück, gesetzlich 4
1 „ „ 5

	Gewicht 1 Stückes	Auf 1 Pfund brut.	Fein-gehalt	Auf 1 Pfund fein	Ein Stück enthält fein Gold	fein Silber	Werth Gold:Silb. = 1:15½ oder 1 Thlr. = 3 M.	
	Gramm	Stück	1000	Stück	Gramm	Gramm	Mark	Pfennig
1	5,15							
2	2,5							
3	1,3							
4	0,65							
5	28,0627	17,8173	$833\frac{1}{3}$	21,3807	. . . .	23,3855	4	20,94
6	14,0313	35,6345	"	42,7614	. . . .	11,6927	2	10,47
7	7,0157	71,2690	"	85,5229	. . . .	5,8464	1	05,23
8	6,6816	74,8308	$437\frac{1}{2}$	171,045	. . . .	2,9232	. . .	52,62
9	5,3967	92,6498	$541\frac{2}{3}$					
1	3,3408	149,6616	$437\frac{1}{2}$	342,0915	. . . .	1,4616	. . .	26,31
2	2,1260	235,1880	$229\frac{1}{6}$	1026,2748	. . . .	0,4872	. . .	08,77
3	1,0630	470,3760	"	2052,5496	. . . .	0,2436	. . .	04,38
4	3							
5	1,5							

Sardinien.

Sardinien.

Rechnungsart.

Lira zu 100 Centesimi. — Seit 1827 ist Lira nuova gleich dem Französ. Frank.

Vor 1827 a) in Turin: Lira di Piemonte zu 20 Soldi zu 12 Denari di Piem. — 94,16284 Lire = 1 Pfund fein Silber.

b) in Genua: Lira abusiva oder fuori di banco ($5\frac{3}{4}$ Lire = 1 Pezzo) zu 20 Soldi zu 12 Denari. — 133,3324 Lire = 1 Pfund fein Silber.

Goldmünzen.

Aeltere Münzen.

Savoyische und Piemontesische Münzen seit 1786:

Carlino oder 5 Doppienstück, gesetzlich 1
$2\frac{1}{2}$, 1, $\frac{1}{2}$ und $\frac{1}{4}$ Doppienstück nach Verhältniß.
Dergleichen Karolin von 1786, nach französ. Probe 2
" $\frac{1}{2}$ Karolin " " " " " 3
Doppie oder Pistole von 1786 u. 1797, nach französ. Probe . . . 4
$\frac{1}{2}$ Doppie von 1786 u. 1797, nach französ. Probe 5

Genuesische Münzen:

Zecchine oder Golddukaten, gesetzlich 6
$\frac{1}{2}$ Zecchine nach Verhältniß.
Alte Doppie oder Genovine zu 100 Lire v. 1758, nach französ. Probe 7
$\frac{1}{2}$ Genovine zu 50 Lire v. J. 1753, nach französ. Probe . . . 8
$\frac{1}{4}$ " " 25 " " " 1758, " " " . . . 9

Neuere Genovine zu 96 Lire von 1793 u. 1795, n. französ. Probe 1
$\frac{1}{2}$ Genovine zu 48 Lire von 1792, nach französ. Probe 2
Dergleichen von 1794, nach französ. Probe 3
$\frac{1}{4}$ Genovine zu 24 Lire von 1792, nach französ. Probe 4
Vierfache Pistole oder 96 Lire der ligurischen Republik von 1798, nach französ. Probe 5
Doppel-Pistole oder 48 Lire, dergleichen 6

Für die Insel Sardinien:

Carlino vom Jahre 1773, nach französ. Probe 7
$\frac{1}{2}$ Karlino nach Verhältniß.
Doppietta vom Jahre 1773, nach französ. Probe 8

	Gewicht 1 Stückes	Auf 1 Pfund brut.	Feingehalt	Auf 1 Pfund fein	Ein Stück enthält fein Gold	fein Silber	Werth Gold:Silb. = 1:15½ oder 1 Thlr. = 3 M.	
	Gramm	Stück	1000	Stück	Gramm	Gramm	Mark	Pfennig
1	45,6317	10,9573	$906\frac{1}{4}$	12,0908	41,3538	. . . .	115	37,71
2	45,519	10,9844	904	12,1509	41,1492	. . . .	114	80,62
3	22,733	21,9945	„	24,3302	20,5506	. . . .	57	33,62
4	9,083	55,0479	905	60,8264	8,2201	. . . .	22	93,41
5	4,514	110,7665	904	122,5293	4,0806	. . . .	11	38,33
6	3,4645	144,32	$994\frac{3}{4}$	145,0482	3,4471	. . . .	9	61,74
7	28,151	17,7614	906	19,6042	25,5048	. . . .	71	15,84
8	14,076	35,5215	914	38,8637	12,8655	. . . .	35	89,47
9	7,064	70,7814	906	78,1252	6,4	. . . .	17	85,60
1	25,177	19,8594	909	21,8475	22,8859	. . . .	63	85,16
2	12,588	39,7204	911	43,6008	11,4677	. . . .	31	99,49
3	12,588	39,7204	914	43,4577	11,5054	. . . .	32	10
4	6,267	79,783	911	87,5774	5,7092	. . . .	15	92,87
5	25,177	19,8594	908	21,8716	22,8607	. . . .	63	78,13
6	12,588	39,7204	„	43,7449	11,4299	. . . .	31	88,94
7	16,041	31,1701	890	35,0226	14,2765	. . . .	39	83,14
8	3,197	156,3966	890	175,7266	2,8453	. . . .	7	93,84

Sardinien.

Goldmünzen.

Neuere Münzen,
nach den Gesetzen v. 26. Okt. 1826 u. 8. Juni 1832 (wie Frankreich):

100 Lire nuove oder 5 Doppien, seit 1832, gesetzlich 1
80 „ „ „ 4 „ „ 1826, „ 2
50 „ „ „ 2½ „ „ 1832, „ 3
40 „ „ „ 2 „ „ 1826, „ 4
20 „ „ „ 1 Doppie (Marengo unter französischer Herrschaft), gesetzlich 5
10 Lire nuove oder Doppiette, seit 1832, gesetzlich 6

Silbermünzen.

Aeltere Münzen:

Piemontesischer Scudo zu 6 Lire von 1755, nach franzöſ. Probe . 7
Dergl. von 1773, nach franzöſ. Probe 8
Piemontesischer ½ Scudo von 1770, nach franzöſ. Probe 9
Dergl. von 1800, nach franzöſ. Probe 1
Piemontesische ¼ und ⅛ Scudi nach Verhältniß.
Piemontesisches 20 Soldi-Stück von 1794—1796, befunden . . . 2
10 Soldi-Stück nach Verhältniß.
Genuesischer Scudo zu 8 Lire von 1796, nach franzöſ. Probe . . 3
½, ¼ und ⅛ Scudo nach Verhältniß.
Ligurisch-Republikanischer Scudo von 1798, nach franzöſ. Probe . 4
Sardinischer Scudo v. J. 1773, nach franzöſ. Probe 5
Sardinischer ½ Scudo v. J. 1774, nach franzöſ. Probe 6
¼ Scudo nach Verhältniß.

Neuere Münzen seit 1816 und nach dem Gesetz vom 26. Oktbr. 1826:

Scudo zu 5 Lire, gesetzlich 7
2 Lire-Stück, gesetzlich 8
Lira (Franco), gesetzlich 9
½ Lira zu 50 Centesimi, gesetzlich 1
¼ „ „ 25 „ „ 2

Kupfermünzen.

5 Centesimi, gesetzlich 3
3 „ „ 4
Centesimo, „ 5

Schottland s. Großbritanien.

	Gewicht 1 Stückes	Auf 1 Pfund brut.	Fein-gehalt	Auf 1 Pfund fein	Ein Stück enthält fein Gold	fein Silber	Werth Gold : Silb. = 1 : 15⅓ oder 1 Thlr. = 3 M.	
	Gramm	Stück	1000	Stück	Gramm	Gramm	Mark	Pfennig
1	32,2580	15,5	900	17,222..	29,0323	. . . .	81	. . .
2	25,8064	19,375	"	21,5277	23,2258	. . . .	64	78,54
3	16,1290	31	"	34,444..	14,5161	. . . .	40	49,99
4	12,9032	38,75	"	43,0555	11,6129	. . . .	32	40
5	6,4516	77,5	900	86,111..	5,8065	. . . .	16	20
6	3,2258	155	"	172,222..	2,9032	. . . .	8	10
7	35,108	14,2418	903	15,7716	. . . .	31,7025	5	70,64
8	35,108	14,2418	906	15,7194	. . . .	31,8078	5	72,54
9	17,528	28,5258	903	31,5900	. . . .	15,8278	2	84,90
1	17,581	28,4398	"	31,4948	. . . .	15,8756	2	85,76
2	5,2301	95,5096	284⊖	336,6184	. . . .	1,4854	. . .	26,74
3	33,25	15,0376	889	16,9152	. . . .	29,5592	5	32,07
4	33,25	15,0376	885	16,9916	. . . .	29,4263	5	29,67
5	23,477	21,2974	896	23,7695	. . . .	21,0354	3	78,64
6	11,739	42,5931	899	47,3783	. . . .	10,5533	1	89,96
7	25	20	900	22,222..	. . . .	22,5	4	05
8	10	50	"	55,555..	. . . .	9	1	62
9	5	100	"	111,111..	. . . .	4,5	. . .	81
1	2,5	200	"	222,222..	. . . .	2,25	. . .	40,5
2	1,25	400	"	444,444..	. . . .	1,125	. . .	20,25
3	10							
4	6							
5	2							

Schwarzburg-Rudolstadt.

Schwarzburg-Rudolstadt.

Rechnungsart.

Seit 1875 wie Deutschland. — Vorher:

A. In der Ober-Herrschaft:

Gulden zu 60 Kreuzer. — Von 1857—1874: $52\frac{1}{2}$ Gulden = 1 Pfund fein Silber. — Von 1841—1857: $24\frac{1}{2}$ Gulden = 1 Cöln. Mark fein Silber.

B. In der Unter-Herrschaft (Frankenhausen):

Thaler zu 30 Silbergroschen zu 12 Pfennig. — Seit 1841 wie Preußen im 14 und 30 Thalerfuß.

Früher: Thaler zu 24 Gutegroschen zu 12 Pfennig. — 1 Cöln. Mark fein Silber = $13\frac{1}{3}$ Thaler; in den Conventionsmünzen auch = $13\frac{23}{37}$ Thlr. = $13\frac{3}{4}$ Thlr. = $14\frac{1}{6}$ Thlr. = $14\frac{7}{12}$ Thlr. = 15 Thlr.

Goldmünzen.

Dukaten, gesetzlich 1

Silbermünzen.

Aeltere Münzen, seit 1763:

Conventions-Speciesthaler, gesetzlich 2

$\frac{1}{2}$ Speciesthaler oder Gulden nach Verhältniß.

$\frac{1}{6}$ Thalerstück, $\frac{1}{8}$ Speciesthaler, gesetzlich 3

Neuere Münzen, nach den Conventionen v. 25. Aug. 1837, 30. Juli 1838 u. Vertrag v. 24. Jan. 1857:

$3\frac{1}{2}$ Gulden oder 2 Thalerstück (seit 1841) . } wie Preußen.
Thaler, Vereinsthaler zu $1\frac{3}{4}$ Gulden . . . }

Neuere Münzen:

A. Für die Ober-Herrschaft:

Gulden . . . . }
$\frac{1}{2}$ Gulden . . . . }
Scheidemünze: } wie Bayern.
6 Kreuzer }
3 " }

B. Für die Unter-Herrschaft:

Scheidemünze: }
Silbergroschen } wie Preußen.
$\frac{1}{2}$ " }

Kupfermünzen.

A. Für Ober-Herrschaft: 1, $\frac{1}{4}$ u. $\frac{1}{8}$ Kreuzer wie Bayern.

B. Für Unter-Herrschaft: 3, 2 u. 1 Pfennig wie Preußen.

	Gewicht 1 Stückes	Auf 1 Pfund brut.	Feingehalt	Auf 1 Pfund fein	Ein Stück enthält fein Gold	Ein Stück enthält fein Silber	Werth Gold : Silb. = 1 : $15\frac{1}{2}$ oder 1 Thlr. = 3 M.	
	Gramm	Stück	1000	Stück	Gramm	Gramm	Mark	Pfennig
1	3,4904	143,2509	$979\frac{1}{6}$	146,2987	3,4177	. . . .	9	53,54
2	28,0627	17,8173	$833\frac{1}{3}$	21,3807	. . . .	23,3855	4	20,94
3	5,3967	92,9726	$541\frac{2}{3}$	171,045	. . . .	2,9232	. . .	52,62

Schwarzburg-Sondershausen.

Rechnungsart.

Seit 1875 siehe Deutschland. — Vorher: Seit 1841 im 30 und 14 Thalerfuß, wie Preußen.

Früher: Thaler zu 24 Gutegroschen zu 12 Pfennig. — $13\frac{1}{3}$ Thaler = 1 Mark fein Silber; in den Conventionsmünzen auch $13\frac{2}{3}$ Thaler, im Verkehr $14\frac{1}{8}$ Thlr. = 1 Cöln. Mark fein Silber.

Silbermünzen.

Aeltere Münzen, seit 1763:

$\frac{1}{6}$ Thalerstück ($\frac{1}{8}$ Conv.-Speciesthaler), gesetzlich 1

$\frac{1}{12}$ " ($\frac{1}{16}$ " "), " 2

Neuere Münzen, nach d. Convention v. 30. Juli 1838 u. Vertrag v. 24. Jan. 1857:

Doppel-Thaler, $3\frac{1}{2}$ Guldenstück (seit 1841)
Thaler, Vereinsthaler . . . .

Scheidemünze:

Silbergroschen . . . . .
$\frac{1}{2}$ " . . . . .

Kupfermünzen.

3 Pfennig-Stück . . . .
1 " " . . . .

} wie Preußen.

Schweden.

Rechnungsart.

Krone (Krona) zu 100 Oere. — Nach d. Convention mit Dänemark v. 18. Dezbr. 1872 u. Gesetz v. 30. Mai 1873 seit 1875 1 Kilogramm fein Gold = 2480 Kronen und das Silbergeld Scheidemünze.

Vorher: Reichsthaler Reichsmünze (Riksdaler Riksmynt) zu 100 Oere = $\frac{1}{4}$ Speciesthaler. — Nach Gesetz v. 3. Febr. 1855, seit 1856, sollen 50 Riksdaler Riksmynt ein Schalpfund Victualiengewicht Silber von $\frac{750}{1000}$ Feingehalt wiegen. — Seit 1863 sind aus 1 Pfund (von 500 Gramm) 20 Reichsthaler Species geprägt.

Früher: a) Reichsthaler (Riksdaler Riksgäld) zu 48 Schilling zu 4 Stüber (Styfer) (1 Schilling = 12 Rundstücken) im Werthe wie die vorstehenden Reichsthaler.

	Gewicht 1 Stückes	Auf 1 Pfund brut.	Feingehalt	Auf 1 Pfund fein	Ein Stück enthält fein Gold	fein Silber	Werth Gold : Silb. = 1 : 15⅓ oder 1 Thlr. = 3 M.	
	Gramm	Stück	1000	Stück	Gramm	Gramm	Mark	Pfennig
1	5,3967	92,6498	541⅔	171,045	. . . .	2,9232	. . .	52,62
2	3,3408	149,6616	437½	342,0915	. . . .	1,4616	. . .	26,31

Schweden.

Rechnungsart.

b) Reichsthaler Species zu 48 Schilling Species zu 4 Stüber Species. — 1 Reichsthaler Species = 4 Reichsthaler (Reichsgäld).

c) Reichsthaler Banko zu 48 Schilling Banko zu 4 Stüber Banko. — 1 Reichsthaler Banko = 1½ Reichsthaler-Reichsgäld. — 8 Reichsthaler Banko = 3 Reichsthaler Species = 12 Reichsthaler Reichsgäld.

Goldmünzen.

Seit 1777 und nach dem Gesetz v. 25. Juni 1830:

4 Dukaten-Stück, gesetzlich 1
2 „ „ „ 2
1 „ „ „ 3

Nach d. Gesetzen v. 9. Mai 1835, 28. Mai 1845 u. 9. Mai 1853.

4 Dukaten-Stück, gesetzlich 4
Dergleichen, vom Jahre 1839, befunden 5
2 Dukaten-Stück, gesetzlich 6
Dukaten, gesetzlich 7
Dergleichen, vom Jahre 1838, befunden 8
„ „ „ 1843, „ 9
„ „ „ 1846, „ 1
„ nach süddeutscher Probe 2

Nach Verordnung v. 31. Juli 1868:

Carolin, zu 7,1 Reichsthaler Reichsmünze angenommen, aber kein gesetzliches Zahlmittel (= 10 franz. Francs), gesetzlich . 3

Nach d. Münzgesetz v. 30. Mai 1873:

20 Kronor-Stück, gesetzlich 4
10 „ „ „ 5

Silbermünzen.

Aeltere Münzen, seit 1777:

Reichsthaler Species, Speciesthaler, gesetzlich 6
⅔ Speciesthaler oder 32 Schilling, „ 7
⅓ „ „ 16 „ „ 8
⅙ „ „ 8 „ „ 9
1/12 „ „ 4 „ „ 1
1/24 „ „ 2 „ „ 2

Neuere Münzen, nach d. Gesetzen v. 25. Juni 1830, 9. Mai 1835, 23. Mai 1845 u. 4. Mai 1852:

Speciesthaler zu 48 Schilling Spec. = 4 Reichsthlr. Reichsgäld, gesetzl. 3
Dergl. v. d. J. 1831—1837, 199 St., im Durchschn. befunden 4

	Gewicht 1 Stückes	Auf 1 Pfund brut.	Fein-gehalt	Auf 1 Pfund fein	Ein Stück enthält fein Gold	fein Silber	Werth Gold:Silb. = 1:15½ oder 1 Thlr. = 3 M.	
	Gramm	Stück	1000	Stück	Gramm	Gramm	Mark	Pfennig
1	13,9229	35,9121	$975\frac{100}{144}$	36,8067	13,5845	. . . .	37	90,07
2	6,9614	71,8242	„	73,6134	6,7922	. . . .	18	95,03
3	3,4807	143,6484	„	143,2269	3,3961	. . . .	9	47,51
4	13,9403	35,8671	$975\frac{25}{41}$	36,7638	13,6003	. . . .	37	94,48
5	13,9249	35,9068	975	36,8275	13,5768	. . . .	37	87,92
6	6,9702	71,7343	$975\frac{25}{41}$	73,5277	6,8002	. . . .	18	97,25
7	3,4851	143,4686	„	147,0554	3,4001	. . . .	9	48,62
8	3,4811	143,6314	975	147,3143	3,3941	. . . .	9	46,95
9	3,4786	143,7362	974	147,5731	3,3882	. . . .	9	45,31
1	3,4786	143,7362	976	147,2707	3,3951	. . . .	9	47,23
2	3,4866	143,4048	973	147,3842	3,3925	. . . .	9	46,51
3	3,2258	155	900	172,2222	2,9032	. . . .	8	10
4	8,9606	55,8	900	62	8,0645161	. . . .	22	50
5	4,4804	111,6	„	124	4,0322258	. . . .	11	25
6	29,2477	17,0954	$878\frac{17}{36}$	19,4603	. . . .	25,6933	4	62,48
7	19,4985	25,6430	„	29,1905	. . . .	17,1288	3	08,32
8	9,7492	51,2861	„	58,381	. . . .	8,5644	1	54,16
9	6,1989	80,6588	$690\frac{35}{36}$	116,7323	. . . .	4,2833	. . .	77,10
1	4,2155	118,6094	$506\frac{17}{18}$	233,9693	. . . .	2,1370	. . .	38,47
2	2,7732	180,2928	$381\frac{17}{18}$	472,0393	. . . .	1,0592	. . .	19,07
3	34,0008	14,7055	750	19,6074	. . . .	25,5006	4	59,01
4	33,9314	14,7356	751	19,6213	. . . .	25,4825	4	58,68

Schweden.

Silbermünzen.

$\frac{1}{2}$ Speciesthaler zu 24 Schilling Spec. = 2 Reichsthaler Reichsgäld, gesetzlich 1
$\frac{1}{4}$ Speciesthaler zu 12 Schilling Spec. = 1 Reichsthaler Reichsgäld, gesetzlich 2
$\frac{1}{8}$ Speciesthaler zu 6 Schilling Spec. = $\frac{1}{2}$ Reichsthaler Reichsgäld oder 24 Schilling Reichsgäld, gesetzlich 3
$\frac{1}{12}$ Speciesthaler zu 4 Schilling Spec. = 16 Schilling Reichsgäld (seit 1835 nicht mehr geprägt), gesetzlich 4
$\frac{1}{16}$ Speciesthaler zu 3 Schilling Spec. = 12 Schilling Reichsgäld, gesetzlich 5
$\frac{1}{32}$ Speciesthaler zu $1\frac{1}{2}$ Schilling Spec. = 6 Schilling Reichsgäld (seit 1852 = 4 Schilling Banko), gesetzlich 6

Nach d. Gesetz v. 3. Febr. 1855:

4 Reichsthaler Reichsmünze zu 400 Oere = 1 Reichsthaler Spec. = $2\frac{2}{3}$ Reichsthaler Banko, gesetzlich 7
2 Reichsthaler Reichsmünze zu 200 Oere = $\frac{1}{2}$ Reichsthaler Spec. = $1\frac{1}{3}$ Reichsthaler Banko, gesetzlich 8
1 Reichsthaler Reichsmünze zu 100 Oere = $\frac{1}{4}$ Reichsthaler Spec. = $\frac{2}{3}$ Reichsthaler Banko, gesetzlich 9
$\frac{1}{2}$ Reichsthaler Reichsmünze zu 50 Oere = $\frac{1}{8}$ Reichsthaler Spec. = 16 Schilling Banko, gesetzlich 1
$\frac{1}{4}$ Reichsthaler Reichsmünze zu 25 Oere = $\frac{1}{16}$ Reichsthaler Spec. = 8 Schilling Banko, gesetzlich 2
$\frac{1}{10}$ Reichsthaler Reichsmünze zu 10 Oere = $\frac{1}{40}$ Reichsthaler Spec. = $3\frac{1}{5}$ Schilling Banko, gesetzlich 3

Nach d. Gesetz v. 30. Mai 1873, als Scheidemünze:

2 Kronor-Stück, gesetzlich 4
Krona-Stück, gesetzlich 5
50 Oere-Stück, gesetzlich 6
25 " " " 7
10 " " " 8

Bronzemünzen seit 1873:

5 Oere-Stück, gesetzlich 9
2 " " " 1
1 " " " 2

	Gewicht 1 Stückes	Auf 1 Pfund brut.	Fein-gehalt	Auf 1 Pfund fein	Ein Stück enthält fein Gold	fein Silber	Werth Gold:Silb. = 1:15½ oder 1 Thlr. = 3 M.	
	Gramm	Stück	1000	Stück	Gramm	Gramm	Mark	Pfennig
1	17,0004	29,4111	750	39,2148	. . . .	12,7503	2	29,50
2	8,5002	58,8222	750	78,4295	. . . .	6,3751	1	14,75
3	4,2501	117,6443	750	156,8590	. . . .	3,1875	. . .	57,37
4	2,8334	176,4665	750	235,2886	. . . .	2,1250	. . .	38,25
5	2,1250	235,2886	750	313,7181	. . . .	1,5938	. . .	28,69
6	1,0625	470,5773	750	627,4362	. . . .	0,7969	. . .	14,34
7	34,0008	14,7055	750	19,6074	. . . .	25,5006	4	59,01
8	17,0004	29,4111	750	39,2148	. . . .	12,7503	2	29,50
9	8,5002	58,8222	750	78,4295	. . . .	6,3751	1	14,75
1	4,2501	117,6443	750	156,8590	. . . .	3,1875	. . .	57,38
2	2,1250	235,2886	750	313,7181	. . . .	1,5987	. . .	28,69
3	0,850	588,2216	750	784,2952	. . . .	0,6375	. . .	11,47
4	15	33,3333	800	41,666..	. . . .	12	2	16
5	7,5	66,6666	„	83,333..	. . . .	6	1	08
6	5	100	600	166,666..	. . . .	3	. . .	54
7	2,42	206,6115	„	344,3526	. . . .	1,452	. . .	26,13
8	1,45	344,8276	400	862,0689	. . . .	0,580	. . .	10,44
9	8							
1	4							
2	2							

Schweiz.

Schweiz.

A. Die gesammte Schweiz als helvetische Rupublik. — B. Die gesammte Schweiz seit 1852. — C. Die einzelnen Cantone vor 1852.

A. Schweiz, als helvetische Republik.

Rechnungsart.

Schweizer Frank, Livre de Suisse (nicht zu verwechseln mit dem späteren Frank seit 1852), zu 10 Batzen zu 10 Rappen. — 1 Frank alter Währung wird gleich 1,4597 Frank neuer Währung gerechnet, nach dem Gesetz vom 13. Dezbr. 1850.

Goldmünzen.

Doppel-Pistole zu 32 alten Frank v. J. 1800, nach franz. Probe . 1
Pistole, Dublone (Louisd'or) zu 16 alten Frank v. J. 1800, nach französ. Probe 2
Doppel-Pistole, nach dem Gesetz von 1818 3
Pistole, nach dem Gesetz von 1818 4

Silbermünzen.

40 Batzenstück, Neuthaler, zu 4 Schweiz. Frank v. J. 1798 bis 1801, nach französ. Probe 5
20 Batzenstück, ½ Ecu v. J. 1798, nach französ. Probe 6
10 Batzenstück v. J. 1799, nach französ. Probe 7
5 Batzenstück (½ Frank) v. J. 1799, nach französ. Probe 8

Nach dem Gesetz vom Jahre 1803:

4 Schweiz. Frankstück zu 40 Batzen, gesetzlich 9
2 „ „ „ 20 „ „ 1
1 „ „ „ 10 „ „ 2

5 Batzenstück, ½ Frank, gesetzlich 3
1 Batzen, gesetzlich 4
½ Batzen zu 5 Rappen, gesetzlich 5
Rappen, gesetzlich 6

B. Die gesammte Schweiz seit 1852, in Folge des Münzgesetzes vom 7. Mai 1850.

Rechnungsart.

Frank zu 100 Rappen oder Centimes. — Nach Gesetz v. 7. Mai 1850 (seit 1. Jan. 1852) der Schweizer Frank gleich dem Französ. Frank in Gold und Silber.

	Gewicht 1 Stückes	Auf 1 Pfund brut.	Feingehalt	Auf 1 Pfund fein	Ein Stück enthält fein Gold	Ein Stück enthält fein Silber	Werth Gold:Silb. = 1:15½ oder 1 Thlr. = 3 M.	
	Gramm	Stück	1000	Stück	Gramm	Gramm	Mark	Pfennig
1	15,244	32,7998	901	36,4038	13,7348	. . . .	38	32,01
2	7,595	65,8328	899	73,2289	6,8279	. . . .	19	04,98
3	15,2973	32,6856	900	36,3173	13,7675	. . . .	38	41,13
4	7,6486	65,3711	"	72,6346	6,8838	. . . .	19	20,58
5	29,479	16,9612	899	18,8668	. . . .	26,5016	4	77,03
6	14,71	33,9905	"	37,8092	. . . .	13,2243	2	38,04
7	7,968	62,751	826	75,9698	. . . .	6,5815	1	18,47
8	4,78	104,6025	667	156,8254	. . . .	3,1183	. . .	57,39
9	30,0495	16,6392	900	18,4880	. . . .	27,0446	4	86,80
1	15,0247	33,2785	"	36,9761	. . . .	13,5223	2	43,40
2	7,5123	66,5569	"	73,9521	. . . .	6,7611	1	21,70
3	4,5324	110,3153	666⅔	165,4730	. . . .	3,0216	. . .	54,39
4	2,7194	183,8588	166⅔	1103,1528	. . . .	0,4532	. . .	08,16
5	2,0396	245,1451	93¾	2614,8812	. . . .	0,1912	. . .	03,44
6	0,6798	735,4355	41⅔	17650,452	. . . .	0,0283	. . .	00,51

Schweiz.

Goldmünzen.

20 Frankstück, gesetzlich 1

Silbermünzen.

Nach d. Gesetz v. 7. Mai 1850, seit 1852:

5 Frankstück, gesetzlich 2
2 " " 3
1 " " 4
½ " zu 50 Rappen, gesetzlich 5

Billonmünzen, aus Silber, Kupfer, Zink und Nickel bestehend:

20 Rappenstück, gesetzlich 6
10 " " 7
5 " " 8

Nach d. Bundes-Gesetz v. 31. Januar 1860:

2 Frankstück, gesetzlich } nur bis 1. Jan. 1878 9
1 " " } gültig 1
½ " (50 Centimes), gesetzlich (nur bis 1. Jan. 1869 gültig) 2

Nach d. lateinischen Münzconvention v. 23. Dezbr. 1865:

2 Frankstück, gesetzlich 3
1 " " 4
50 Centimenstück, ½ Frank, gesetzlich 5
20 " ⅕ " " 6

Bronzemünzen. Nach d. Gesetz v. 7. Mai 1850:

2 Rappen 7
1 " 8

C. Die einzelnen Cantone der Schweiz vor 1852.

a. Aargau.

Rechnungsart.

Schweizer Frank zu 10 Batzen zu 10 Rappen.
Gulden zu 15 Batzen zu 4 Kreuzer.

Silbermünzen.

Thaler zu 40 Batzen v. J. 1812, nach deutscher Probe 9
20 Batzenstück, ½ Thaler v. J. 1809, nach schweizer Probe . . . 1
10 " ¼ " " " " " deutscher " . . . 2

5 Batzenstück, ⅛ Thaler, ½ Schweiz. Frank, v. J. 1811, befunden . 3
1 " v. J. 1811, nach deutscher Probe 4
½ " (5 Rappen) v. J. 1811, nach deutscher Probe . . . 5
2 Rappenstück v. J. 1814, nach deutscher Probe 6
1 Rappen nach Verhältniß.

	Gewicht 1 Stückes	Auf 1 Pfund brut.	Feingehalt	Auf 1 Pfund fein	Ein Stück enthält fein Gold	fein Silber	Werth Gold : Silb. = 1 : 15½ oder 1 Thlr. = 3 M.	
	Gramm	Stück	1000	Stück	Gramm	Gramm	Mark	Pfennig
1	6,45161	77,5	900	86,111..	5,8065	. . . .	16	20
2	25	20	900	22,2222..	. . . .	22,5	4	05
3	10	50	"	55,555..	. . . .	9	1	62
4	5	100	"	111,111..	. . . .	4,5	. . .	81
5	2,5	200	"	222,222..	. . . .	2,25	. . .	40,5
6	3,25	153,8461	150	1025,6407	. . . .	0,4875	. . .	08,77
7	2,5	200	100	2000	. . . .	0,25	. . .	04,5
8	1,666	300	50	6000	. . . .	0,0833	. . .	01,5
9	10	50	800	62,5	. . . .	8	1	44
1	5	100	"	125	. . . .	4	. . .	72
2	2,5	200	"	250	. . . .	2	. . .	36
3	10	50	835	59,88025	. . . .	8,35	1	50,3
4	5	100	"	119,7605	. . . .	4,175	. . .	75,15
5	2,5	200	"	239,521	. . . .	2,0875	. . .	37,57
6	1	500	"	598,8025	. . . .	0,835	. . .	15,03
7	2,5							
8	1,5							
9	29,2319	17,1046	903	18,9419	. . . .	26,3965	4	75,13
1	14,5523	34,3588	906	37,9237	. . . .	13,1844	2	37,32
2	7,308	68,4183	903	75,7678	. . . .	6,5991	1	18,78
3	4,1436	120,6664	669	180,3683	. . . .	2,7721	. . .	49,90
4	2,9688	168,4159	168	1002,4756	. . . .	0,4987	. . .	08,98
5	2,0268	246,6908	84	2936,7952	. . . .	0,1702	. . .	03,06
6	1,2560	398,0706	39	10206,9384	. . . .	0,0490	. . .	00,88

Schweiz.

b. Appenzell.

Rechnungsart.

Gulden zu 60 Kreuzer zu 4 Angster; auch Gulden zu 15 Batzen oder zu 50 Schilling.

Silbermünzen.

Neuthaler zu 4 schweizer Frank, v. J. 1812, befunden 1
½ Neuthaler zu 2 schweizer Frank, v. J. 1812, befunden 2
Halber Frank v. J. 1809, befunden 3
Batzen v. J. 1808, nach deutscher Probe 4

c. Basel.

Rechnungsart.

Gulden zu 60 Kreuzer zu 8 Heller oder zu 15 Batzen zu 4 Kreuzer.
Schweizer Frank zu 10 Batzen zu 10 Rappen.
Livre (= 1 schweizer Frank) zu 20 Sols zu 12 Deniers.

Goldmünzen.

Alter Goldgulden, ohne Jahrzahl, nach französ. Probe 5
Alter Dukaten, ohne Jahrzahl, nach französ. Probe 6
Pistole zu 16 schweizer Frank v. J. 1795, nach französ. Probe . . 7
Neue Pistole zu 16 Frank, gesetzlich 8
Neuer Dukaten, gesetzlich 9

Silbermünzen.

Thaler v. J. 1756, nach französ. Probe 1
Thaler zu 2 Gulden oder 30 Batzen v. J. 1763, nach französ. Probe 2
½ Thaler nach Verhältniß.
Neuer Thaler v. J. 1795, nach französ. Probe 3
⅓ Thaler zu 10 Batzen v. J. 1766, nach französ. Probe 4
5 Batzenstück, ⅙ Thaler v. J. 1810, nach deutscher Probe 5
3 Batzenstück v. J. 1809, befunden 6

Batzen v. J. 1810, nach deutscher Probe 7
½ Batzen v. J. 1809, nach deutscher Probe 8
2 Rappenstück v. J. 1810, nach deutscher Probe 9
Rappen v. J. 1810, nach deutscher Probe 1

d. Bern.

Rechnungsart.

Livre de Suisse zu 20 Sols zu 12 Deniers.
Schweizer Frank (1 Livre) zu 10 Batzen zu 10 Rappen.
Gulden (= 1½ schweizer Frank) zu 15 Batzen zu 4 Kreuzer.

	Gewicht 1 Stückes	Auf 1 Pfund brut.	Feingehalt	Auf 1 Pfund fein	Ein Stück enthält fein Gold	fein Silber	Werth Gold:Silb.=1:15½ oder 1 Thlr.=3 M.	
	Gramm	Stück	1000	Stück	Gramm	Gramm	Mark	Pfennig
1	29,9354	16,7026	905	18,4559	....	27,0916	4	87,65
2	14,9811	33,3753	903	36,9605	....	13,5280	2	43,50
3	4,5455	109,9974	676	162,7181	....	3,0728	...	55,31
4	2,6263	190,3804	158	1204,9392	....	0,4149	...	07,47
5	3,187	156,8873	695	225,7372	2,215	....	6	17,98
6	3,187	156,8873	915	171,4616	2,9161	....	8	13,59
7	7,649	65,3680	891	73,3648	6,8153	....	19	01,47
8	7,6486	65,3711	900	72,6346	6,8838	....	19	20,58
9	3,4617	144,4386	986 1/9	146,473	3,4136	....	9	52,39
1	25,814	19,3693	844	22,9495	....	21,7870	3	92,16
2	23,212	21,5406	833	25,8590	....	19,3356	3	48,04
3	25,814	19,3693	840	23,0587	....	21,6838	3	90,31
4	8,658	57,7501	750	77,0001	....	6,4935	1	16,88
5	4,4247	113,0014	665	169,9270	....	2,9424	...	52,96
6	3,9755	125,7700	453	277,6380	....	1,8009	...	32,41
7	2,5692	194,6116	165	1179,4643	....	0,4239	...	07,63
8	1,827	273,6732	87	3145,6690	....	0,1589	...	02,86
9	1,3702	364,8984	36	10136,0666	....	0,0493	...	00,888
1	0,6137	814,6547	36	22629,2972	....	0,0221	...	00,398

Schweiz.

Goldmünzen.

Achtfacher Dukaten v. J. 1796, nach französ. Probe 1
Sechs= und vierfacher Dukaten nach Verhältniß.
Doppel=Dukaten v. J. 1796, nach französ. Probe 2
Doppel=Dukaten v. J. 1796, befunden 3
Dukaten v. J. 1794, zu 8 schweizer Frank, befunden 4
Dukaten, nach französ. Probe 5
Dukaten, ausgemünzt 1814—1830 6
Neuer Dukaten, gesetzlich 7

Doppel=Pistole v. d. J. 1795 u. 1798, nach französ. Probe . . . 8
Doppel=Pistole v. J. 1796, befunden 9
Pistole v. J. 1796, im Durchschnitt nach französ. Proben 1
Pistole, ausgemünzt in der Zeit von 1814—1830 2
Doppel und halbe Pistolen nach Verhältniß.
Neuere Dublone, Pistole zu 16 schweizer Frank, gesetzlich 3

Silbermünzen.

Neuer Thaler (4 schwz. Frank) v. d. J. 1795 u. 1798, n. franz. Probe 4
½ Thaler nach Verhältniß.
10 Batzen oder 1 Frank v. J. 1797, nach französ. Probe 5
5 „ „ ½ „ „ „ 1798, „ „ „ 6
5 „ „ ½ „ „ „ 1810, befunden 7
2½ „ „ ¼ „ „ „ 1797, nach französ. Probe 8
1 „ v. J. 1798, nach deutscher Probe 9
½ „ „ „ 1798, „ „ „ 1

In den Jahren 1814—1830 geprägte Münzen:

Neuthaler oder 4 Frankstück 2
½ Neuthaler oder 2 Frankstück 3
Frank 4

5 Batzenstück 5
10 Kreuzerstück 6
Batzen 7
Halber Batzen 8
Kreuzer 9
Rappen 1

e. Freiburg.

Rechnungsart.

Livre oder schweizer Frank zu 10 Batzen zu 10 Rappen.
Gulden zu 15 Batzen zu 4 Kreuzer.

	Gewicht 1 Stückes	Auf 1 Pfund brut.	Fein-gehalt	Auf 1 Pfund fein	Ein Stück enthält fein Gold	fein Silber	Werth Gold : Silb. = 1 : 15½ oder 1 Thlr. = 3 M.	
	Gramm	Stück	1000	Stück	Gramm	Gramm	Mark	Pfennig
1	27,62	18,1028	977	18,529	26,9847	. . . .	75	28,73
2	6,852	72,9714	977	74,6893	6,6944	. . . .	18	67,74
3	6,8988	72,4764	978	74,1067	6,7470	. . . .	18	82,41
4	3,5078	142,5388	977	145,8944	3,4271	. . . .	9	56,16
5	3,452	144,8435	974	148,71	3,3622	. . . .	9	38,05
6	3,4524	144,8245	979	147,931	3,3800	. . . .	9	43,02
7	3,4904	143,2509	$979\frac{1}{6}$	146,2987	3,4177	. . . .	9	53,54
8	15,244	32,7998	901	36,4038	13,7348	. . . .	38	32,01
9	15,2886	32,704	897	36,4593	13,7139	. . . .	38	26,18
1	7,595	65,8328	901	73,0664	6,8431	. . . .	19	09,22
2	7,6486	65,3716	$902\frac{7}{9}$	72,4116	6,905	. . . .	19	26,49
3	7,6486	65,3716	900	72,6351	6,8837	. . . .	19	20,55
4	29,426	16,9918	903	18,8170	. . . .	26,5717	4	78,29
5	7,968	62,751	833	75,3314	. . . .	6,6373	1	19,47
6	4,09	122,2494	750	162,9992	. . . .	3,0675	. . .	55,21
7	4,5602	109,6446	676	162,1962	. . . .	3,0827	. . .	55,49
8	2,231	224,1147	750	298,8196	. . . .	1,6732	. . .	30,12
9	2,6263	190,3804	165	1153,8206	. . . .	0,4333	. . .	07,80
1	1,8841	265,3798	94	2823,189	. . . .	0,1773	. . .	03,19
2	29,4899	16,9549	905	18,7347	. . . .	26,6883	4	80,39
3	14,7440	33,912	905	37,4718	. . . .	13,3433	2	40,18
4	7,6486	65,3716	838	78,0090	. . . .	6,4095	1	15,37
5	4,5325	110,3138	672	164,1575	. . . .	3,0458	. . .	54,82
6	2,1469	232,8874	755	308,4601	. . . .	1,6210	. . .	29,18
7	2,7194	183,8592	168	1094,4	. . . .	0,4569	. . .	08,22
8	2,0396	245,145	94	2607,9255	. . . .	0,1917	. . .	03,45
9	1,0198	490,29	94	5215,851	. . . .	0,0958	. . .	01,72
1	0,6798	735,435	42	17510,3571	. . . .	0,0285	. . .	00,51

Schweiz.

Silbermünzen.

$\frac{1}{4}$ Thaler v. J. 1797, nach französ. Probe 1
$\frac{1}{8}$ „ „ „ 1798, „ „ „ 2
$\frac{1}{16}$ „ „ „ 1787, „ „ „ 3
$\frac{1}{32}$ „ „ „ 1795, „ „ „ 4

f. Genf.

Rechnungsart.

Livre zu 20 Sols zu 12 Deniers.
Gulden zu 12 Sols zu 12 Deniers, petite monnaie.
Franc (französischer) zu 100 Centimes, seit 1839.

Goldmünzen.

Dreifache Pistole v. J. 1771, nach französ. Probe 5
Pistole v. J. 1762, nach französ. Probe 6
20 Frankstück (nur v. J. 1848), gesetzlich 7
10 Frankstück desgleichen 8

Silbermünzen.

Patagon oder 3 Livres-Thaler v. J. 1723, nach französ. Probe . 9
Halber Livre zu 21 Sols, nach französ. Probe 1
Großer Thaler v. J. 1796, „ „ „ 2
Halber Thaler v. J. 1795, „ „ „ 3
15 Sols-Stück v. J. 1794, „ „ „ 4
6 Sols-Stück v. J. 1795, „ „ „ 5

Von den Jahren 1839 bis 1844:

25 Centimes-Stück, befunden 6
10 „ „ „ 7
5 „ „ „ 8
4 „ „ „ 9
2 „ „ „ 1
1 „ „ „ 2

g. Glarus.

Rechnungsart.

Gulden zu 40 Schilling zu 12 Heller, oder zu 15 Batzen zu 4 Kreuzer.

Silbermünzen.

15 Schilling- oder 45 Rappen-Stück v. J. 1814, befunden . . . 3
3 Schilling- oder 9 Rappen-Stück v. J. 1809, nach deutscher Probe 4

	Gewicht 1 Stückes	Auf 1 Pfund brut.	Fein-gehalt	Auf 1 Pfund fein	Ein Stück enthält fein Gold	fein Silber	Werth Gold: Silb. = 1:15½ oder 1 Thlr. = 3 M.	
	Gramm	Stück	1000	Stück	Gramm	Gramm	Mark	Pfennig
1	10,677	46,8296	681	68,766	. . . .	7,2727	1	30,88
2	4,886	102,3332	674	151,8293	. . . .	3,2932	. . .	59,28
3	2,496	200,3205	715	280,1686	. . . .	1,7846	. . .	32,12
4	1,328	376,506	656	573,9421	. . . .	0,8712	. . .	15,68
5	17,103	29,2346	913	32,0236	15,6150	. . . .	43	56,60
6	5,683	87,9817	909	96,7895	5,1658	. . . .	14	41,26
7	7,642	65,4279	750 G.	87,2372	5,7315	. . . .	15	99,09
			150 S.		. . . .	1,1463	. . .	20,63
8	3,821	130,8558	750 G.	174,4744	2,8657	. . . .	7	99,54
			150 S.		. . . .	0,5731	. . .	10,37
9	27,036	18,4939	840	22,0165	. . . .	22,7102	4	08,78
1	4,78	104,6025	743	140,784	. . . .	3,5515	. . .	63,93
2	30,382	16,4571	868	18,9598	. . . .	26,3716	4	74,69
3	15,08	33,1455	868	38,1861	. . . .	13,0938	2	35,69
4	3,187	156,8873	733	214,0345	. . . .	2,3361	. . .	42,05
5	2,762	181,0282	236	767,0687	. . . .	0,6518	. . .	11,73
6	4	125	250	500	. . . .	2	. . .	18
7	3,1	161,2903	120	1344,0858	. . . .	0,372	. . .	06,69
8	2,05	243,9024	75	3252,032	. . . .	0,1575	. . .	02,77
9	1,85	270,2703	60	4504,505	. . . .	0,1110	. . .	00,2
1	1,4	357,1429	40	8928,5725	. . . .	0,0560	. . .	01,01
2	0,7	714,2858	40	17857,145	. . . .	0,0280	. . .	00,50
3	3,8952	128,3634	650	197,4821	. . . .	2,5319	. . .	45,57
4	2,2266	224,5532	161	1394,7403	. . . .	0,3585	. . .	06,45

Schweiz.

h. Graubündten (Bündten).

Rechnungsart.

Gulden zu 60 Kreuzer oder zu 70 Bluzger.

Silbermünzen.

4 schweiz. Frank-Stück v. J. 1842 (Eidgen. Freischießen), befunden 1
5 Batzen-Stück v. J. 1807, befunden 2
1 Batzen v. J. 1820, nach deutscher Probe 3
½ Batzen v. J. 1807, „ „ „ 4

i. Luzern.

Rechnungsart.

Schweizer Frank zu 10 Batzen zu 10 Rappen.

Goldmünzen.

Doppel-Dukaten v. J. 1714, befunden 5
Pistole v. J. 1794, befunden 6
Pistole v. J. 1794, nach französ. Probe 7
Doppel-Pistole nach Verhältniß.

Silbermünzen.

Neuthaler zu 40 Batzen v. J. 1796, nach schweizer Probe 8
Dergl. v. J. 1814, nach schweizer Probe 9
Schweizer Thaler zu 40 Batzen v. J. 1817, befunden 1
Halber Thaler zu 20 Batzen v. J. 1795, nach französ. Probe . . 2
Gulden zu 40 Schilling v. J 1793, nach engl. Probe 3
5 Batzen-Stück v. J. 1813, befunden 4
1 Batzen v. J. 1813, nach deutscher Probe 5

k. Neuenburg und Valendis.

Rechnungsart.

Livre zu 20 Sols zu 12 Deniers.
Schweizer Frank zu 10 Batzen zu 10 Rappen.

Goldmünzen.

Pistole oder Friedrichd'or (nur von 1713), nach älterer Angabe . . 6
Doppel-Pistole von 1713, nach Verhältniß.

Silbermünzen.

Thaler, écu blanc, nach französ. Probe 7
½ und ¼ Thaler nach Verhältniß.
Kleiner Thaler, petit écu, oder 21 Batzenstück v. d. J. 1796 u. 1799, im Durchschnitt nach französ. Proben 8
14, 10½ und 7 Batzenstück nach Verhältniß.

	Gewicht 1 Stückes	Auf 1 Pfund brut.	Feingehalt	Auf 1 Pfund fein	Ein Stück enthält fein Gold	fein Silber	Werth Gold:Silb. = 1:15½ oder 1 Thlr. = 3 M.	
	Gramm	Stück	1000	Stück	Gramm	Gramm	Mark	Pfennig
1	28,3084	17,6626	885	19,9578	. . . .	25,0529	4	50,95
2	4,794	104,2973	672	155,2043	. . . .	3,2215	. . .	57,99
3	2,5121	199,0353	168	1184,7339	. . . .	0,4220	. . .	07,60
4	1,9126	261,42	91	2872,7472	. . . .	0,1740	. . .	03,13
5	6,8988	72,4764	980	73,9555	6,7608	. . . .	18	96,26
6	7,6149	65,6602	884	74,2762	6,7316	. . . .	18	78,11
7	7,595	65,8328	900	73,1476	6,8355	. . . .	19	07,10
8	29,3199	17,0533	900	18,9481	. . . .	26,3879	4	74,98
9	28,1076	17,7888	903	19,6996	. . . .	25,3812	4	56,86
1	29,4084	17,002	882	19,2766	. . . .	25,9382	4	66,89
2	15,297	32,6861	833	39,2391	. . . .	12,7424	2	29,36
3	7,6456	65,3972	821	79,6556	. . . .	6,2770	1	12,98
4	4,2678	117,1556	676	173,3073	. . . .	2,8848	. . .	51,93
5	2,5121	199,0353	151	1318,1145	. . . .	0,3793	. . .	06,83
6	6,64	75,3012	911	82,6577	6,0490	. . . .	16	87,67
7	27,5124	18,1736	860	21,1321	. . . .	23,6606	4	25,89
8	15,297	32,3430	795	41,1144	. . . .	12,1611	2	18,9

Schweiz.

l. St. Gallen.

Rechnungsart.

Gulden zu 60 Kreuzer zu 4 Heller oder zu 15 Batzen.

Goldmünzen.

Dukaten, gesetzlich 1
Alter Dukaten v. J. 1781, nach französ. Probe 2

Silbermünzen.

Conventions-Speciesthaler zu 2 Gulden, gesetzlich 3
Dergl. v. J. 1780, nach französ. Probe 4
½ Speciesthaler, gesetzlich 5
Dergl. v. J. 1782, nach französ. Probe 6
24 Kreuzerstück, gesetzlich 7
6 „ „ 8

5 Batzenstück oder 20 Kreuzer v. J. 1817, nach deutscher Probe . 9
1 „ v. J. 1814, nach deutscher Probe 1
½ „ „ „ 1813, „ „ „ 2
1 Kreuzerstück v. J. 1813, nach deutscher Probe 3

m. Schaffhausen.

Rechnungsart.

Gulden zu 15 Batzen oder zu 60 Kreuzer zu 4 Heller.

Silbermünzen.

Batzen v. J. 1809, nach deutscher Probe 4
½ Batzen v. J. 1809, nach deutscher Probe 5

n. Schwyz.

Rechnungsart.

Schweizer Frank zu 10 Batzen zu 10 Rappen.
Gulden zu 15 Batzen oder zu 60 Kreuzer zu 4 Heller.
Gulden zu 40 Schilling zu 4 Rappen.

Goldmünzen.

Dukaten v. J. 1781, nach französ. Probe 6

Silbermünzen.

4 Batzenstück v. J. 1811, befunden 7

o. Solothurn.

Rechnungsart.

Schweizer Frank zu 10 Batzen zu 10 Rappen.

	Gewicht 1 Stückes	Auf 1 Pfund brut.	Feingehalt	Auf 1 Pfund fein	Ein Stück enthält fein Gold	fein Silber	Werth Gold : Silb. = 1 : 15½ oder 1 Thlr. = 3 M.	
	Gramm	Stück	1000	Stück	Gramm	Gramm	Mark	Pfennig
1	3,4904	143,2509	979⅙	146,2987	3,4177	. . . .	9	53,54
2	3,399	147,1021	949	155,0075	3,2257	. . . .	8	99,97
3	28,0627	17,8173	833⅓	21,3807	. . . .	23,3856	4	20,94
4	27,779	17,9992	833	21,6077	. . . .	23,1399	4	16,52
5	14,0313	35,6345	833⅓	42,7615	. . . .	11,6928	2	10,47
6	14,023	35,6557	833	42,804	. . . .	11,6811	2	10,26
7	6,6815	74,8325	583⅓	128,2843	. . . .	3,8976	. . .	70,16
8	2,2272	224,4976	437½	513,1372	. . . .	0,9744	. . .	17,54
9	4,4533	112,2766	679	165,3558	. . . .	3,0238	. . .	54,43
1	2,6263	190,3804	158	1204,9392	. . . .	0,4149	. . .	07,47
2	1,7128	291,9174	101	2890,2713	. . . .	0,1730	. . .	03,11
3	0,8564	583,8370	94	6211,0319	. . . .	0,0805	. . .	01,45
4	2,1553	231,9872	172	1348,7628	. . . .	0,3707	. . .	06,67
5	2,0268	246,6908	94	2624,3702	. . . .	0,1905	. . .	03,43
6	3,452	144,8435	938	154,4174	3,2380	. . . .	9	03,40
7	4,9840	100,3205	499	201,0431	. . . .	2,4873	. . .	44,77

Schweiz.

Goldmünzen.

Dukaten v. J. 1768 1
Pistole, Dublone von 1787 und 1798, nach französ. Probe . . . 2
Doppel- und halbe Pistole nach Verhältniß.
Doppel-Pistole v. J. 1798, befunden 3
Pistole v. J. 1797, befunden 4
Halbe Pistole v. J. 1813, befunden 5
Neue Pistole, gesetzlich 6

Silbermünzen.

Neuthaler oder 4 Frankstück v. J. 1813, befunden 7
20 Batzenstück v. J. 1798, nach französ. Probe 8
Dergl. v. J. 1798, nach schweizer Probe 9
10 Batzenstück v. J. 1778, nach französ. Probe 1
5 Batzenstück, nach älteren Angaben 2
1 Batzenstück v. J. 1811, nach deutscher Probe 3

p. Tessin.

Rechnungsart.

Lira zu 20 Soldi zu 4 Quattrini oder zu 12 Denari.

Silbermünzen.

1 Franko (= 2 Lire di cassa, Mailänder, = $2\frac{2}{5}$ Lire cantonali) oder $\frac{1}{4}$ Neuthaler v. J. 1813, befunden 4
$\frac{1}{2}$ Franko nach Verhältniß.

q. Thurgau.

Rechnungsart.

Gulden zu 60 Kreuzer zu 4 Angster.
Schweizer Frank zu 10 Batzen zu 10 Rappen.

Silbermünzen.

5 Batzenstück, $\frac{1}{8}$ Neuthaler, v. J. 1808, nach deutscher Probe . . 5
1 Batzen v. J. 1808, nach deutscher Probe 6
$\frac{1}{2}$ " " " " " 7
1 Kreuzer v. J. 1808, nach deutscher Probe 8

r. Unterwalden.

Rechnungsart.

Gulden zu 40 Schilling zu 6 Angster zu 2 Heller.
Gulden zu 15 Batzen zu 4 Kreuzer.

Silbermünzen.

5 Batzenstück v. J. 1812, befunden 9

	Gewicht 1 Stückes	Auf 1 Pfund brut.	Feingehalt	Auf 1 Pfund fein	Ein Stück enthält fein Gold	Ein Stück enthält fein Silber	Werth Gold:Silb. = 1:15½ oder 1 Thlr. = 3 M.	
	Gramm	Stück	1000	Stück	Gramm	Gramm	Mark	Pfennig
1	3,452	144,8435	979	147,9505	3,3795	. . . .	9	42,88
2	7,649	65,3680	898	72,7929	6,8688	. . . .	19	16,39
3	15,2448	32,7980	898	36,5234	13,6898	. . . .	38	19,45
4	7,5711	66,0408	896	73,7062	6,7837	. . . .	18	92,65
5	3,8586	129,58	897	144,4593	3,4612	. . . .	9	65,67
6	7,6486	65,3711	900	72,6346	6,8838	. . . .	19	20,58
7	29,6884	16,8416	908	18,5480	. . . .	26,9570	4	85,23
8	15,138	33,0295	833	39,6512	. . . .	12,6099	2	26,98
9	15,1903	32,9156	840	39,1853	. . . .	12,7598	2	29,68
1	7,861	63,6051	833	76,3567	. . . .	6,5482	1	17,87
2	4,2519	117,5940	750	156,7920	. . . .	3,1880	. . .	57,40
3	2,6263	190,3804	165	1153,8182	. . . .	0,4333	. . .	07,8
4	7,4833	66,8147	908	73,5845	. . . .	6,7948	1	22,31
5	4,4961	111,2076	677	164,2652	. . . .	3,0438	. . .	54,79
6	2,5406	196,7989	146	1347,9376	. . . .	0,3709	. . .	06,68
7	1,9126	261,42	82	3188,0488	. . . .	0,1568	. . .	02,82
8	0,9706	515,1492	79	6520,8759	. . . .	0,0767	. . .	01,38
9	4,55	109,8901	666	164,7000	. . . .	3,0403	. . .	54,72

Schweiz.

s. Uri.

Rechnungsart.

Gulden zu 40 Schilling zu 6 Angster zu 2 Heller.
Gulden zu 15 Batzen zu 4 Kreuzer.

Goldmünzen.

Dukaten v. J. 1720, nach französ. Probe 1

t. Waadt.

Rechnungsart.

Schweizer Frank zu 10 Batzen zu 10 Rappen.

Silbermünzen.

1 Batzen von 1817 u. 1818, befunden 2
½ Batzen v. J. 1810, nach deutscher Probe 3

u. Wallis.

Rechnungsart.

Schweizer Frank zu 10 Batzen zu 10 Rappen.

v. Zug.

Rechnungsart.

Gulden zu 40 Schilling zu 6 Angster zu 2 Heller; oder zu 15 Batzen zu 4 Kreuzer.

w. Zürich.

Rechnungsart.

Gulden zu 40 Schilling zu 12 Heller; oder zu 60 Kreuzer zu 8 Heller.
Schweizer Frank zu 10 Batzen zu 10 Rappen.

Goldmünzen.

Dukaten von 1775 u. 1776, nach mehreren Proben 4
Doppel- und halbe Dukaten nach Verhältniß.

Silbermünzen.

Thaler von 1773 u. 1776, nach französ. Proben 5
Halber Thaler nach Verhältniß.
Thaler von 1790 u. 1794, nach französ. Proben 6
½ Thaler oder Gulden von 1786, nach französ. Proben 7
Neu-Thaler zu 40 Batzen v. J. 1813, nach deutscher Probe . . . 8
½ Gulden zu 20 Schilling v. J. 1780, nach französ. Probe . . . 9
½ " " " " " " 1798, " " " . . . 1
Dergl. zu 8 Batzen v. J. 1810, nach deutscher Probe 2
10 Schillingstück oder 4 Batzen v. J. 1811, nach deutscher Probe . 3

	Gewicht 1 Stückes	Auf 1 Pfund brut.	Fein-gehalt	Auf 1 Pfund fein	Ein Stück enthält fein Gold	Ein Stück enthält fein Silber	Werth Gold : Silb. = 1 : 15½ oder 1 Thlr. = 3 M.	
	Gramm	Stück	1000	Stück	Gramm	Gramm	Mark	Pfennig
1	3,399	147,1021	967	152,1221	3,2868	. . . .	9	17,02
2	2,5285	197,7418	158	1251,5304	. . . .	0,3995	. . .	07,19
3	2,0553	243,2655	84	2896,0178	. . . .	0,1726	. . .	03,11
4	3,452	144,8435	979	147,0505	3,3795	. . . .	9	42,88
5	26,558	18,8267	847	22,2275	. . . .	22,4946	4	04,90
6	25,283	19,7761	844	23,4314	. . . .	21,3389	3	84,10
7	12,748	39,2218	840	46,6927	. . . .	10,7083	1	92,75
8	29,3751	17,0212	880	19,3423	. . . .	25,8500	4	65,30
9	7,424	67,3493	750	89,7990	. . . .	5,5680	1	00,22
1	7,436	67,2404	719	93,5194	. . . .	5,3465	. . .	96,24
2	7,365	67,8881	690	98,3885	. . . .	5,0818	. . .	91,47
3	4,6817	106,7988	510	209,4095	. . . .	2,3876	. . .	42,98

Serbien. Sicilien.

Serbien.

Rechnungsart.

Dinar zu 100 Para. — Nach Gesetz v. 30. Novbr. 1873 der Dinar = dem französ. Frank nach der lateinischen Münz-Convention v. 23. Dezbr. 1865.

Früher: Piaster oder Grusch zu 40 Para. In Ermangelung eigener Landesmünze 1 Oesterr. Conv.-Thaler = 24 Piaster oder 4 Piaster = 20 Kreuzer Oesterr.

Silbermünzen.

Nach Gesetz v. 30. Novbr. 1873:

2 Dinar-Stück, gesetzlich 1
1 „ „ „ 2
½ „ „ 50 Para, gesetzlich 3

Kupfermünzen.

Nach Gesetz v. 15. März 1868:

10 Para.
5 „
1 „

Sicilien (Königreich beider).

Rechnungsart.

Seit 1861 Italien. — Von 1818--1861 Ducato oder Ducato de Regno (Silber-Dukaten) zu 10 Carlini zu 10 Grani (Grana) zu 10 Cavalli (1 Grano = 2 Tornesi. — 5 neapolit. Tari = 1 Ducato). — Auf Sicilien: Ducato zu 100 Bajocchi (= 100 neapolit. Grani) zu 10 Piccioli (= neapolit. Cavalli) oder Ducato zu 10 sicil. Tari zu 2 sicil. Carlini. — 1 neapol. Taro, Carlino, Grana, Picciolo = 2 sicil. Tari, Carlini, Grani, Piccioli. — Nach Gesetz v. 20. April 1818 ein Ducato = 515 Asini Silber von 833⅓ Tausendtheil Feingehalt.

Auf der Insel Sicilien vor 1818:

Oncia zu 30 Tari = 20 sicil. Grani. — 1 Oncia = 2½ Scudi = 3 Ducati = 5 Fiorini = 6 Patacche (Patacca) = 30 Tari = 60 Carlini = 300 Bajocchi = 450 Ponti = 600 Grana. — 1 sicil. Grano = 1 neapolit. Tornese.

Goldmünzen.

Aeltere Münzen von Neapel:

6 Ducati-Stück von 1767, nach französ. Probe 4
6 „ „ „ 1768 u. 1772, nach französ. Probe 5

	Gewicht 1 Stückes	Auf 1 Pfund brut.	Fein-gehalt	Auf 1 Pfund fein	Ein Stück enthält fein Gold	fein Silber	Werth Gold : Silb. = 1 : 15½ oder 1 Thlr. = 3 M.	
	Gramm	Stück	1000	Stück	Gramm	Gramm	Mark	Pfennig
1	10	50	835	59,8802	. . . .	8,35	1	50,3
2	5	100	"	119,7605	. . . .	4,175	. . .	75,15
3	2,5	200	"	239,5210	. . . .	2,0875	. . .	37,57
4	8,818	56,7022	845	67,1032	7,4512	. . . .	20	78,88
5	8,764	57,0516	846	67,4368	7,4143	. . . .	20	68,59

Sicilien.

Goldmünzen.

6 Ducati-Stück von 1783, nach französ. Probe 1
4 „ „ „ 1767 u. 1770, nach französ. Probe 2
2 „ „ „ 1762, nach französ. Probe 3

Unter König Joachim 1809—1813:

40 Lire-Stück, gesetzlich 4
20 „ „ „ 5

Aeltere Münzen von der Insel Sicilien:

Doppel-Oncia v. J. 1753, nach französ. Probe 6
Dergleichen v. J. 1758, nach engl. Probe 7
Oncia von 1734 u. 1741, nach französ. Probe 8
Dergleichen von 1751, „ „ „ 9

Neuere Münzen des gesammten Königreichs, nach dem Gesetz vom 20. April 1818:

10 Oncette-Stück zu 30 Ducati, gesetzlich 1
Dergleichen, nach österr. Probe 2
5 Oncette-Stück zu 15 Ducati, gesetzlich 3
Dergleichen, nach österr. Probe 4
2 Oncette-Stück zu 6 Ducati, gesetzlich 5

Oncetta zu 3 Ducati, gesetzlich 6
Dergleichen v. J. 1818, nach engl. Probe 7
Dergleichen, nach österr. Probe 8

Silbermünzen.

Aeltere Münzen von Neapel:

Ducato zu 100 Grani v. 1784, nach französ. Probe 9
½ „ „ 50 „ „ „ „ „ „ 1

Scudo, zu 12 Carlini oder 120 Grani v. 1786 u. 1796, n. franz. Probe 2
Dergleichen von 1791, nach französ. Probe 3
„ „ 1805, „ engl. „ 4
„ „ 1807, „ schweizer „ 5
½ Scudo, 6 Carlini oder 60 Grani v. 1796, nach französ. Probe . 6

Unter König Joachim 1809—1813:

5 Lire-Stück, gesetzlich 7
1 Lira-Stück, „ 8
⅖ und ½ Lira nach Verhältniß.

Aeltere Münzen der Insel Sicilien:

12 Tari-Stück von 1785 u. 1798, nach französ. Probe 9
6 „ „ „ „ nach französ. Probe 1
40 Grani-Stück von 1785, nach französ. Probe 2

	Gewicht 1 Stückes	Auf 1 Pfund brut.	Fein-gehalt	Auf 1 Pfund fein	Ein Stück enthält fein Gold	fein Silber	Werth Gold : Silb. = 1 : 15½ oder 1 Thlr. = 3 M.	
	Gramm	Stück	1000	Stück	Gramm	Gramm	Mark	Pfennig
1	8,818	56,7022	893	63,4963	7,8745	. . . .	21	96,98
2	5,895	84,8176	846	100,2573	4,9872	. . . .	13	91,43
3	2,868	174,3376	„	206,0727	2,4263	. . . .	6	76,94
4	12,9032	38,75	900	43,0555	11,6129	. . . .	32	40
5	6,4516	77,5	„	86,1111	5,8065	. . . .	16	20
6	8,871	56,3634	855	65,9221	7,5847	. . . .	21	16,13
7	8,8763	56,3297	854	65,9598	7,5804	. . . .	21	14,93
8	4,408	113,4301	892	127,0214	3,9363	. . . .	10	98,23
9	4,408	113,4301	859	132,049	3,7865	. . . .	10	56,43
1	37,8674	13,20398	996	13,2570	37,7159	. . . .	105	22,74
2	37,7673	13,2389	995	13,3055	37,5785	. . . .	104	84,40
3	18,9337	26,40795	996	26,5140	18,8580	. . . .	52	61,37
4	18,8593	26,5121	995	26,6453	18,7650	. . . .	52	35,43
5	7,5735	66,0199	996	66,2850	7,5432	. . . .	21	04,55
6	3,7867	132,0398	996	132,5700	3,7716	. . . .	10	52,27
7	3,7742	132,4792	994	133,2789	3,7505	. . . .	10	46,39
8	3,7703	132,6139	995	133,2803	3,7515	. . . .	10	46,67
9	22,733	21,9972	840	26,1839	. . . .	19,0957	3	43,72
1	11,314	44,1930	„	52,6108	. . . .	9,5037	1	71,07
2	27,514	18,1726	833	21,8158	. . . .	22,9192	4	12,54
3	27,407	18,2435	840	21,7185	. . . .	23,0219	4	14,39
4	27,6196	18,1031	833	21,7324	. . . .	23,0071	4	14,13
5	27,5124	18,1736	„	21,8171	. . . .	22,9178	4	12,52
6	13,757	36,3451	„	43,6316	. . . .	11,4596	2	06,27
7	25	20	900	22,2222	. . . .	22,5	4	05
8	5	100	„	111,1111	. . . .	4,5	. . .	81
9	27,301	18,3144	826	22,1723	. . . .	22,5506	4	05,91
1	13,598	36,7701	830	44,3014	. . . .	11,2863	2	03,15
2	9,136	54,7285	833	65,7005	. . . .	7,6103	1	36,98

Sicilien. Spanien.

Silbermünzen.

Neuere Münzen des gesammten Königreichs, nach dem Gesetz vom 20. April 1818:

Scudo, Piaster, zu 12 Carlini oder 120 Grani, gesetzlich 1
Dergleichen von Neapel, nach österr. Probe. 2
Dergleichen von Sicilien, nach österr. Probe 3

Ducato (di Regno) zu 10 Carlini oder 100 Grani, gesetzlich . . 4
Dergleichen von 1818, nach engl. Probe 5
½ Scudo zu 6 Carlini oder 60 Grani, gesetzlich 6
Dergleichen von Neapel von 1826, nach österr. Probe 7
Dergleichen von Sicilien, nach österr. Probe 8

2 Carlini-Stück zu 20 Grani, gesetzlich 9
Carlino zu 10 Grani, gesetzlich. 1

Kupfermünzen.

10 Tornesi = 5 neap. Grani, 5 sic. Bajocchi, 10 sic. Grani, ges. 2
5 Tornesi (cinquina), 2½ neap. Grani, 2½ sic. Bajocchi, 5 sic. Grani, gesetzlich 3
3 Tornesi, gesetzlich 4
2 Tornesi, 1 neap. Grano, 1 sic. Bajocco, 2 sic. Grani, gesetzlich 5
1½ Tornese, gesetzlich 6
1 Tornese, ½ neap. Grano, ½ sic. Bajocco, 1 sic. Grano, gesetzlich 7
Mezzo Tornese, gesetzlich 8

Spanien.

Rechnungsart.

Peseta zu 100 Centimos. — Seit Anfang 1871 nach Gesetz v. 19. Oktbr. 1868 in allen span. Besitzungen 1 Peseta = 4 Reales = 1 französ. Frank, nach der lateinischen Münzconvention v. 23. Dezbr. 1865.

Vorher: Escudo zu 10 Reales zu 10 Centimos (oder Decimas) zu 10 Millesimas. — 10 Escudo = 1 Doblon de Isabel. — Nach Gesetz v. 26. Juni 1864 soll 1 Escudo 12,98 Gramm Silber von $\frac{9}{10}$ Feingehalt wiegen. — Nach Gesetz v. 15. Apr. 1848 u. 3. Febr. 1854 wird 1 castil. Mark $\frac{9}{10}$ feines Silber zu 175 Reales ausgebracht.

Im Handel: Duro zu 20 Reales zu 10 Decimas oder zu 100 Centimos. — Real = 34 Maravedis (de vellon). 1 alter Peseta entspricht im Werthe 1,05 neuen Peseta oder Frank.

	Gewicht 1 Stückes	Auf 1 Pfund brut.	Fein-gehalt	Auf 1 Pfund fein	Ein Stück enthält fein Gold	Ein Stück enthält fein Silber	Werth Gold : Silb. = 1 : 15½ oder 1 Thlr. = 3 M.	
	Gramm	Stück	1000	Stück	Gramm	Gramm	Mark	Pfennig
1	27,5318	18,1608	833⅓	21,793	. . . .	22,9431	4	12,98
2	27,2527	18,3468	833	22,025	. . . .	22,7015	4	08,63
3	27,5935	18,1202	826	21,9372	. . . .	22,7923	4	10,26
4	22,9431	21,793	833⅓	26,1516	. . . .	19,1193	3	44,15
5	22,9360	21,7998	833	26,1702	. . . .	19,1057	3	43,90
6	13,7659	36,3216	833⅓	43,5859	. . . .	11,4716	2	06,49
7	13,6255	36,9957	833	44,0525	. . . .	11,3501	2	04,30
8	13,7627	36,3301	830	43,7712	. . . .	11,4230	2	05,61
9	4,5886	108,9648	833⅓	130,7578	. . . .	3,8239	. . .	68,83
1	2,2943	217,9297	„	261,5157	. . . .	1,9119	. . .	34,41
2	31,1848							
3	15,5924							
4	9,3554							
5	6,2369							
6	4,6777							
7	3,1184							
8	1,5592							

Spanien.

Rechnungsart.

Früher: Peso duro, Piaster, zu 8 Reales de plata mexicana oder zu 20 Reales de vellon (Kupfer Realen). — Pezeta = $\frac{1}{5}$ Piaster = 4 Reales de vellon. — Pezeta columnaria = $\frac{1}{4}$ Piaster = 5 Reales de vellon.

Real de plata mexicana zu 34 Maravedis oder zu 16 Cuartos zu 2 Ochavos.

Real de plata antiguo zu 34 Maravedis. (In Silber nicht geprägter Real) — 17 Reales de plata antiguos = 32 Reales de vellon.

Real de plata nueva zu 34 Maravedis.

Real de vellon (Kupfer-Real) zu 34 Maravedis zu 10 castilischen Dineros.

Doblon de Cambio zu 32 Reales de plata antiguos.

Ducado de Cambio zu 375 Maravedis de plata antiguos.

Peso de Cambio zu 8 Reales de plata antiguos.

Goldmünzen.

Aeltere Münzen von 1730–1772:

Onza de oro, Quadruple, vierfache Pistole, gesetzlich 1
Dergleichen von 1756–1762, nach französ. Probe 2
„ „ 1740, 1751, 1756, 1761 u. 1767, n. franz. Probe 3
„ „ 1772, nach engl. Proben 4

Doppel-Pistole, $\frac{1}{2}$ Onza de oro, gesetzlich 5
Pistole, $\frac{1}{4}$ Onza de oro, zu 2 Escudo de oro, gesetzlich 6
Dergleichen, nach gewöhnlicher Annahme 7
$\frac{1}{2}$ Pistole, Escudo de oro, nach Verhältniß.
Escudillo de oro, Goldpiaster, $\frac{1}{4}$ Pistole, Veinteno, n. franz. Probe 8

Nach d. Gesetz v. 29. Mai 1772 bis 1786:

Onza de oro, Quadruple, vierfache Pistole, gesetzlich 9
Dergleichen v. J. 1785, nach französ. Probe 1
„ „ „ 1772, nach engl. Probe 2
$\frac{1}{2}$ Onza de oro, Doppel-Pistole, nach Verhältniß.
Pistole, $\frac{1}{4}$ Onza de oro, 2 Escudo de oro, gesetzlich 3
$\frac{1}{2}$ Pistole nach Verhältniß.
Escudillo de oro, $\frac{1}{4}$ Pistole, Goldpiaster, v. 1772, n. engl. Probe 4

Münzen von 1786–1848:

Onza de oro, Quadruple, vierfache Pistole, Doblon de á ocho (Goldstück von acht Escudos de oro), Medalla, gesetzlich . 5
Dergleichen von 1790, 1791 u. 1792, nach französ. Probe . . 6
„ „ 1793, nach französ. Probe 7

	Gewicht 1 Stückes	Auf 1 Pfund brut.	Fein-gehalt	Auf 1 Pfund fein	Ein Stück enthält fein Gold	fein Silber	Werth Gold:Silb. = 1:15½ oder 1 Thlr. = 3 M. Mark	Pfennig
	Gramm	Stück	1000	Stück	Gramm	Gramm	Mark	Pfennig
1	27,0643	18,4745	$916\frac{2}{3}$	20,1540	24,8089	. . . .	69	21,68
2	26,982	18,5309	917	20,2032	24,7425	. . . .	69	02,16
3	26,982	18,5309	909	20,386	24,5266	. . . .	68	42,92
4	26,986	18,5279	901	20,5637	24,3147	. . . .	67	83,80
5	13,5321	36,9490	$916\frac{2}{3}$	40,3080	12,4044	. . . .	34	60,84
6	6,7660	73,8981	"	80,6161	6,2022	. . . .	17	30,42
7	6,7457	74,1206	906	81,8108	6,1117	. . . .	17	05,16
8	1,753	285,2253	896	318,3318	1,5707	. . . .	4	38,05
9	27,0643	18,4745	$895\frac{5}{6}$	20,6227	24,2451	. . . .	67	64,38
1	26,982	18,5309	893	20,7513	24,0949	. . . .	67	22,78
2	26,986	18,5279	"	20,7479	24,0988	. . . .	67	23,56
3	6,7660	73,8931	$895\frac{5}{6}$	82,4909	6,0612	. . . .	16	91,07
4	1,7493	285,8175	885	322,9576	1,5482	. . . .	4	31,95
5	27,0643	18,4745	875	21,1137	23,6813	. . . .	66	07,08
6	26,982	18,5309	868	21,3489	23,4204	. . . .	65	34,29
7	26,982	18,5309	855	21,6735	23,0696	. . . .	64	36,42

Spanien.

Goldmünzen.

Dergleichen von 1801, nach engl. Probe 1
„ „ 1812, befunden 2

$\frac{1}{2}$ Onza de oro, Doblon de á cuarto (4 Escudos), gesetzlich . 3
$\frac{1}{4}$ „ „ „ Doppia, Pistole zu 2 Escudos de oro oder 4 Piaster, gesetzlich 4
$\frac{1}{8}$ Onza de oro, Escudo de oro, zu 2 Piaster, gesetzlich . . . 5
$\frac{1}{16}$ „ „ „ Veinteno, Escudillo de oro, Coronilla, Peso duro de oro, Goldpiaster, gesetzlich 6

Nach dem Gesetz v. 15. April 1848:

Doblon de Isabel zu 100 Reales (5 Duros), gesetzlich 7

Nach Gesetz v. 19. August 1853, Dekret v. 3. Februar 1854, 31. Januar 1861 u. 26. Juni 1864:

Doblon de Isabel, Isabellino zu 100 Reales oder 10 Escudos, gesetzlich 8
Cuarentin zu 40 Reales oder 4 Escudos, gesetzlich 9
Veinten zu 20 Reales oder 2 Escudos, gesetzlich 1

Nach dem Gesetz v. 19. Oktbr. 1868:

20 Pesetas-Stück (= 20 Francs), gesetzlich 2
10 „ „ gesetzlich 3
5 „ „ „ 4
100, 50 Peseta-Stück nach Verhältniß.

Silbermünzen.

Aeltere Münzen von 1707—1772:

Peso duro, Peso fuerte oder Piaster zu 8 Reales de Plata mexic., gesetzlich 5
$\frac{1}{2}$, $\frac{1}{4}$, $\frac{1}{8}$ und $\frac{1}{16}$ Piaster nach Verhältniß.
Piaster mit 2 Globen von 1740 u. 1765, nach franz. Proben . . 6
$\frac{1}{2}$ und $\frac{1}{4}$ Piaster nach Verhältniß.
Peruanischer Piaster von 1744, befunden 7
Real, $\frac{1}{8}$ Piaster, nach französ. Probe 8
2 Reales nach Verhältniß.

Aeltere Provinzialmünzen seit 1707:

Pezeta provincial zu 2 Reales de plata provinciales, zu 4 Reales de Vell., $\frac{1}{5}$ Piaster, gesetzlich 9
Dergleichen von 1770, nach französ. Probe 1
$\frac{1}{2}$ Pezeta provinc., Real de Plata nueva zu 2 Reales de Vell., $\frac{1}{10}$ Piaster, gesetzlich 2
$\frac{1}{4}$ Pezeta prov., oder 1 Real de Vellon, gesetzlich 3

	Gewicht 1 Stückes	Auf 1 Pfund brut.	Feingehalt	Auf 1 Pfund fein	Ein Stück enthält fein Gold	fein Silber	Werth Gold : Silb. = 1 : 15½ oder 1 Thlr. = 3 M.	
	Gramm	Stück	1000	Stück	Gramm	Gramm	Mark	Pfennig
1	27,019	18,5054	864	21,4183	23,3445	. . . .	65	13,11
2	27,1168	18,4387	861	21,4155	23,3475	. . . .	65	13,95
3	13,5321	36,9490	875	42,2275	11,8406	. . . .	33	03,53
4	6,7660	73,8981	875	84,455	5,9203	. . . .	16	51,76
5	3,383	147,7962	"	168,9099	2,9601	. . . .	8	25,88
6	1,7473	286,1534	$848\frac{2}{2}\frac{3}{4}$	337,0641	1,4834	. . . .	4	13,87
7	8,335	59,9879	900	66,6532	7,5015	. . . .	20	92,92
8	8,3871	59,6184	900	66,2315	7,5484	. . . .	21	06,00
9	3,3548	149,0459	"	165,6066	3,0193	. . . .	8	42,40
1	1,6774	298,0919	"	331,2133	1,5097	. . . .	4	21,20
2	6,4516	77,5	900	86,1111	5,8065	. . . .	16	20
3	3,2258	155	"	172,2222	2,9032	. . . .	8	10
4	1,6129	310	"	344,4444	1,4516	. . . .	4	05
5	27,0643	18,4745	916⅔	20,1540	. . . .	24,8089	4	46,56
6	26,982	18,5309	906	20,4535	. . . .	24,4457	4	40,02
7	26,8398	18,6290	902	20,6530	. . . .	24,2096	4	35,77
8	3,346	149,4322	906	164,9361	. . . .	3,0315	. . .	54,57
9	6,1345	81,5051	833⅓	97,8061	. . . .	5,1121	. . .	92,02
1	5,842	85,5871	813	105,2732	. . . .	4,7495	. . .	85,49
2	3,0673	163,0102	833⅓	195,6122	. . . .	2,5561	. . .	46,01
3	1,5336	326,0204	"	391,2245	. . . .	1,2780	. . .	23

Spanien.

Silbermünzen.

Münzen nach d. Gesetz v. 29. Mai 1772:

Piaster, Peso duro (fuerte) zu 8 Reales de Plata mexicana oder zu 20 Reales de Vellon, gesetzlich 1
Dergleichen Piaster beim Einschmelzen in großen Summen durchschnittlich befunden 2
Dergleichen von 1778, 1788, 1798, 1800 u. 1801, n. franz. Proben 3
Dergleichen aus neuerer Zeit, nach engl. Proben 4

$\frac{1}{2}$ Piaster, Escudo zu 4 Reales de Plata, oder 10 Real de Vell., gesetzlich 5
$\frac{1}{4}$ Piaster, Pezeta columnaria (mexicana) zu 2 Reales de Plata oder zu 5 Reales de Vellon, gesetzlich 6
Dergleichen von 1724, nach französ. Probe. 7
$\frac{1}{8}$ Piaster, $\frac{1}{2}$ Pezeta columnaria, zu 1 Real de Plata oder $2\frac{1}{2}$ Reales de Vellon, gesetzlich 8
Dergleichen von 1775, nach französ. Probe. 9
$\frac{1}{16}$ Piaster, $\frac{1}{4}$ Pezeta columnar zu $\frac{1}{2}$ Real de Plata oder $\frac{1}{4}$ Real de Vellon, gesetzlich. 1
$\frac{1}{32}$ Piaster oder $\frac{1}{8}$ Pezeta nach Verhältniß.

Provinzialmünzen, nach 1772:

Pezeta provincial, $\frac{1}{5}$ Piaster, 4 Reales de Vell., gesetzlich 2
Dergleichen, nach französ. Probe 3
$\frac{1}{2}$ Pezeta provincial, $\frac{1}{10}$ Piaster, 2 Reales de Vell. oder 1 Real de Plata nueva, gesetzlich 4
Dergleichen, nach französ. Probe 5
$\frac{1}{4}$ Pezeta provincial, $\frac{1}{20}$ Piaster, 1 Real de Vell., gesetzl. 6
Dergleichen, nach französ. Probe 7

Münzen nach Gesetz v. 15. Apr. 1848:

Duro zu 20 Reales, gesetzlich 8
$\frac{1}{2}$ Duro, Escudo zu 10 Reales, gesetzlich 9
Pezeta, zu 4 Reales, gesetzlich. 1
Media Pezeta zu 2 Reales, gesetzlich. 2
Real, gesetzlich. 3

Nach Gesetzen v. 19. Aug. 1853, 3. Febr. 1854 u. 31. Jan. 1861:

Duro zu 20 Reales, gesetzlich 4
Escudo „ 10 „ „ 5
Pezeta „ 4 „ „ 6
$\frac{1}{2}$ „ „ 2 „ „ 7
Real, gesetzlich. 8

	Gewicht 1 Stückes	Auf 1 Pfund brut.	Fein-gehalt	Auf 1 Pfund fein	Ein Stück enthält fein Gold	fein Silber	Werth Gold : Silb. = 1 : 15½ oder 1 Thlr. = 3 M.	
	Gramm	Stück	1000	Stück	Gramm	Gramm	Mark	Pfennig
1	27,0643	18,4745	902 7/9	20,4641	. . . .	24,4330	4	39,79
2	26,9833	18,53	900	20,5888	. . . .	24,2850	4	37,13
3	26,982	18,5309	896	20,6818	. . . .	24,1758	4	35,16
4	26,9543	18,5499	892	20,7959	. . . .	24,0432	4	32,78
5	13,5321	36,9491	902 7/9	40,9282	. . . .	12,2165	2	19,90
6	6,7661	73,8981	902 7/9	81,8564	. . . .	6,1082	1	09,95
7	6,745	74,129	892	83,1042	. . . .	6,0165	1	08,30
8	3,3830	147,7962	902 7/9	163,7127	. . . .	3,0541	. . .	54,97
9	3,346	149,4322	892	167,5248	. . . .	2,9846	. . .	53,72
1	1,6915	295,5925	902 7/9	327,4252	. . . .	1,5271	. . .	27,49
2	5,9752	83,6787	812½	102,9892	. . . .	4,8549	. . .	87,39
3	5,736	87,1612	802	108,6798	. . . .	4,6113	. . .	82,81
4	2,9876	167,3575	812½	205,9784	. . . .	2,4274	. . .	43,69
5	2,921	171,1742	802	213,4342	. . . .	2,3426	. . .	42,17
6	1,4938	334,7149	812½	411,9568	. . . .	1,2137	. . .	21,85
7	1,487	336,2495	802	419,2612	. . . .	1,1926	. . .	21,46
8	26,2910	19,0179	900	21,131	. . . .	23,6619	4	25,91
9	13,1455	38,0358	"	42,262	. . . .	11,8309	2	12,96
1	5,2582	95,0895	"	105,655	. . . .	4,7324	. . .	85,18
2	2,6291	190,179	"	211,31	. . . .	2,3662	. . .	42,59
3	1,3141	380,3579	"	422,62	. . . .	1,1831	. . .	21,29
4	25,9601	19,2603	900	21,4003	. . . .	23,3641	4	20,55
5	12,9800	38,5207	"	42,8007	. . . .	11,6820	2	10,28
6	5,1920	96,3016	"	107,0017	. . . .	4,6728	. . .	84,11
7	2,5960	192,6032	"	214,0035	. . . .	2,3364	. . .	42,06
8	1,2980	385,2064	"	428,0070	. . . .	1,1682	. . .	21,03

Spanien. Südamerikanische Freistaaten. Argentina.

Silbermünzen.

Nach d. Gesetz v. 26. Juni 1864:

Duro zu 2 Escudos, gesetzlich 1
Escudo, ½ Duro, gesetzlich 2

Scheidemünze:

Pezeta zu 4 Reales, gesetzlich 3
Media Pezeta zu 2 Reales, gesetzlich 4
Real, gesetzlich 5

Nach d. Gesetz v. 19. Oktbr. 1868:

5 Pezeta, gesetzlich (seit 1869 nach d. lat. Münzconvention) . . . 6
2 " " 7
1 " " 8
50 Centimos, gesetzlich 9
20 " " 1

Bronzemünzen nach Gesetz v. 26. Juni 1864:

Media Real oder 5 Centimos . . . 2
Cuartillo de Real, 2½ Centimos . . 3
Decima de Real, Centimo 4
Media Decima 5

Nach Gesetz v. 19. Oktbr. 1868: 10 Centimes 6
5, 2, 1 nach Verhältniß.

Südamerikanische Freistaaten.

Argentina oder La Plata — Boliva — Chile — Columbien (früher Columbia, Ecuador, Neu-Granada, Venezuela) — Mittel-Amerika Peru — Uruguay.

A. Argentina-Conföderation am Rio de la Plata.

Rechnungsart.

Peso oder Piaster, Dollar zu 100 Centesimos. — Nach Gesetz v. 21. Juli 1857 sind 17 Pesos = 1 Span. Gold-Onza oder Doblon. — Früher Peso* zu 8 Reales zu 4 Cuartillos (1 Real = 10 Decimos) gleich dem alten Span. Silberpiaster.

Goldmünzen.

Onza oder Doblon von 1823—1832, nach nordamerik. Untersuch. 7

Silbermünzen.

Piaster, Dollar von 1813, befunden 8
" " " 1828, nach nordamerik. Untersuchungen . . . 9
" " " 1828, " " " . . . 1

	Gewicht 1 Stückes	Auf 1 Pfund brut.	Fein-gehalt	Auf 1 Pfund fein	Ein Stück enthält fein Gold	fein Silber	Werth Gold : Silb. = 1 : 15½ oder 1 Thlr. = 3 M.	
	Gramm	Stück	1000	Stück	Gramm	Gramm	Mark	Pfennig
1	25,9601	19,2603	900	21,4003	. . . .	23,3641	4	20,55
2	12,9800	38,5206	"	42,8008	. . . .	11,6820	2	10,28
3	5,1920	96,3016	810	118,8913	. . . .	4,2055	. . .	75,70
4	2,5960	192,6032	"	237,7827	. . . .	2,1027	. . .	37,85
5	1,2980	385,2064	"	475,5654	. . . .	1,0514	. . .	18,92
6	25	20	900	22,222..	. . . .	22,5	4	05
7	10	50	835	59,8802	. . . .	8,35	1	50,3
8	5	100	"	119,7605	. . . .	4,175	. . .	75,15
9	2,5	200	"	239,5210	. . . .	2,0875	. . .	37,57
1	1	500	"	598,8024	. . . .	0,835	. . .	15,03
2	12,5							
3	6,25							
4	2,5							
5	1,25							
6	10							
7	27,0857	18,4599	815	22,6502	22,0748	. . . .	61	58,87
8	26,9078	18,582	900	20,6467	. . . .	24,2169	4	35,90
9	24,6233	20,3059	862	23,5568	. . . .	21,2253	3	82,05
1	27,0857	18,4599	800	23,0749	. . . .	21,6685	3	90,03

Südamerikanische Freistaaten. Argentina. Bolivia.

Silbermünzen.

Piaster, Dollar von 1838—1839, nach nordamerik. Untersuchungen 1
" " " 1838—1839, " " " 2
" " " 1838—1839, 7 Stück im Durchschn. befunden 3
½ und ¼ Piaster nach Verhältniß.

Kupfermünzen. 1, ½, ¼ Real und $\frac{1}{10}$ Real (Decimo).

B. Bolivia (früher Süd-Peru).

Rechnungsart.

Boliviano oder neuer Peso (Peso fuerte oder duro) zu 100 Centimos oder Centavos. — Nach Gesetz v. 29. Juni 1863 soll 1 Boliviano = 500 Granos der Castill. Mark, seit 1871 = 25 Gramm Silber zu $\frac{900}{1000}$ Feingehalt wiegen.

Früher: Peso oder Piaster zu 8 Reales zu 4 Cuartillos. — Cuatro = 4 Reales = ½ Peso von geringerem Feingehalt. — Von 1859 u. 1860 kommen auch geringwerthige ganze Pesos vor.

Goldmünzen.

Onza oder Doblon zu 16, später 17 und 17½ Silberpiaster, von 1827—1836, nach nordamerik. Untersuchung 4

Nach d. Gesetz v. 29. Juni 1863:

Onza zu 10 Escudos oder zu 17½ Bolivianos, Silber-Pesos, gesetzl. 5
½ Onza nach Verhältniß.
2 Escudo-Stück, ⅕ Onza, gesetzlich 6
Escudo-Stück, $\frac{1}{10}$ Onza, " 7
½ Escudo nach Verhältniß.

Silbermünzen.

Aeltere Münzen:

Peso fuerte von 1827—1836, nach nordamerik. Untersuchung . . 8
" " " 1834—1838, neun Stücke im Durchschn. befunden 9
" " " 1840, zwanzig Stücke im Durschn. befunden . . 1
½ und ¼ Piaster von 1827 und 1828 nach Verhältniß.
Cuatro oder ½ Piaster, von 1830, nach nordamerik. Untersuchung 2
" " " " " 1830, hier befunden 3
" " " " " 1858, " " 4
½ Cuatro oder ¼ Piaster, nach nordamerik. Untersuchung 5

Neuere Münzen, seit 1859:

Peso von 1859 und 1860, im Durchschnitt befunden 6
Cuatro zu 4 Reales, gesetzlich 7
½ Cuatro zu 2 Reales nach Verhältniß.

	Gewicht 1 Stückes	Auf 1 Pfund brut.	Feingehalt	Auf 1 Pfund fein	Ein Stück enthält fein Gold	fein Silber	Werth Gold:Silb. = 1:15½ oder 1 Thlr. = 3 M.	
	Gramm	Stück	1000	Stück	Gramm	Gramm	Mark	Pfennig
1	25,1417	19,8872	928	21,4302	. . . .	23,3316	4	19,97
2	27,6689	18,0708	894	20,2135	. . . .	24,7359	4	45,25
3	26,8799	18,6012	908	20,4859	. . . .	24,4070	4	39,33
4	26,989	18,5264	870	21,2947	23,4813	. . . .	65	51,28
5	24,9616	20,0307	900	22,2564	22,4655	. . . .	62	67,87
6	4,9923	100,1537	900	111,28187	4,4930	. . . .	12	53,54
7	2,49616	200,3074	"	222,56375	2,2465	. . . .	6	26,77
8	26,989	18,5264	902	20,5393	. . . .	24,3436	4	38,18
9	26,9387	18,5606	900	20,6229	. . . .	24,2449	4	36,41
1	27,0041	18,5157	"	20,5730	. . . .	24,3037	4	37,46
2	13,478	37,0974	670	55,3692	. . . .	9,0303	1	62,54
3	13,3	37,5940	660	56,9606	. . . .	8,7780	1	58
4	13,4	37,3134	662	56,3647	. . . .	8,8708	1	59,67
5	6,7066	74,5532	675	110,4491	. . . .	4,5270	. . .	81,485
6	19,72	25,3550	902	28,1097	. . . .	17,7874	3	20,17
7	9,9539	50,2316	902 7/9	55,6411	. . . .	8,9862	1	61,75

Südamerikanische Freistaaten. Bolivia. Chile.

Silbermünzen.

Nach d. Gesetz v. 29. Juni 1863 u. seit 1871:

Boliviano oder neuer Peso, gesetzlich 1
Boliviano (seit 1871 wie französ. 5 Frankstück), gesetzlich 2
$\frac{1}{2}$ Boliviano nach Verhältniß.
Tomin, $\frac{1}{5}$ Boliviano oder 20 Centimos, gesetzlich 3
Real, $\frac{1}{10}$ Boliviano 4
$\frac{1}{2}$ Real nach Verhältniß.

Kupfermünzen. 2 und 1 Centimo.

C. Chile.

Rechnungsart.

Peso oder Piaster zu 100 Centavos, früher Peso zu 8 Reales zu 4 Cuartillos. — Nach Gesetz v. 9. Jan. 1851 ist 1 Peso = 1,37261 Gramm fein Gold und auch = 22$\frac{1}{2}$ Gramm fein Silber = 1 französ. silbern. 5 Frankstück. — Vor 1851 Goldwährung Onza de oro zu 16 span. Silberpiaster oder 17$\frac{1}{2}$ Kurantpiaster.

Goldmünzen.

Onza, Doblon oder Quadruple zu 16 span. Silberpiaster oder 17$\frac{1}{2}$ Kurantpiaster (Hauptzahlmittel in der früheren Goldwährung), gesetzlich 5
Dergleichen seit 1835, nach nordamerik. Untersuchung 6
$\frac{1}{2}$, $\frac{1}{4}$, $\frac{1}{8}$ und $\frac{1}{16}$ Onza nach Verhältniß.

Nach dem Gesetz v. 9. Jan. 1851:

Condor zu 10 Pesos, gesetzlich (abweichend von Columbien) . . 7
Dergleichen de 1859, befunden 8
$\frac{1}{2}$ Condor, Doblon zu 5 Pesos, gesetzlich 9
Escudo zu 2 Pesos, gesetzlich 1
Dergleichen de 1860, befunden 2
Peso (seit 1860), gesetzlich 3

Silbermünzen.

Aeltere Münzen:

Peso duro, Silberpiaster, zu 8 Reales, gesetzlich 4
Dergleichen von 1823, befunden 5
Dergleichen bis 1839, im Durchschnitt, nach nordamerik. Unters. 6

Neuere Münzen, nach Gesetz v. 9. Jan. 1851 u. 28. Juli 1860:

Peso, auch Dollar genannt, gesetzlich 7
$\frac{1}{2}$ Peso zu 50 Centavos, gesetzlich 8
Dergleichen von 1860, befunden 9
20 Centavos, $\frac{1}{5}$ Peso, von 1851—1860, gesetzlich 1

	Gewicht 1 Stückes	Auf 1 Pfund brut.	Fein-gehalt	Auf 1 Pfund fein	Ein Stück enthält fein Gold	fein Silber	Werth Gold:Silb. = 1:15½ oder 1 Thlr. = 3 M.	
	Gramm	Stück	1000	Stück	Gramm	Gramm	Mark	Pfennig
1	24,9616	20,0307	900	22,2563	. . . .	22,4655	4	04,38
2	25	20	„	22,222..	. . . .	22,5	4	05
3	4,9923	100,1536	900	111,28187	. . . .	4,49309	. . .	80,87
4	2,4961	200,3073	„	222,5635	. . . .	2,24654	. . .	40,44
5	27,0643	18,4745	875	21,1137	23,6813	. . . .	66	07,08
6	27,0209	18,5042	872	21,2204	23,5622	. . . .	65	73,85
7	15,253	32,7804	900	36,4227	13,7277	. . . .	38	30,03
8	15,245	32,7964	899	36,4823	13,7052	. . . .	38	23,75
9	7,6265	65,5608	900	72,8454	6,8638	. . . .	19	15,01
1	3,0506	163,902	„	182,1135	2,7455	. . . .	7	66,01
2	3,07	162,8664	899	181,164	2,7599	. . . .	7	70,01
3	1,5253	327,8043	900	364,227	1,3727	. . . .	3	83,00
4	27,0643	18,4745	906	20,3913	. . . .	24,5202	4	41,365
5	26,9823	18,5307	908	20,4082	. . . .	24,5000	4	41,00
6	26,8265	18,6383	907	20,5494	. . . .	24,3316	4	37,97
7	25	20	900	22,222..	. . . .	22,5	4	05
8	12,5	40	„	44,444..	. . . .	11,25	2	02,5
9	12,4	40,3226	899	44,8527	. . . .	11,1476	2	00,65
1	5	100	900	111,111..	. . . .	4,5	. . .	81

Südamerikanische Freistaaten. Chile. Columbia.

Silbermünzen.

20 Centavos, seit 1860, gesetzlich 1
Decimo zu 10 Centavos, von 1851—1860, gesetzlich 2
Decimo seit 1860, gesetzlich 3
Medio Decimo zu 5 Centavos, von 1851—1860, gesetzlich . . 4
Dergleichen seit 1860, gesetzlich 5

Nickelmünzen. Nach Gesetz vom 25. Oktobr. 1870: 2 Centavos 6
Centavo 7
½ Centavo 8

Kupfermünzen. Nach Gesetzen von 1851 u. 1860 bis 1870: Centavo . . . 9
½ Centavo . . 1

D. Columbia.

(1831 in Ecuador, Neugranada und Venezuela getheilt.)

Rechnungsart.

Peso oder Piaster zu 100 Centavos oder zu 8 Reales oder zu 10 Decimos zu 10 Centavos. — Seit 1865 ist Peso gleich 5 französ. Francs in Gold und Silber. Nach Gesetz v. 1872 ist Peso de oro = 5 Francs in Gold die Münzeinheit.

In Venezuela: Früher: Moneda feble (schwache Münze): Peso Macuquina zu 8 Reales oder 10 Centavos. — 9 Reales Macuquina = 1 neuen Peso.

Goldmünzen.

Onza oder Doblon zu 16 Pesos v. 1822 (Bogota), befunden . 2

Dergleichen von 1823—1837 (Bogota), im Durchschnitt nach nordamerik. Untersuchung 3

Dergleichen von 1823—1836 (Popayan), im Durchschnitt nach nordamerik. Untersuchung 4

½ Onza de oro v. 1836 (Quito), im Durchschnitt nach nordamerik. Untersuchung 5

¼ Onza de oro von 1823 (Popayan), befunden 6

Dergleichen von 1835 (Quito), nach nordamerik. Untersuchung . 7
⅛ Onza nach Verhältniß.

Für Neu-Granada (seit 1863 vereinigte Staaten von Columbien).

Neuere Münzen,

nach Gesetz v. 30. Mai 1853 bis 1857:

Condor, ½ Onza zu 10 Pesos, gesetzlich (abweichend von Chile) 8
½ Condor zu 5 Pesos, gesetzlich 9
⅕ „ „ 2 „ „ 1

	Gewicht 1 Stückes	Auf 1 Pfund brut.	Feingehalt	Auf 1 Pfund fein	Ein Stück enthält fein Gold	fein Silber	Werth Gold : Silb. = 1 : 15½ oder 1 Thlr. = 3 M.	
	Gramm	Stück	1000	Stück	Gramm	Gramm	Mark	Pfennig
1	4,6	108,6956	900	120,7729	. . . .	4,14	. . .	74,52
2	2,5	200	„	222,222..	. . . .	2,25	. . .	40,5
3	2,3	217,3913	„	241,5459	. . . .	2,07	. . .	37,26
4	1,25	400	„	444,444	. . . .	1,125	. . .	20,25
5	1,15	434,7826	„	483,0918	. . . .	1,035	. . .	18,63
6	7							
7	5							
8	3							
9	10							
1	5							
2	27,0588	18,4783	863 G 136 S	21,4117	23,3517	3,6800	65	15,12 66,24
3	27,0079	18,5131	870	21,2794	23,4969	. . . .	65	55,63
4	26,9885	18,5264	858	21,5926	23,1561	. . . .	64	60,55
5	13,5428	36,9199	844	43,7439	11,4302	. . . .	31	89,03
6	6,3944	78,1925	627 G. 344 S.	124,709	4,0093	2,1997	11	18,59 39,59
7	6,7390	74,1947	844	87,9084	5,6877	. . .	15	86,87
8	16,4	30,4878	900	33,8753	14,760	. . . .	41	18,04
9	8,2	60,9756	„	67,7506	7,38	. . . .	20	59,02
1	3,28	152,4390	„	169,3767	2,052	. . . .	8	23,61

Südamerikanische Freistaaten. Columbia.

Goldmünzen.

Nach Gesetz v. 18. Juli 1857 u. 14. Mai 1872:

Onza zu 20 Pesos, 2 Condor, (gleich 100 französ. Frank), gesetzlich 1
Dergleichen v. J. 1863, befunden 2
Condor zu 10 Pesos, (gleich 50 französ. Franks), gesetzlich . . . 3
Dergl. v. d. J. 1860 u. 1861, im Durchschnitt befunden . . 4
Dergl. ein Stück v. J. 1863, befunden 5

Doblon oder 5 Pesos-Stück, gesetzlich 6
Dergl. v. J. 1862, befunden . . . 7
Escudo oder 2 Pesos-Stück, gesetzlich. 8
Dergl. v. J. 1863, befunden . . . 9
Peso de oro, gesetzlich 1
(Diese Münzen sind verhältnißmäßig geringer im Gewicht als die vorstehenden.)

Silbermünzen.

Aeltere Münzen:

Peso, Piaster, Dollar zu 8 Reales de Pl., v. 1819—1821 (Columbien), nach nordamerik. Untersuch., i. Durchschn. 2
(Im Gewicht von 22,25 - 24,75 Gehalt von 707—770 wechselnd.)
Dergleichen von 1821 (Cundina marca), befunden 3
Dergleichen v. 1835 u. 1836 (Bogota), nach nordamerik. Untersuch. 4
Dergleichen v. 1839 (Bogota für Neugranada), nach nordamerik. Untersuchung 5
2 Reales, ¼ Piaster v. 1815—1821 (Caracas u. Cundina marca), nach nordamerik. Untersuchungen 6
Real, ⅛ Peso, von 1822—1831 7
¼ Real, von 1829—1830, nach nordamerik. Untersuchungen . . . 8

Für **Neu-Granada**, (seit 1863 die vereinigten Staaten von Columbia):

Nach Gesetz v. 30. Mai 1853:

Columbiano, Peso de plata, Piaster (= 5 frz. Franks), gesetzlich . 9
Decimo, $\frac{1}{10}$ Peso, gesetzlich 1

Nach Gesetz vom 14. Mai 1872:

½ Peso zu 50 Centavos, 5 Decimos oder 5 Reales, gesetzlich . 2
20 Centavos, ⅕ Peso, gesetzlich 3
10 „ $\frac{1}{10}$ „ „ 4

Für **Venezuela:**

Venezolano, Peso zu 10 Reales oder 100 Centavos, gesetzlich . 5
½ Peso zu 50 Centavos, gesetzlich 6
⅕ „ „ 20 „ „ 7
$\frac{1}{10}$ „ „ 10 „ „ 8
$\frac{1}{20}$ „ „ 5 „ „ 9

	Gewicht 1 Stückes	Auf 1 Pfund brut.	Feingehalt	Auf 1 Pfund fein	Ein Stück enthält fein Gold	fein Silber	Werth Gold : Silb. = 1 : 15½ oder 1 Thlr. = 3 M.	
	Gramm	Stück	1000	Stück	Gramm	Gramm	Mark	Pfennig
1	32,2581	15,5	900	17,2222	29,0323	. . . .	81	. . .
2	32,27	15,4943	895	17,3120	28,8816	. . . .	80	57,96
3	16,1290	31	900	34,4444	14,5161	. . . .	40	50
4	16,025	31,2012	897	34,7840	14,3744	. . . .	40	10,46
5	16,11	31,0366	888	34,9511	14,3057	. . . .	39	91,29
6	8,064	62,0040	900	68,8933	7,2576	. . . .	20	24,87
7	7,985	62,6174	898	69,72987	7,1705	. . . .	20	00,57
3	3,225	155,038	900	172,2644	2,9025	. . . .	8	09,80
9	3,19	156,74	"	174,1555	2,871	. . . .	8	01,01
1	1,612	310,1737	"	344,6374	1,4508	. . . .	4	04,77
2	23,5218	21,2569	730	29,1190	. . . .	17,1709	3	09,07
3	24,1611	20,6944	758	27,3013	. . . .	18,3141	3	29,65
4	27,0209	18,5042	910	20,3343	. . . .	24,5890	4	42,60
5	23,0682	21,6749	680	31,8748	. . . .	15,6864	2	82,35
6	4,7950	104,2736	690	151,1212	. . . .	3,3086	. . .	59,55
7	3,3830	147,7978	666⅔	221,6967	. . . .	2,2554	. . .	40,60
8	0,5508	907,7942	795	1141,879	. . . .	0,4379	. . .	07,88
9	25	20	900	22,222..	. . . .	22,5	4	05
1	2,5	200	"	222,22..	. . . .	2,25	. . .	40,5
2	12,5	40	835	47,9042	. . . .	10,4375	1	87,87
3	5	100	"	119,7605	. . . .	4,175	. . .	75,15
4	2,5	200	"	239,5210	. . . .	2,0875	. . .	37,57
5	25	20	900	22,2222..	. . . .	22,5	4	05
6	12,5	40	835	47,9042	. . . .	10,4375	1	87,87
7	5	100	"	119,7605	. . . .	4,175	. . .	75,15
8	2,5	200	"	239,5210	. . . .	2,0875	. . .	37,57
9	1,25	400	"	479,0420	. . . .	1,0437	. . .	18,78

Südamerikanische Freistaaten. Columbia. Mittel-Amerika. Peru.

Nickelmünzen.

2½ Centavos 1
1 Centavo 2

Kupfermünzen.

1, ½ und ¼ Centavo.

E. Mittel-Amerika.

Guatemala, San Salvador, Honduras, Nicaragua u. Costa Rica.

Rechnungsart.

Peso oder Piaster zu 100 Centavos oder zu 8 Reales zu 4 Cuartillos zu 3 Granos. — 1 Peso gleich dem französ. Fünffrankstück in Gold. — Der frühere Silberpiaster war etwas leichter als der alte Span. Piaster.

Goldmünzen.

Onza oder Doblon (zu 16 guten Piastern), v. 1833, nach nordamerik. Untersuchungen 3
¼ Onza nach Verhältniß.
⅛ Onza, Escudo, von 1844—1849, nach nordamerik. Untersuch. . 4
Peso, $\frac{1}{16}$ Onza oder ½ Escudo, von 1825—1849 5

Neuere Münzen für Guatemala u. Costa Rica:

20 Pesos (gleich 100 francs), gesetzlich 6
10, 5, 2 u. 1 Pesos nach Verhältniß.

Silbermünzen.

Peso, Piaster, von 1824—1836, im Durchschnitt nach nordamerik. Untersuchungen 7
Dergleichen von 1829, befunden 8
Dergleichen nach nordamerik. Angaben aus d. J. 1855. . . . 9
1 Real, für Costa Rica, von 1846, n. nordamerik. Unters. i. Durchschn. 1

Neuere Münzen für Guatemala u. Costa Rica:

Neuer Peso (gleich dem französ. Fünffrancsstück), gesetzlich . . . 2
50, 25, 10 und 5 Centavos nach Verhältniß.

Nickelmünzen.

1 Centavo 3

F. Peru.

Rechnungsart.

Sol zu 100 Centavos (Centimos) oder zu 10 Dineros zu 10 Centavos. — Nach Gesetz v. 31. Jan. 1863 Sol gleich dem franz. silbernen Fünffrankstück. — Vorher: Peso zu 100 Centimos. [100 neue gleich 16 alten Pesos gerechnet] nach Gesetz vom

	Gewicht 1 Stückes	Auf 1 Pfund brut.	Fein-gehalt	Auf 1 Pfund fein	Ein Stück enthält fein Gold	fein Silber	Werth Gold:Silb. = 1 : 15½ oder 1 Thlr. = 3 M.	
	Gramm	Stück	1000	Stück	Gramm	Gramm	Mark	Pfennig
1	4,5							
2	2							
3	26,8913	18,5934	833	22,321	22,4005	. . . .	62	49,74
4	3,110	160,7717	809	198,7068	2,516	. . . .	7	01,96
5	1,555	321,5434	„	397,4136	1,253	. . . .	3	49,59
6	32,2581	15,5	900	17,222..	29,0322	. . . .	81	. . .
7	26,3913	18,5934	896	20,7515	. . . .	24,0946	4	33,70
8	26,9823	18,5307	891	20,7976	. . . .	24,0412	4	32,74
9	26,956	18,5485	870	21,3201	. . . .	23,4520	4	22,37
1	2,398	208,507	593	351,614	. . . .	1,4220	. . .	25,59
2	25	20	900	22,2222	. . . .	22,5	4	05
3	3,75							

Südamerikanische Freistaaten. Peru.

Rechnungsart.

2. Oktbr. 1851 ein Peso = 26,82 castil. Granos oder = 1,33894 grm. fein Gold und = 427½ castilische Granos fein Silber (also geringer wie der span. Peso duro).

Vor 1857: Peso zu 8 Reales zu 4 Cuartillos.

Goldmünzen.

Aeltere Münzen:

Onza oder Doblon (in Lima geprägt), von 1826—1833, nach nordamerik. Untersuchungen 1
Dergleichen (in Cuzco geprägt), von 1826—1833, nach nordamerik. Uutersuchungen 2
Dergleichen (in Cuzco geprägt), von 1837, nach nordamerik. Untersuchungen 3

Nach Gesetz v. 2. Oktober 1857:

Sol, älterer Art, zu 20 Silberpiaster, gesetzlich 4
Medio Sol zu 10 Silberpiaster, gesetzlich 5
Doblon zu 5 Silberpiaster, gesetzlich 6
Escudo „ 2 „ „ 7
Medio Escudo oder Peso, „ 8

Nach Gesetz v. 31. Januar 1863:

20 neue Soles-Stück (gleich franz. 100 Frankstück), gesetzlich . . . 9
10 „ „ „ gesetzlich 1
5 „ „ „ „ 2
2 „ „ „ „ 3
1 Sol zu 10 Dineros, gesetzlich 4

Silbermünzen.

Aeltere Münzen:

Piaster, Peso von 1828, befunden 5
Dergleichen 10 Stück von 1831—1836, befunden 6
Dergleichen von 1833, befunden 7
Dergleichen von 1836, „ 8
Dergleichen, 100 Stück von 1840 u. 1841, befunden 9
¼ Piaster von 1835, nach nordamerik. Untersuchungen. 1

Für Nord-Peru: Piaster, 250 Stück von 1814, i. D. befunden . . . 2
Dergleichen, 18 Stück von 1837—1840, befunden . 3
Für Süd-Peru: Piaster, 50 Stück von 1839—1840, befunden . . . 4
½ Piaster von 1838 (in Arequipa geprägt), nach nordamerik. Untersuchungen 5
¼ Piaster nach Verhältniß.

	Gewicht 1 Stückes	Auf 1 Pfund brut.	Fein-gehalt	Auf 1 Pfund fein	Ein Stück enthält fein Gold	Ein Stück enthält fein Silber	Werth Gold : Silb. = 1 : 15½ oder 1 Thlr. = 3 M.	
	Gramm	Stück	1000	Stück	Gramm	Gramm	Mark	Pfennig
1	26,988	18,5264	867	21,3684	23,3990	. . . .	65	28,32
2	26,988	18,5264	871	21,2703	23,507	. . . .	65	56,70
3	26,988	18,5264	866	21,3931	23,3720	. . . .	65	20,79
4	29,7543	16,8043	900	18,6714	26,7788	. . . .	74	71,30
5	14,8771	33,6086	"	37,3429	13,3894	. . . .	37	35,65
6	7,4385	67,2171	"	74,6857	6,6947	. . . .	18	67,82
7	2,9754	168,0429	"	186,7143	2,6778	. . . .	7	47,13
8	1,4877	336,0858	"	373,4287	1,3389	. . . .	3	73,56
9	32,2580	15,5	900	17,2222	29,0322	. . . .	81	. . .
1	16,1290	31	"	34,4444	14,5161	. . . .	40	50
2	8,0645	62	"	68,8888	7,2580	. . . .	20	25
3	3,2258	155	"	172,2222	2,9032	. . . .	8	10
4	1,6129	310	"	344,4444	1,4516	. . . .	4	05
5	26,9823	18,5307	900	20,5896	. . . .	24,2841	4	37,11
6	27,4962	18,1843	"	20,2048	. . . .	24,7466	4	45,44
7	26,75	18,69167	626	29,8588	. . . .	16,7455	3	01,4
8	26	19,230	676	28,4479	. . . .	17,5760	3	16,3
9	27,1136	18,4409	903	20,4218	. . . .	24,4824	4	40,7
1	13,4780	37,0974	650	57,0729	. . . .	8,7607	1	57,69
2	27,0791	18,4644	901	20,4932	. . . .	24,3983	4	39,17
3	26,7447	18,6953	901	20,7495	. . . .	24,0970	4	33,74
4	26,8954	18,5905	903	20,5875	. . . .	24,2866	4	37,16
5	13,3484	37,4575	660	56,7538	. . . .	8,8100	1	58,58

Südamerikanische Freistaaten. Peru. Uruguay.

Silbermünzen.

Nach Gesetz vom 2. Oktober 1857:

Peso, Piaster zu 100 Céntimos, gesetzlich 1
$\frac{1}{2}$ Peso zu 50 Centimos, gesetzlich 2
Peseta, $\frac{1}{5}$ Peso, zu 20 Centimos, gesetzlich 3
Dinéro zu 10 Centimos, gesetzlich 4
$\frac{1}{2}$ „ „ 5 „ „ 5

Nach Gesetz v. 31. Januar 1863:

Sol zu 100 Centavos (= 5 Francs), gesetzlich. 6
$\frac{1}{2}$ Sol, gesetzlich 7
20 Centavos, gesetzlich 8
Dinéro zu 10 Centavos, gesetzlich 9
$\frac{1}{2}$ Dinéro zu 5 Centavos, „ 1

Nickelmünzen. Nach Gesetz von 1863: 2 Centavos 2
1 Centavo 3

Kupfermünzen. Vor 1863: 2 und 1 Centavo.

G. Uruguay, Orientalische Republik oder Cisplatina (Montevideo), (seit 1828 von den La Plata Staaten getrennt).

Rechnungsart.

Peso oder Piaster zu 100 Centesimos zu 10 Milesimos. — Nach Gesetz vom 13. Juni 1862 ist ein Peso = 25,48 Gramm Silber von $\frac{917}{1000}$ Feingehalt oder = 23,36516 Gramm f. Silb. = 2 Milreis in Brasilien. — 1 Gold-Doblon = 10 Silber-Pesos, soll wiegen 16,97 Gramm Gold, $\frac{917}{1000}$ fein = 15,56149 Gramm fein Gold.

Früher: Peso corriente (Kurant-Piaster) zu 800 Réis od. Centesimos oder zu 8 Reales. — 4 Kurant-Piaster = 5 Brasilian. Patacon (span. und mexikan. Silberpiaster).

Goldmünzen.

Nach Gesetz vom 15. Juli 1854:

4 Patacon oder 4 Escudo-Stück, gesetzlich 4
2 „ „ 2 „ „ „ 5
1 „ „ 1 „ „ „ 6

Nach Gesetz v. 13. Juni 1862:

Doblon zu 10 Silber-Pesos, gesetzlich (noch nicht geprägt) . . . 7
$\frac{1}{2}$ „ „ 5 „ „ „ 8
$\frac{1}{4}$ „ „ $2\frac{1}{2}$ „ „ „ 9

	Gewicht 1 Stückes	Auf 1 Pfund brut.	Fein-gehalt	Auf 1 Pfund fein	Ein Stück enthält fein Gold	fein Silber	Werth Gold:Silb.=1:15½ oder 1 Thlr.=3 M.	
	Gramm	Stück	1000	Stück	Gramm	Gramm	Mark	Pfennig
1	23,7136	21,0849	900	23,4277	. . . .	21,3422	3	84,16
2	11,8568	42,1699	„	46,8554	. . . .	10,6711	1	92,08
3	4,7427	105,4248	„	117,1386	. . . .	4,2684	. . .	76,83
4	2,3713	210,8495	„	234,2772	. . . .	2,1342	. . .	38,41
5	1,1857	421,699	„	468,5544	. . . .	1,0671	. . .	19,21
6	25	20	900	22,222	. . . .	22,5	4	05
7	12,5	40	„	44,4444	. . . .	11,25	2	02,5
8	5	100	„	111,1111	. . . .	4,5	. . .	81
9	2,5	200	„	222,2222	. . . .	2,25	. . .	40,5
1	1,25	400	„	444,4444	. . . .	1,125	. . .	20,25
2	9							
3	4,5							
4	6,7396	74,1878	875	84,7861	5,9586	. . . .	15	92,45
5	3,3698	148,3756	„	169,5722	2,9793	. . . .	7	96,22
6	1,6849	296,7512	„	339,1443	1,4896	. . . .	3	98,11
7	16,97	29,4637	917	32,1306	15,5615	. . . .	43	41,66
8	8,485	58,9275	„	64,2612	7,7807	. . . .	21	70,83
9	4,2425	117,8550	„	128,5224	3,8904	. . . .	10	85,41

Silbermünzen.

Nach Gesetz v. 15. Juli 1854:

5 Reales corrientes oder 500 Reïs = $\frac{5}{8}$Peso corr., gesetzlich . 1
$2\frac{1}{2}$ " " gesetzlich 2
$1\frac{1}{4}$ Real corriente, " 3

Nach Gesetz v. 23. Juni 1862:

Peso zu 100 Centesimos, gesetzlich 4
$\frac{1}{2}$ " " 50 " " 5
20 Centesimos, gesetzlich 6
10 " " 7
5 " " 8

Bronzemünzen. Seit 1863:

4 Centesimos 9
2 und 1 Centesimo nach Verhältniß.

Kupfermünzen.

Nach Gesetz von 1854:

Vintem (20 Realen-Centesimos oder Réis) 1
2 Vintem und $\frac{1}{4}$ Vintem (5 Réis) nach Verhältniß.

Toscana, ehemaliges Herzogthum.

Rechnungsart.

Seit 1861 Italien. — Vorher: Lira zu 100 Centesimi. — Seit 1. Novbr. 1859 wie Sardinien = 1 französ. Frank. — Vor 1859: Lira toscana (oder fiorentina) zu 100 Centesimi, im Werthe gleich 0,84 franz. Frank. — Scudo od. Ducato = 7 Lire. — Testone = 2 Lire. — Fiorino (Gulden) = $1\frac{2}{3}$ Lire = $2\frac{1}{2}$ Paoli = 20 Crazie = $33\frac{1}{3}$ Soldi = 100 Quattrini = 400 Denari. — Scudo de oro = $7\frac{1}{2}$ Lire = 150 Soldi di Lira.

Früher: Lira zu 20 Soldi zu 12 Denari.
Fiorino zu 4 Quattrini zu 100 Denari oder Piccoli = $\frac{1}{4}$ Francescone = $2\frac{1}{2}$ Paoli = $1\frac{2}{3}$ Lire.
Paolo zu 8 Crazie zu 12 Denari (Piccoli) = $\frac{2}{3}$ Lira. — 10 Paoli = Francescone oder neuer Scudo.
Pezza (Silber-Pezza) da otto (8) Reali zu 20 Soldi zu 12 Denari di Pezza = $5\frac{3}{4}$ Lire.

Goldmünzen.

80 Fiorini-Stück zu $133\frac{1}{3}$ Lire, seit 1826, gesetzlich 2
Ruspono, dreifacher Zecchino, zu 40 Lire oder 60 Paoli oder 24 Fiorini, gesetzlich 3

	Gewicht 1 Stückes	Auf 1 Pfund brut.	Feingehalt	Auf 1 Pfund fein	Ein Stück enthält fein Gold	Ein Stück enthält fein Silber	Werth Gold : Silb. = 1 : 15½ oder 1 Thlr. = 3 M.	
	Gramm	Stück	1000	Stück	Gramm	Gramm	Mark	Pfennig
1	13,03	38,373	$833\frac{1}{3}$	46,0476	. . . .	10,8583	1	95,45
2	6,515	76,746	"	92,0952	. . . .	5,4291	. . .	97,72
3	3,2575	153,492	"	184,1903	. . . .	2,7121	. . .	48,86
4	25,48	19,6232	917	21,3994	. . . .	23,3651	4	20,57
5	12,74	39,2465	"	42,7988	. . . .	11,6821	2	10,28
6	5,096	98,1162	"	85,5977	. . . .	4,6730	. . .	84,11
7	2,548	196,2324	"	213,9938	. . . .	2,3365	. . .	42,06
8	1,274	392,4647	"	427,9876	. . . .	1,1682	. . .	21,03
9	20							
1	21,566							
2	32,6181	15,3289	1000	15,3289	32,6181	. . . .	91	00,45
3	10,4633	47,786	1000	47,786	10,4633	. . . .	29	19,26

Toscana.

Goldmünzen.

Dergleichen von 1746, 1754, 1760 u. 1798, nach franz. Probe 1
Dergleichen des Königreichs Etrurien, nach engl. Probe . . . 2
Zecchino, Ruspo, Dukaten zu $13\frac{1}{3}$ Lire oder 20 Paoli oder 8 Fiorini, gesetzlich 3
Dergleichen von verschiedenen Jahren, nach franz. Probe . . . 4
Dergleichen, nach engl. Probe 5

Silbermünzen.

Dena, 10 Lire oder 15 Paoli-Stück, gesetzlich 6
Halbe Dena, 5 Lire oder $7\frac{1}{2}$ Paoli-Stück, gesetzlich 7
Francescone, 10 Paoli-Stück, gleich 4 Fiorini od. $6\frac{2}{3}$ Lire, gesetzl. 8
Dergl. v. d. J. 1747, 1763, 1767 u. 1770, nach franz. Probe 9
Dergl. v. d. J. 1769, 1780, 1784, 1786, 1790, 1795, n. franz. Probe 1
Dergleichen ein Stück v. J. 1826, befunden 2

Franceschino, 5 Paoli-Stück, gleich 2 Fiorini od. $3\frac{1}{3}$ Lire, gesetzl. 3
Dergleichen ein Stück v. J. 1820, befunden 4

2 Paoli-Stück, 80 Quattrini, $1\frac{1}{3}$ Lira, gesetzlich 5
Paolo zu 40 Quattrini, $\frac{2}{3}$ Lira, gesetzlich 6
$\frac{1}{2}$ Paolo zu 20 Quattrini, gesetzlich 7

Fiorino zu 100 Quattrini oder $2\frac{1}{2}$ Paoli (seit 1826), gesetzlich . 8
Dergl. ein Stück v. J. 1826, befunden 9
$\frac{1}{2}$ Fiorino zu 50 Quattrini, gesetzlich 1
$\frac{1}{4}$ „ „ 25 „ „ 2

Lira toscana oder fiorentina zu $1\frac{1}{2}$ Paoli, gesetzlich 3
Dergl. v. J. 1823, befunden 4
$\frac{1}{2}$ Lira oder 10 Soldi oder 6 Crazie od. 30 Quattrini, gesetzlich . 5
$\frac{1}{4}$ Lira (= 5 Soldi = 3 Crazie = 15 Quattrini) n. Verhältn.
2 Crazie, gesetzlich 6
Crazie gleich 5 Quattrini, gesetzlich 7
Soldo gleich 3 Quattrini, „ 8
Quattrino, gesetzlich 9

Münzen des ehemaligen Königreichs Etrurien:

Dena zu 10 Lire v. J. 1803, nach französ. Probe 1
5 Lire-Stück nach Verhältniß.
10 Paoli-Stück zu $6\frac{2}{3}$ Lire v. J. 1801, nach französ. Probe . . 2
Dergl. v. J. 1803, nach französ. Probe 3
1 Lira-Stück v. J. 1803, nach französ. Probe 4

Kupfermünzen. 5, 3, 2 Quattrini- und 1 Quattrino-Stück.

	Gewicht 1 Stückes	Auf 1 Pfund brut.	Feingehalt	Auf 1 Pfund fein	Ein Stück enthält fein Gold	fein Silber	Werth Gold : Silb. = 1 : 15½ oder 1 Thlr. = 3 M.	
	Gramm	Stück	1000	Stück	Gramm	Gramm	Mark	Pfennig
1	10,411	48,0261	996	48,2190	10,3694	. . . .	28	93,06
2	10,4479	47,8565	998	47,9524	10,4270	. . . .	29	09,13
3	3,4878	143,3579	1000	143,3579	3,4878	. . . .	9	73,09
4	3,452	144,8435	998	145,1338	3,4451	. . . .	9	61,18
5	3,4826	143,5694	997	144,0014	3,4722	. . . .	9	68,74
6	39,4462	12,6755	958⅓	13,2260	. . . .	37,8026	6	80,45
7	19,6986	25,3825	„	26,4861	. . . .	18,8778	3	39,80
8	27,5092	18,1757	916⅔	19,8281	. . . .	25,2167	4	53,90
9	27,301	18,3144	913	20,0595	. . . .	24,9258	4	48,66
1	27,407	18,2435	„	19,9819	. . . .	25,0226	4	50,41
2	27,3323	18,2934	918	19,9274	. . . .	25,0911	4	51,64
3	13,7546	36,3515	916⅔	39,6562	. . . .	12,6083	2	26,95
4	13,6081	36,7428	918	40,0248	. . . .	12,4922	2	24,86
5	5,5018	90,8787	916⅔	99,1404	. . . .	5,0433	. . .	90,78
6	2,7509	181,7575	„	198,2809	. . . .	2,5216	. . .	45,39
7	1,3754	363,5150	„	396,5618	. . . .	1,2608	. . .	22,69
8	6,8773	72,703	916⅔	79,3123	. . . .	6,3042	1	13,48
9	6,8257	73,2525	920	79,6223	. . . .	6,2796	1	13,03
1	3,4386	145,406	916⅔	158,6247	. . . .	3,1521	. . .	56,74
2	1,7193	290,8119	„	317,2493	. . . .	1,5760	. . .	28,37
3	4,0772	122,6313	916⅔	133,7796	. . . .	3,7375	. . .	67,27
4	3,9463	126,7	916[illegible]	138,3188	. . . .	3,6148	. . .	65,07
5	2,014	248,2536	916⅔	270,8221	. . . .	1,8462	. . .	33,23
6	1,9856	251,8093	305 5/9	824,1034	. . . .	0,6067	. . .	10,92
7	4,1407	120,7507	55 5/9	2173,5126	. . . .	0,2300	. . .	04,14
8	2,2942	217,9403	„	3922,9254	. . . .	0,1274	. . .	02,29
9	0,9842	508,0364	20 5/6	24385,747	. . . .	0,0205	. . .	00,37
1	39,305	12,7210	955	13,3205	. . . .	37,5361	6	75,65
2	27,301	18,3144	910	20,1257	. . . .	24,8439	4	47,19
3	27,301	18,3144	913	20,0595	. . . .	24,9258	4	48,68
4	3,93	127,2264	953	133,501	. . . .	3,7453	. . .	67,41

Tripolis. Türkei.

Tripolis.

Rechnungsart.

Piaster (Gersch) zu 40 Para (Paralle). — 20 Piaster = 1 Mahbub. — Der Piaster ist im Werthe gleich dem türkischen Piaster. — Alter Tripoli-Piaster zu 100 Para, im Werthe gleich $2\frac{1}{2}$ neuen türkischen Piastern.

Silbermünzen.

Nach nordamerikanischen Untersuchungen:

Gersch, alter Piaster zu 100 Para v. J. 1832, unter Yussuf Pascha 1
$\frac{1}{2}$ Gersch zu 50 Para v. J. 1832, unter Yussuf Pascha 2
$\frac{1}{4}$ und $\frac{1}{8}$ Gersch nach Verhältniß.
Uteblick, Yuslik, zu 120 Para, v. J. 1835, unter Nedgib Pascha 3
Altmich zu 60 Para, v. J. 1835, unter Nedgib Pascha 4
Butletin zu 30 Para, v. J. 1835, unter Nedgib Pascha 5
15 und $7\frac{1}{2}$ Para-Stück nach Verhältniß.

Türkei.

Rechnungsart.

Piaster arabisch Gersch) zu 40 Para (auch Aktsche, in Aegypten Fudda genannt) zu 3 Asper. — Piaster auch zu 100 Cents. — 500 türkische Piaster = 1 Beutel (Kis). — Der Werth des Piasters ist nach und nach, wie die Münzen zeigen, geringer geworden, im Jahre 1753 war 1 Cöln. Mark fein Silber etwa = 12 Piaster, jetzt = 234,443236 Piaster. — Man unterscheidet 5 verschiedene türkische Piaster: 1. Kurant- (Rechnungs-) Piaster, nach dem Preise der gangbaren Münzen; 2. Goldpiaster; 3. guter Silberpiaster (Medjidie); 4. schlechter Silberpiaster (Beschlik-Geld von dem 1829 geprägten geringen Silbergeld) und 5. Kupferpiaster.

Goldmünzen.

Aeltere Münzen:

Fonduk-Zecchine von 1773, nach engl. Probe 6
Dergleichen von 1789, nach engl. Probe 7
Dergleichen, nach engl. Probe 8
$\frac{1}{2}$ Fonduk-Zecchine von 1789, nach französ. Probe 9
Rebia, $\frac{1}{4}$ Fonduk, nach engl. Probe 1
Dergleichen einige Stücke, befunden 2
Zermahbub-Zecchine, Stambul von 1789, nach engl. u. franz. Probe 3
Dergleichen von Cairo, Misri, von 1789, nach engl. Probe . . 4
$\frac{1}{2}$ Misri von Cairo, von 1818, nach engl. Probe 5

	Gewicht 1 Stückes	Auf 1 Pfund brut.	Feingehalt	Auf 1 Pfund fein	Ein Stück enthält fein Gold	fein Silber	Werth Gold : Silb. = 1 : 15½ oder 1 Thlr. = 3 M.	
	Gramm	Stück	1000	Stück	Gramm	Gramm	Mark	Pfennig
1	9,9141	50,4330	244	206,6927	. . . .	2,4190	. . .	43,54
2	5,0542	98,9263	241	410,4825	. . . .	1,2180	. . .	21,92
3	14,7092	33,9923	245	138,744	. . . .	3,6038	. . .	64,87
4	7,5166	66,5194	262	253,8908	. . . .	1,9693	. . .	35,45
5	3,6935	135,3728	241	561,7129	. . . .	0,8901	. . .	16,02
6	3,4826	143,5694	807	177,9051	2,8105	. . . .	7	84,13
7	3,4826	143,5694	799	179,6864	2,7826	. . . .	7	76,34
8	3,4340	145,6027	802	181,5495	2,7541	. . . .	7	68,39
9	1,647	303,5822	805	377,1208	1,3258	. . . .	3	69,90
1	0,8099	617,3513	799	772;655	0,6471	. . . .	1	80,54
2	0,7993	625,538	798	783,8822	0,6378	. . . .	1	77,94
3	2,337	213,9495	802	266,77	1,8743	. . . .	5	22,93
4	2,5431	196,6086	682	288,2824	1,7344	. . . .	4	83,90
5	1,1824	422,8444	672	629,2327	0,7946	. . . .	2	21,69

Türkei.

Goldmünzen.

Jermibeshlek, nach engl. Probe 1
Onikilik zu 12 Piaster, von 1824, nach holländ. Probe 2

40 Piaster=Stück von 1827, nach österr. Probe 3
20 „ „ Jirmilik, von 1827, nach österr. Probe 4
Dergleichen von 1834, befunden 5
Dergleichen von 1840, nach nordamerik. Untersuchungen . . . 6

10 Piaster=Stück, Onlik, von 1840, nach nordamerik. Unters. . . 7
5 „ „ Attunli-Beschlik, von 1840, n. nordamerik. Unters. 8
5 „ „ von 1834, nach holländ. Probe 9

Neuere Münzen seit 1845:

100 Piaster=Stück, Yslik, gesetzlich 1
Dergleichen 2 Stücke von 1845, befunden 2
50 Piaster=Stück, Ellilik, gesetzlich 3
Dergleichen 2 Stücke von 1845, befunden 4
25 Piaster=Stück nach Verhältniß.

Silbermünzen.

Aeltere Münzen:

2½ Piaster=Stück oder 100 Para, Yslik oder Yuspara (Hunderter), von 1789, nach engl. Probe 5
2 Piaster=Stück oder 80 Para, Ikilik (Zweier), von 1789, nach engl. Probe 6
Piaster, Gersch, zu 40 Para, von 1801, nach engl. Probe . . . 7
½ Piaster, Jirmilik (Zwanziger), nach engl. Probe 8

Neuere Münzen:

Piaster von 1818, nach engl. Probe 9
10 Para=Stück, nach engl. Probe 1

Yslik von 1821 (Constantinopel), befunden 2
Yslik-melik von 1829 (Bagdad), „ 3
Onlik-yur-melik von 1823 (Bagdad), befunden 4
Onlik (Zehner) von 1836 (Istambul), „ 5
Para von 1829 (Istambul), befunden 6

½ Piaster neuerer Zeit, nach österr. Proben 7
¼ „ „ „ „ „ „ 8

6 Piaster=Stück, Attilik, von 1840, nach nordamerik. Proben . . 9
3 Piaster=Stück, Utchlik, nach nordamerik. Proben 1

	Gewicht 1 Stückes	Auf 1 Pfund brut.	Feingehalt	Auf 1 Pfund fein	Ein Stück enthält fein Gold	fein Silber	Werth Gold : Silb. = 1 : 15½ oder 1 Thlr. = 3 M.	
	Gramm	Stück	1000	Stück	Gramm	Gramm	Mark	Pfennig
1	4,7785	104,6351	953	109,7955	4,5539	…	12	70,54
2	1,6200	308,6414	829	372,3057	1,343	…	3	74,70
3	3,5969	139,0089	875	158,8673	3,1473	…	8	78,10
4	1,7863	280,6905	875	320,789	1,5587	…	4	34,88
5	1,795	278,548	872	319,4358	1,5653	…	4	36,72
6	1,5875	314,949	832	378,5444	1,3208	…	3	68,50
7	0,81	617,3	832	741,9471	0,6739	…	1	88,02
8	0,4212	1187,115	832	1426,821	0,3504	…	…	97,76
9	0,4025	1242,2351	833	1491,2786	0,3353	…	…	93,54
1	7,216	69,2905	916	75,6446	6,6099	…	18	44,16
2	7,2071	69,3757	915	75,8205	6,5945	…	18	39,86
3	3,608	138,5809	916	151,2892	3,3049	…	9	22,08
4	3,6275	137,8345	915	150,6388	3,3192	…	9	26,06
5	31,6021	15,8217	470	33,6633	…	14,8530	2	67,35
6	26,3558	18,9711	458	41,4217	…	12,0709	2	17,28
7	12,8287	38,9749	482	80,8608	…	6,1834	1	11,30
8	6,2849	79,5565	370	215,015	…	2,3254	…	41,86
9	9,7513	51,2753	449	114,1988	…	4,3783	…	78,81
1	1,0853	460,7118	„	1026,084	…	0,4873	…	08,77
2	13,2122	37,8439	479 Θ	79,0060	…	6,3286	1	13,91
3	6,8988	72,4764	218 Θ	332,4605	…	1,5039	…	27,07
4	1,1693	427,6145	505 Θ	846,7614	…	0,5905	…	10,63
5	0,8082	618,6107	166 Θ	3726,57	…	0,1342	…	02,41
6	0,1548	3228,4894	83 Θ	38897,4626	…	0,0128	…	00,23
7	1,5685	318,7737	468	681,1403	…	0,7341	…	13,21
8	0,8158	612,9020	„	1309,6197	…	0,3817	…	06,87
9	12,7652	39,1688	442	88,6172	…	5,6422	1	01,56
1	6,091	82,0878	432	190,0180	…	2,6313	…	47,36

Türkei. Tunis.

Silbermünzen.

1½ Piaster-Stück, Alt-michlik, nach nordamerik. Proben 1
½ „ „ Yirmilik, nach nordamerik. Proben 2

Neuere Münzen seit 1845:

20 Piaster-Stück, Jirmilik, gesetzlich 3
Dergleichen 2 Stück von 1845, befunden 4
10 Piaster-Stück, Onlik, gesetzlich 5
Dergleichen 2 Stück von 1845, befunden 6
5 Piaster-Stück, Beschlik, gesetzlich 7
Dergleichen von 1845, befunden 8
2 Piaster-Stück, Ikilik, gesetzlich 9
1 „ „ Bir-grusch, Kirk-para (40 Para), gesetzlich . . 1
½ Piaster, Jarimlik-, Jirmi-para (20 Para), gesetzlich 2

Kupfermünzen.

5 Para-Stück, Besch-para, gesetzlich 3
1 „ „ Bir-para, gesetzlich 4
40, 20 und 10 Para-Stücke ebenfalls in Kupfer geprägt.

Tunis.

Rechnungsart.

Piaster oder Rial Sebili (Sbiglie genannt) zu 16 Kharub (Karuben-Corrobus) zu 3¼ Asper; — oder Piaster zu 52 Asper zu 2 Burben oder Flus (Einheit Fels) zu 6 Burbinen. — 1 Kharub = 39 Burbinen. — Nach Gesetz vom 3. April 1872 ist 1 Piaster = 3,13 Gramm Silber von $\frac{900}{1000}$ Feingehalt. 150 Piaster Kupfergeld sollen gegen 100 Piaster Silbergeld eingezogen werden.

Goldmünzen.

100 Piaster-Stück, Bumia, gesetzlich 5
50 Piaster (Bukamsin), 25 Piaster, 10 Piaster (Buaschra) und 5 Piaster-Stücke nach Verhältniß.

Silbermünzen.

Aeltere Münzen:

Doppel-Piaster von 1829, nach nordamerik. Untersuchungen . . . 6
Piaster von 1838 u. 1839, „ „ „ . . . 7
½ „ „ 1828 u. 1829, „ „ „ . . . 8
¼ „ „ 1834 u. 1835, „ „ „ . . . 9
⅛ „ „ 1824—1826, „ „ „ . . . 1
$\frac{1}{16}$ „ „ 1835—1839, „ „ „ . . . 2

	Gewicht 1 Stückes	Auf 1 Pfund brut.	Feingehalt	Auf 1 Pfund fein	Ein Stück enthält fein Gold	fein Silber	Werth Gold:Silb. = 1:15½ oder 1 Thlr. = 3 M. Mark	Pfennig
	Gramm	Stück	1000	Stück	Gramm	Gramm	Mark	Pfennig
1	3,1103	160,7552	425	378,2476	. . . .	1,3219	. . .	23,79
2	1,5227	328,3511	165	1990,0066	. . . .	0,2512	. . .	04,52
3	24,055	20,7857	830	25,043	. . . .	19,9656	3	59,38
4	24,0275	20,8099	829	25,1024	. . . .	19,9184	3	58,53
5	12,027	41,5714	830	50,086	. . . .	9,9824	1	79,68
6	12,1489	41,1558	829	49,6451	. . . .	10,0714	1	81,29
7	6,0137	83,1428	830	100,172	. . . .	4,9914	. . .	89,84
8	5,9914	83,4532	829	100,6674	. . . .	4,9669	. . .	89,40
9	2,4055	207,8570	830	250,4301	. . . .	1,9965	. . .	35,94
1	1,2027	415,7140	830	500,8602	. . . .	0,9983	. . .	17,97
2	0,6014	831,4280	830	1001,7204	. . . .	0,4991	. . .	08,98
3	2,673							
4	0,534							
5	19,492	51,3031	900	57,0035	17,5428	. . . .	48	94,44
6	23,1978	21,5538	270	79,8288	. . . .	6,2634	1	12,74
7	11,4045	43,8423	263	166,7009	. . . .	2,9994	. . .	53,99
8	5,8318	85,7361	273	314,0517	. . . .	1,5921	. . .	28,66
9	2,9159	171,4722	270	635,0823	. . . .	0,7873	. . .	14,17
1	1,3607	367,4405	296	1241,3530	. . . .	0,4028	. . .	07,25
2	0,7128	701,4773	270	2598,0641	. . . .	0,1925	. . .	3,46

Tunis. Waldeck und Pyrmont.

Silbermünzen.

Neuere Münzen seit 1872:

Burial oder Piaster, gesetzlich 1
½ Piaster, so wie 5 Piaster (Bukamsa), 4 Piaster (Buarba), 3 Piaster (Butleta) u. 2 Piaster-Stücke (Burialin) nach Verhältniß.

Kupfermünzen.

Kharub.
Fels oder ⅙ Kharub.

Bronzemünzen.

3 Kharub.
1½ Kharub.

Ungarn s. Oesterreich.

Uruguay s. Südamerikan. Freistaaten.

Venedig s. Lombard.-Venetian. Königreich.

Venezuela s. Südamerikan. Freistaaten.

Waldeck und Pyrmont.

Rechnungsart.

Seit 1875 wie Deutschland. — Vorher, seit 1831, Thaler zu 30 Silbergroschen zu 12 Pfennig, wie Preußen im 14 und im 30 Thalerfuß. Noch früher: Thaler, waldeckscher Währung zu 36 Mariengroschen zu 7 Pfennig (in Pyrmont zu 8 Pfennig). Im Werthe von 12, 13⅓, 13⅞, 14⅔ und 15 Thaler = 1 Cöln. Mark f. Silber.

Silbermünzen.

Aeltere Münzen:

Speciesthaler, von 1811, gesetzlich 2
Kronenthaler von 1813, " 3
Kronenthaler oder Palmenthaler von 1824, gesetzlich 4
⅓ Thalerstück von 1824, befunden 5

Münzen nach Convention vom 30. Juli 1838:

Doppelthaler oder 3½ Gulbenstück, gesetzlich 6
⅙ Thalerstück, gesetzlich 7

Scheidemünze:

Silbergroschen (seit 1842), gesetzlich 8

	Gewicht 1 Stückes	Auf 1 Pfund brut.	Feingehalt	Auf 1 Pfund fein	Ein Stück enthält fein Gold	fein Silber	Werth Gold : Silb. = 1 : 15½ oder 1 Thlr. = 3 M.	
	Gramm	Stück	1000	Stück	Gramm	Gramm	Mark	Pfennig
1	3,13	159,7447	900	177,4941	. . . .	2,817	. . .	50,70
2	28,0627	17,8173	$833\frac{1}{3}$	21,3807	. . . .	23,3856	4	20,94
3	29,517	16,9394	$868\frac{1}{18}$	19,5142	. . . .	25,6224	4	61,20
4	29,4589	16,9728	"	19,5527	. . . .	25,5719	4	60,29
5	8,7988	56,8257	620	91,6543	. . . .	5,0912	. . .	98,19
6	37,1199	13,4699	900	14,9665	. . . .	33,4079	6	01,34
7	5,3452	93,5407	$520\frac{5}{6}$	179,5981	. . . .	2,7840	. . .	50,11
8	2,1924	228,0611	$222\frac{2}{9}$	1026,2748	. . . .	0,4872	. . .	08,77

Waldeck und Pyrmont. Westindien.

Silbermünzen.

Münzen, nach Vertrag v. 24. Jan. u. Ges. v. 29. Juni 1857:

Doppelthaler, 2 Vereinsthaler, gesetzlich .	wie Preußen.
Vereinsthaler, gesetzlich	
$\frac{1}{6}$ Thaler zu 5 Silbergroschen, gesetzlich .	
Scheidemünze:	
Silbergroschen, gesetzlich	

Kupfermünzen.

3 Pfennigstück	wie Preußen.
1 "	

Westindien.

I. Englische Besitzungen.

Jamaika, Barbados, Trinidad, Bahama-Inseln und Englisch Guyana (Berbice, Denerara und Essequebo).

Rechnungsart.

Pound zu 20 Shillings zu 12 Pence oder Dollar (Gurd) zu 100 Cents. Der Werth des Pfundes beruht seit d. 14. Septbr. 1838 auf der gesetzlichen Annahme des span. Silber-Piasters und des amerik. Dollars zu 50 Pence oder $4\frac{1}{6}$ Schilling, während sie früher zu $6\frac{2}{3}$ und $6\frac{1}{4}$ Schilling Kurant angenommen wurden.

Früher in Englisch Guyana: Gulden zu 20 Stüver zu 8 Deut oder 12 Pfennig. — 3 Gulden = 1 Dollar. — 14 Gulden = 1 Pfund Sterling.

Silbermünzen.

Aeltere Münzen für Engl. Guyana:

3 Guldenstück von 1809, nach engl. Angabe 1
Dergleichen von 1809 u. 1816, nach nordamerik. Angabe . . . 2
2 Guldenstück von 1809, nach nordamerik. Angabe 3
1 " " 1816, " " " 4
Dergleichen " 1832, " " " 5
$\frac{1}{2}$ und $\frac{1}{4}$ Gulden nach Verhältniß

II. Französische Besitzungen.

Französisch Guyana oder Surinam, die Inseln Martinique, St. Martin, Guadeloupe, Marie-Galante &c.

Rechnungsart.

Franc zu 100 Centimes. — Seit 1821 wie Frankreich, aber 180

	Gewicht 1 Stückes	Auf 1 Pfund brut.	Fein-gehalt	Auf 1 Pfund fein	Ein Stück enthält fein Gold	Ein Stück enthält fein Silber	Werth Gold : Silb. = 1 : 15½ oder 1 Thlr. = 3 M. Mark	Pfennig
	Gramm	Stück	1000	Stück	Gramm	Gramm	Mark	Pfennig
1	23,3249	21,4363	816	26,27	. . . .	19,0331	3	42,59
2	23,2626	21,4937	825	26,053	. . . .	19,1916	3	45,45
3	15,422	32,4212	"	39,2985	. . . .	12,7232	2	29,02
4	7,711	64,8424	"	78,5969	. . . .	6,3616	1	14,51
5	7,7434	64,5711	819	78,8414	. . . .	6,3418	1	14,15

Westindien.

Rechnungsart.
bis 185 Francs Westindischer Währung = 100 Francs franz. Silberkurant. — Vor 1821: Livre zu 20 Sous zu 12 Deniers.

Kupfermünzen. 10 und 5 Centimes-Stück.

III. Niederländische Besitzungen.

Niederl. Guyana, Surinam, die Insel Cürassao, St. Eustache, St. Martin.

Rechnungsart.
Gulden zu 100 Cents, wie Niederlande seit 1827. — Früher Gulden zu 20 Stüver zu 8 Deut oder 16 Pfennig in gleichem Werthe wie auf den engl. Besitzungen, Denarara 2c.
Früher auf den Inseln: Piaster zu 8 Schilling oder Reales zu 6 Stüver Kurant. — 11 Reales gleich einem span. Silberpiaster.

IV. Dänische Besitzungen.

St. Thomas, St. Jean und Santa Cruz.

Rechnungsart.
Thaler, dänisch-westindisch Kurant zu 96 Schilling. — Nach Verordnung vom 22. Aug. 1814 sind 14$\frac{22}{64}$ Thaler dänisch-westindisch Kurant gleich 1 Cöln. Mark fein Silber. — Dollar, Peso oder mexikan. Piaster zu 8 Reales oder 100 Cents.

Silbermünzen.

Aeltere: 20 Schilling-Stück von 1816—1840, nach dänischer Angabe 1
10 „ „ (Real) v. 1816—1840, n. dänisch. Ang. 2
2 „ „ (Stüver) v. 1816—1840, n. dänisch. Ang. 3

Neuere: 10 Cents seit 1859 4
5 „ „ „ 5
3 „ „ „ 6

V. Spanische Besitzungen.

Cuba oder Havana, Porto-Rico, Margaretha.

Rechnungsart.
Peso, Piaster oder Dollar zu 8 Reales zu 4 Cuartillos oder Peso zu 100 Centavos (Cents). — Der Werth des Peso ist gleich dem span. Silberpiaster. — Die span. Onza (Doblon) hat Zwangskurs zu 17 Pesos früher zu 16 Pesos.

VI. Die schwedische Insel Barthelemy.

Rechnungsart wie auf den englischen Inseln.

	Gewicht 1 Stückes	Auf 1 Pfund brut.	Feingehalt	Auf 1 Pfund fein	Ein Stück enthält fein Gold	Ein Stück enthält fein Silber	Werth Gold : Silb. = 1 : 15½ oder 1 Thlr. = 3 M. Mark	Pfennig
	Gramm	Stück	1000	Stück	Gramm	Gramm	Mark	Pfennig
1	4,872	102,6275	625	164,2039	. . . .	3,0450	. . .	54,81
2	2,436	205,255	"	328,4078	. . . .	1,5225	. . .	27,40
3	1,2179	410,51	250	1642,04	. . . .	0,3045	. . .	05,48
4	3,35							
5	1,675							
6	1							

Westindien. Westfalen.

VII. Hayti oder St. Domingo.

Rechnungsart.

Gourde, Peso, Piaster, Dollar zu 100 Centavos (Cents auch Para genannt). — Peso gleich dem alten span. Silberpiaster. — Gourde zu 100 Centimes in den Jahren 1818–1834 nach den Ausmünzungen im Werthe wechselnd.

Früher: Livre zu 20 Sous zu 12 Deniers.

Silbermünzen aus älterer Zeit:

Gourde oder Dollar . .	Nach angestellten Untersuchungen sind die Verschiedenheiten im Gewicht und Gehalt (562–875) so groß, daß eine Werthangabe nicht möglich ist.
½ Gourde zu 50 Cents .	
¼ „ „ 25 „ .	
12 Cents-Stück	
6 „ „	

Bronzemünzen. Nach Verordnung von 1863:

20 Centimes, $\frac{1}{5}$ Gourde (Piaster) 1
10 „ $\frac{1}{10}$ „ 2
5 „ $\frac{1}{20}$ „ 3

Westfalen (ehemaliges Königreich).

Rechnungsart.

Thaler zu 24 Gutegroschen zu 12 Pfennig. — 13⅓ Thaler aus einer Cöln. Mark fein Silber.

Frank zu 100 Centimen wie in Frankreich.

Goldmünzen.

10 Thalerstück, Doppel-Hyronimusd'or zu 41⅔ Frank, in einer Valvation von 600 Stück, im Durchschnitt befunden 4
5 Thalerstück, Hyronimusd'or zu 20⅚ Frank 5

Französisch Westfälische Münzen:

20 Frankstück, gesetzlich 6
10 „ von 1813, gesetzlich 7
5 Frankstück nach Verhältniß.

Silbermünzen von 1808—1813:

Conventions-Speciesthaler, gesetzlich 8
⅔ Thalerstück, nach dem Leipziger Fuß, gesetzlich 9
⅔ „ von feinem Silber, gesetzlich 1
⅙ „ im Conv.-Fuß, gesetzlich 2

	Gewicht 1 Stückes	Auf 1 Pfund brut.	Fein-gehalt	Auf 1 Pfund fein	Ein Stück enthält fein Gold	fein Silber	Werth Gold : Silb. = 1 : 15½ oder 1 Thlr. = 3 M.	
	Gramm	Stück	1000	Stück	Gramm	Gramm	Mark	Pfennig
1	8							
2	4							
3	2							
4	13,2737	37,6684	895	42,0875	11,8800	. . . .	33	14,50
5	6,6368	75,3367	„	84,1750	5,9400	. . . .	16	57,25
6	6,4516	77,5	900	86,1111	5,8065	. . . .	16	20
7	3,2258	155	„	172,2222	2,9032	. . . .	8	10
8	28,0627	17,8173	833⅓	21,3807	. . . .	23,3855	4	20,94
9	17,3226	28,864	750	} 38,4853	. . . .	12,9920	2	33,85
1	13,0828	38,2180	993$\frac{1}{16}$	}				
2	5,8464	85,5229	500	171,0458	. . . .	2,9232	. . .	52,62

Westfalen. Württemberg.

Silbermünzen.

Französisch Westfälische Münzen:

5 Frankstück, gesetzlich 1
2 „ „ 2
1 „ „ 3
½ „ oder 50 Centimen, gesetzlich 4

Scheidemünze:

20 Centimen-Stück, von 1808—1812, befunden . . 5
10 „ „ v. 1808, 1810 u. 1812, befunden 6

Kupfermünzen. 3, 2 und 1 Centimen-Stück.

Württemberg.

Rechnungsart.

Seit 1. Juli 1875 wie Deutschland. — Vorher Gulden zu 60 Krz. zu 4 Pfennig oder 6 Heller. — Nach Münzvertrag v. 24. Jan. 1857 sollen 52½ Gulden 1 Pfund fein Silber enthalten, vorher 24½ Gulden eine Cöln. Mark fein Silber.

Früher: Gulden zu 15 Batzen zu 4 Kreuzer zu 6 Heller im 24 Guldenfuß.

Thaler zu 30 Kaisergroschen zu 3 Kreuzer; der Thaler = 1½ Gulden.

Goldmünzen.

Aeltere Münzen:

Karolin zu 9⅝ Gulden in Carolinen, gesetzlich 7
Dergleichen, befunden 8
½ Karolin nach Verhältniß.
Friedrichd'or zu 11 Gulden im 24 Guldenfuß von 1810, gesetzlich 9

Neuere Münzen:

Dukaten, seit 1853 zu 5 Gulden 45 Krz., gesetzlich 1
Dergleichen, in großen Summen befunden 2
4 Dukaten-Stück nach Verhältniß.
10 Guldenstück von 1824 u. 1825, gesetzlich 3
Dergleichen von 1825, befunden 4
5 Guldenstück, gesetzlich 5

Silbermünzen.

Aelterr Münzen:

Conventions-Speciesthaler seit 1801, gesetzlich 6
Dergleichen nach gewöhnlicher Annahme 7

	Gewicht 1 Stückes	Auf 1 Pfund brut.	Feingehalt	Auf 1 Pfund fein	Ein Stück enthält fein Gold	fein Silber	Werth Gold : Silb. = 1 : 15½ oder 1 Thlr. = 3 M.	
	Gramm	Stück	1000	Stück	Gramm	Gramm	Mark	Pfennig
1	25	20	900	22,2222	. . . .	22,5	4	05
2	10	50	"	55,5555	. . . .	9	1	62
3	5	100	"	111,1111	. . . .	4,5	. . .	81
4	2,5	200	"	222,2222	. . . .	2,25	. . .	40,5
5	3,8732	129,0904	200	645,452	. . . .	0,7746	. . .	13,94
6	1,9695	253,8747	"	1269,3735	. . . .	0,3939	. . .	07,09
7	9,7437	51,3137	770⅚ G. 146 S.	66,5692	7,511	1,4226	20	95,51 25,61
8	9,5634	52,2823	770	67,8991	7,3639	. . . .	20	54,53
9	7,6257	65,5678	895⅚	73,1920	6,8314	. . . .	19	05,95
1	3,4904	143,2509	986⅓	145,2685	3,4419	. . . .	9	60,29
2	3,434	145,6028	984	147,9703	3,3790	. . . .	9	42,74
3	6,6816	74,8324	895⅚	83,5338	5,9856	. . . .	16	69,98
4	6,6766	74,8884	893	83,8617	5,9622	. . . .	16	63,45
5	3,3408	149,6648	895⅚	167,0676	2,9928	. . . .	8	34,99
6	28,0627	17,8173	833⅓	21,3807	. . . .	23,3855	4	20,94
7	28,02	17,8444	837	21,3195	. . . .	23,4527	4	22,15

Württemberg.	
Silbermünzen.	
Kopfstück zu 20 später 24 Kreuzer, gesetzlich	1
Dergleichen, nach gewöhnlicher Annahme	2
½ Kopfstück zu 10 später 12 Kreuzer ($\frac{1}{12}$ Conv.-Specthlr.), gesetzlich	3
Dergleichen, nach gewöhnlicher Annahme	4
Kronenthaler von 1809—1837, gesetzlich	5
Dergleichen von 1825, befunden	6
Dergleichen, nach gewöhnlicher Annahme	7
2 Guldenstück, von 1824 u. 1825 im 24½ Guldenfuß, gesetzlich .	8
1 " " " " " " " " " .	9
Nach den Conventionen vom 25. Aug. 1837, 30. Juli 1838 u. 27. März 1845:	
3½ Guldenstück oder Doppelthaler, gesetzlich	1
2 Guldenstück, gesetzlich	2
Gulden, gesetzlich	3
½ " "	4
Scheidemünze:	
6 Kreuzerstück, gesetzlich	5
3 " "	6
1 " "	7
Nach d. Münzvertrage v. 24. Jan. 1857 u. 7. Aug. 1858:	
3½ Gulden oder Doppelthaler, gesetzlich	8
Vereinsthaler zu 1¾ Gulden, "	9
Gulden, gesetzlich	1
½ " "	2
Scheidemünze:	
1 Kreuzerstück, gesetzlich	3
Kupfermünzen.	
½ Kreuzerstück	4
¼ "	5

	Gewicht 1 Stückes	Auf 1 Pfund brut.	Fein-gehalt	Auf 1 Pfund fein	Ein Stück enthält fein Gold	fein Silber	Werth Gold : Silb. = 1 : 15½ oder 1 Thlr. = 3 M.	
	Gramm	Stück	1000	Stück	Gramm	Gramm	Mark	Pfennig
1	6,6815	74,8325	$583\frac{1}{3}$	128,2843	. . . .	3,8976	. . .	70,16
2	6,64	75,3012	584	128,9404	. . . .	3,8778	. . .	69,80
3	3,8976	128,2843	500	256,5686	. . . .	1,9488	. . .	35,08
4	3,84	130,2083	498	261,4024	. . . .	1,9123	. . .	34,42
5	29,4290	16,9900	$869\frac{57}{72}$	19,5334	. . . .	25,5972	4	60,75
6	29,3346	17,0447	872	19,5467	. . . .	25,5798	4	60,436
7	29,30	17,0648	876	19,4804	. . . .	25,6668	4	62,00
8	25,4536	19,6435	750	26,1914	. . . .	19,0902	3	43,62
9	12,7268	39,2871	„	52,3828	. . . .	9,5451	1	71,81
1	37,1199	13,4699	900	14,9665	. . . .	33,4079	6	01,34
2	21,2114	23,5723	„	26,1914	. . . .	19,0902	3	43,62
3	10,6057	47,1445	„	52,3828	. . . .	9,5451	1	71,81
4	5,3028	94,2890	„	104,7655	. . . .	4,7725	. . .	85,90
5	2,5984	192,4265	$333\frac{1}{3}$	577,2796	. . . .	0,8661	. . .	15,59
6	1,2992	384,8530	„	1154,5591	. . . .	0,4330	. . .	07,79
7	0,6236	801,7772	250	3207,1088	. . . .	0,1559	. . .	02,81
8	37,0370	13,5	900	15	. . . .	33,3333	6	. . .
9	18,5185	27	„	30	. . . .	16,6666	3	. . .
1	10,5820	47,25	900	52,5	. . . .	9,5238	1	71,43
2	5,2910	94,5	„	105	. . . .	4,7619	. . .	85,71
3	0,8367	597,60	$166\frac{2}{3}$	3600	. . . .	0,1388	. . .	02,5
4	2,12							
5	1,06							

Anhang.

Tabelle A.

I.

Werth von einem Gramm und einem Pfunde fein Silber, entsprechend dem Preise von 62 bis 40 Pence Sterling für eine Unze Standard Silber.

(1 Engl. Troy Unze = 0,062 206 93 Pfund.)
(1 Engl. Troy Pfund = 373,2416 Gramm.)

Preis einer Unze Standard Silber	Werth eines Gramms fein Silber		Werth eines Pfundes fein Silber	
Pence Sterling	Mark	Pfennig	Mark	Pfennig
62	—	18, 343 672 72	91	71, 836 359
61	—	18, 047 807 03	90	23, 903 517
60	—	17, 751 941 34	88	75, 970 673
59	—	17, 456 075 65	87	28, 037 828
58	—	17, 166 209 96	85	80, 104 984
57	—	16, 864 344 27	84	32, 172 139
56	—	16, 568 478 58	82	84, 239 295
55	—	16, 272 612 89	81	36, 306 450
54	—	15, 976 747 21	79	88, 373 606
53	—	15, 680 881 52	78	40, 440 761
52	—	15, 385 015 83	76	92, 507 917
51	—	15, 089 150 14	75	44, 575 072
50	—	14, 793 284 45	73	96, 642 227
49	—	14, 497 418 76	72	48, 709 383
48	—	14, 201 553 07	71	00, 776 538
47	—	13, 905 687 38	69	52, 843 694
46	—	13, 609 821 69	68	04, 910 849
45	—	13, 313 956 01	66	56, 978 005
44	—	13, 018 090 32	65	09, 045 160
43	—	12, 722 224 63	63	61, 112 315
42	—	12, 426 358 94	62	13, 179 471
41	—	12, 130 493 25	60	65, 246 626
40	—	11, 834 627 56	59	17, 313 782

Preis einer Unze Standard Silber	Werth eines Gramms fein Silber		Werth eines Pfundes fein Silber	
Pence Sterling	Mark	Pfennig	Mark	Pfennig
$^{1}/_{16}$ . . .	—	0, 018 491 60	—	09, 245 803
$^{2}/_{16} = {}^{1}/_{8}$ . .	—	0, 036 983 21	—	18, 491 606
$^{3}/_{16}$ . . .	—	0, 055 474 81	—	27, 737 408
$^{4}/_{16} = {}^{1}/_{4}$ . .	—	0, 073 966 42	—	36, 983 211
$^{5}/_{16}$ . . .	—	0, 092 458 02	—	46, 229 014
$^{6}/_{16} = {}^{3}/_{8}$ . .	—	0, 110 949 63	—	55, 474 817
$^{7}/_{16}$ . . .	—	0, 129 441 24	—	64, 720 619
$^{8}/_{16} = {}^{1}/_{2}$ . .	—	0, 147 932 84	—	73, 966 422
$^{9}/_{16}$ . . .	—	0, 166 424 45	—	83, 212 225
$^{10}/_{16} = {}^{5}/_{8}$ . .	—	0, 184 916 05	—	92, 458 028
$^{11}/_{16}$ . . .	—	0, 203 407 65	1	01, 703 831
$^{12}/_{16} = {}^{3}/_{4}$ . .	—	0, 221 899 26	1	10, 949 633
$^{13}/_{16}$ . . .	—	0, 240 390 87	1	20, 195 436
$^{14}/_{16} = {}^{7}/_{8}$ . .	—	0, 258 882 48	1	29, 441 239
$^{15}/_{16}$ . . .	—	0, 277 374 08	1	38, 687 042

II.

Werth von 1—10 Gramm fein Silber bei dem Preise des Pfundes von 90 bis 79 Mark.

1 Pfund fein Silber = 90 M.	1 Pfund f. Silber = 89 M.
1 Gramm f. Silber = 0,18 M.	1 Gramm f. Silber = 0,178 M.
2 " " " = 0,36 "	2 " " " = 0,356 "
3 " " " = 0,54 "	3 " " " = 0,534 "
4 " " " = 0,72 "	4 " " " = 0,712 "
5 " " " = 0,90 "	5 " " " = 0,890 "
6 " " " = 1,08 "	6 " " " = 1,068 "
7 " " " = 1,26 "	7 " " " = 1,246 "
8 " " " = 1,44 "	8 " " " = 1,424 "
9 " " " = 1,62 "	9 " " " = 1,602 "
10 " " " = 1,80 "	10 " " " = 1,780 "

1 Pfund f. Silber = 88 M.	1 Pfund f. Silber = 87 M.
1 Gramm f. Silber = 0,176 M.	1 Gramm f. Silber = 0,174 M.
2 " " " = 0,352 "	2 " " " = 0,348 "
3 " " " = 0,528 "	3 " " " = 0,522 "
4 " " " = 0,704 "	4 " " " = 0,696 "
5 " " " = 0,880 "	5 " " " = 0,870 "
6 " " " = 1,056 "	6 " " " = 1,044 "
7 " " " = 1,232 "	7 " " " = 1,218 "
8 " " " = 1,408 "	8 " " " = 1,392 "
9 " " " = 1,584 "	9 " " " = 1,566 "
10 " " " = 1,760 "	10 " " " = 1,740 "

1 Pfund f. Silber = 86 M.					
1	Gramm	f.	Silber	= 0,172	M.
2	"	"	"	= 0,344	"
3	"	"	"	= 0,516	"
4	"	"	"	= 0,688	"
5	"	"	"	= 0,860	"
6	"	"	"	= 1,032	"
7	"	"	"	= 1,204	"
8	"	"	"	= 1,376	"
9	"	"	"	= 1,548	"
10	"	"	"	= 1,720	"

1 Pfund f. Silber = 85 M.					
1	Gramm	f.	Silber	= 0,17	M.
2	"	"	"	= 0,34	"
3	"	"	"	= 0,51	"
4	"	"	"	= 0,68	"
5	"	"	"	= 0,85	"
6	"	"	"	= 1,02	"
7	"	"	"	= 1,19	"
8	"	"	"	= 1,36	"
9	"	"	"	= 1,53	"
10	"	"	"	= 1,70	"

1 Pfund f. Silber = 84 M.					
1	Gramm	f.	Silber	= 0,168	M.
2	"	"	"	= 0,336	"
3	"	"	"	= 0,604	"
4	"	"	"	= 0,772	"
5	"	"	"	= 0,840	"
6	"	"	"	= 1,008	"
7	"	"	"	= 1,176	"
8	"	"	"	= 1,344	"
9	"	"	"	= 1,512	"
10	"	"	"	= 1,680	"

1 Pfund f. Silber = 83 M.					
1	Gramm	f.	Silber	= 0,166	M.
2	"	"	"	= 0,332	"
3	"	"	"	= 0,498	"
4	"	"	"	= 0,664	"
5	"	"	"	= 0,830	"
6	"	"	"	= 1,996	"
7	"	"	"	= 1,162	"
8	"	"	"	= 1,328	"
9	"	"	"	= 1,494	"
10	"	"	"	= 1,660	"

1 Pfund f. Silber = 82 M.					
1	Gramm	f.	Silber	= 0,164	M.
2	"	"	"	= 0,328	"
3	"	"	"	= 0,492	"
4	"	"	"	= 0,656	"
5	"	"	"	= 0,820	"
6	"	"	"	= 0,984	"
7	"	"	"	= 1,148	"
8	"	"	"	= 1,312	"
9	"	"	"	= 1,476	"
10	"	"	"	= 1,640	"

1 Pfund f. Silber = 81 M.					
1	Gramm	f.	Silber	= 0,162	M.
2	"	"	"	= 0,324	"
3	"	"	"	= 0,486	"
4	"	"	"	= 0,648	"
5	"	"	"	= 0,810	"
6	"	"	"	= 1,972	"
7	"	"	"	= 1,134	"
8	"	"	"	= 1,296	"
9	"	"	"	= 1,458	"
10	"	"	"	= 1,620	"

1 Pfund f. Silber = 80 M.					
1	Gramm	f.	Silber	= 0,16	M.
2	"	"	"	= 0,32	"
3	"	"	"	= 0,48	"
4	"	"	"	= 0,64	"
5	"	"	"	= 0,80	"
6	"	"	"	= 0,96	"
7	"	"	"	= 1,12	"
8	"	"	"	= 1,28	"
9	"	"	"	= 1,44	"
10	"	"	"	= 1,60	"

1 Pfund f. Silber = 79 M.					
1	Gramm	f.	Silber	= 0,158	M.
2	"	"	"	= 0,316	"
3	"	"	"	= 0,474	"
4	"	"	"	= 0,632	"
5	"	"	"	= 0,790	"
6	"	"	"	= 0,948	"
7	"	"	"	= 1,106	"
8	"	"	"	= 1,264	"
9	"	"	"	= 1,422	"
10	"	"	"	= 1,580	"

III.

Werth von 1—10 Gramm fein Gold bei dem Preise des Pfundes = 1392 und = 1395 Mark.

1 Pfund fein Gold = 1392 M.		1 Pfund fein Gold = 1395 M.	
1 Gramm f. Gold =	2,784 M.	1 Gramm f. Gold =	2,79 M.
2 „ „ „ =	5,568 „	2 „ „ „ =	5,58 „
3 „ „ „ =	8,352 „	3 „ „ „ =	8,37 „
4 „ „ „ =	11,136 „	4 „ „ „ =	11,16 „
5 „ „ „ =	13,920 „	5 „ „ „ =	13,95 „
6 „ „ „ =	16,704 „	6 „ „ „ =	16,74 „
7 „ „ „ =	19,488 „	7 „ „ „ =	19,53 „
8 „ „ „ =	22,272 „	8 „ „ „ =	22,32 „
9 „ „ „ =	25,056 „	9 „ „ „ =	25,11 „
10 „ „ „ =	27,840 „	10 „ „ „ =	27,90 „

IV.

Werth von 1—10 Pfund fein Gold bei dem Preise des Pfundes = 1392 und 1395 Mark.

1 Pfund fein Gold = 1392 M.		1 Pfund fein Gold = 1395 M.	
1 Pfund f. Gold =	1,392 M.	1 Pfund f. Gold =	1,395 M.
2 „ „ „ =	2,784 „	2 „ „ „ =	2,790 „
3 „ „ „ =	4,176 „	3 „ „ „ =	4,185 „
4 „ „ „ =	5,568 „	4 „ „ „ =	5,580 „
5 „ „ „ =	6,960 „	5 „ „ „ =	6,975 „
6 „ „ „ =	8,352 „	6 „ „ „ =	8,370 „
7 „ „ „ =	9,744 „	7 „ „ „ =	9,765 „
8 „ „ „ =	11,136 „	8 „ „ „ =	11,160 „
9 „ „ „ =	12,528 „	9 „ „ „ =	12,555 „
10 „ „ „ =	13,920 „	10 „ „ „ =	13,950 „

B.

Tabelle

zur Uebertragung der tausendtheiligen Gehalte in Lothe und Gräne oder Karate und Gräne.

Tausendtheil.	Loth.	Grän.	Karat.	Grän.	Tausendth.	Loth.	Grän.	Karat.	Grän.	Tausendth.	Loth.	Grän.	Karat.	Grän.
0,25 = ¼	—	0,072	—	0,072	28	—	8,064	—	8,064	58	—	16,704	1	4,704
0,5 = ½	—	0,144	—	0,144	29	—	8,352	—	8,352	59	—	16,992	1	4,992
0,75 = ¾	—	0,216	—	0,216	30	—	8,640	—	8,640	60	—	17,280	1	5,280
1	—	0,288	—	0,288	31	—	8,928	—	8,928	61	—	17,568	1	5,568
2	—	0,576	—	0,576	32	—	9,216	—	9,216	62	—	17,856	1	5,856
3	—	0,864	—	0,864	33	—	9,504	—	9,504	63	1	0,144	1	6,144
4	—	1,152	—	1,152	34	—	9,792	—	9,792	64	1	0,432	1	6,432
5	—	1,440	—	1,440	35	—	10,080	—	10,080	65	1	0,720	1	6,720
6	—	1,728	—	1,728	36	—	10,368	—	10,368	66	1	1,008	1	7,008
7	—	2,016	—	2,016	37	—	10,656	—	10,656	67	1	1,296	1	7,296
8	—	2,304	—	2,304	38	—	10,944	—	10,944	68	1	1,584	1	7,584
9	—	2,592	—	2,592	39	—	11,232	—	11,232	69	1	1,872	1	7,872
10	—	2,880	—	2,880	40	—	11,520	—	11,520	70	1	2,160	1	8,160
11	—	3,168	—	3,168	41	—	11,808	—	11,808	71	1	2,448	1	8,448
12	—	3,456	—	3,456	42	—	12,096	1	0,096	72	1	2,736	1	8,736
13	—	3,744	—	3,744	43	—	12,384	1	0,384	73	1	3,024	1	9,024
14	—	4,032	—	4,032	44	—	12,672	1	0,672	74	1	3,312	1	9,312
15	—	4,320	—	4,320	45	—	12,960	1	0,960	75	1	3,600	1	9,600
16	—	4,608	—	4,608	46	—	13,248	1	1,248	76	1	3,888	1	9,888
17	—	4,896	—	4,896	47	—	13,536	1	1,536	77	1	4,176	1	10,176
18	—	5,184	—	5,184	48	—	13,824	1	1,824	78	1	4,464	1	10,464
19	—	5,472	—	5,472	49	—	14,112	1	2,112	79	1	4,752	1	10,752
20	—	5,760	—	5,760	50	—	14,400	1	2,400	80	1	5,040	1	11,040
21	—	6,048	—	6,048	51	—	14,688	1	2,688	81	1	5,328	1	11,328
22	—	6,336	—	6,336	52	—	14,976	1	2,976	82	1	5,616	1	11,616
23	—	6,624	—	6,624	53	—	15,264	1	3,264	83	1	5,904	1	11,904
24	—	6,912	—	6,912	54	—	15,552	1	3,552	84	1	6,192	2	0,192
25	—	7,200	—	7,200	55	—	15,840	1	3,840	85	1	6,480	2	0,480
26	—	7,488	—	7,488	56	—	16,128	1	4,128	86	1	6,768	2	0,768
27	—	7,776	—	7,776	57	—	16,416	1	4,416	87	1	7,056	2	1,056

Tausendth.	Loth.	Grän.	Karat.	Grän.	Tausendth.	Loth.	Grän.	Karat.	Grän.	Tausendth.	Loth.	Grän.	Karat.	Grän.
88	1	7,344	2	1,344	133	2	2,304	3	2,304	178	2	15,264	4	3,264
89	1	7,632	2	1,632	134	2	2,592	3	2,592	179	2	15,552	4	3,552
90	1	7,920	2	1,920	135	2	2,880	3	2,880	180	2	15,840	4	3,840
91	1	8,208	2	2,208	136	2	3,168	3	3,168	181	2	16,128	4	4,128
92	1	8,496	2	2,496	137	2	3,456	3	3,456	182	2	16,416	4	4,416
93	1	8,784	2	2,784	138	2	3,744	3	3,744	183	2	16,704	4	4,704
94	1	9,072	2	3,072	139	2	4,032	3	4,032	184	2	16,992	4	4,992
95	1	9,360	2	3,360	140	2	4,320	3	4,320	185	2	17,280	4	5,280
96	1	9,648	2	3,648	141	2	4,608	3	4,608	186	2	17,568	4	5,568
97	1	9,936	2	3,936	142	2	4,896	3	4,896	187	2	17,856	4	5,856
98	1	10,224	2	4,224	143	2	5,184	3	5,184	188	3	0,144	4	6,144
99	1	10,512	2	4,512	144	2	5,472	3	5,472	189	3	0,432	4	6,432
100	1	10,800	2	4,800	145	2	5,760	3	5,760	190	3	0,720	4	6,720
101	1	11,088	2	5,088	146	2	6,048	3	6,048	191	3	1,008	4	7,008
102	1	11,376	2	5,376	147	2	6,336	3	6,336	192	3	1,296	4	7,296
103	1	11,664	2	5,664	148	2	6,624	3	6,624	193	3	1,584	4	7,584
104	1	11,952	2	5,952	149	2	6,912	3	6,912	194	3	1,872	4	7,872
105	1	12,240	2	6,240	150	2	7,200	3	7,200	195	3	2,160	4	8,160
106	1	12,528	2	6,528	151	2	7,488	3	7,488	196	3	2,448	4	8,448
107	1	12,816	2	6,816	152	2	7,776	3	7,776	197	3	2,736	4	8,736
108	1	13,104	2	7,104	153	2	8,064	3	8,064	198	3	3,024	4	9,024
109	1	13,392	2	7,392	154	2	8,352	3	8,352	199	3	3,312	4	9,312
110	1	13,680	2	7,680	155	2	8,640	3	8,640	200	3	3,600	4	9,600
111	1	13,968	2	7,968	156	2	8,928	4	8,928	201	3	3,888	4	9,888
112	1	14,256	2	8,256	157	2	9,216	3	9,216	202	3	4,176	4	10,176
113	1	14,544	2	8,544	158	2	9,504	3	9,504	203	3	4,464	4	10,464
114	1	14,832	2	8,832	159	2	9,792	3	9,792	204	3	4,752	4	10,752
115	1	15,120	2	9,120	160	2	10,080	3	10,080	205	3	5,040	4	11,040
116	1	15,408	2	9,408	161	2	10,368	3	10,368	206	3	5,328	3	11,328
117	1	15,696	2	9,696	162	2	10,656	3	10,656	207	3	5,616	4	11,616
118	1	15,984	2	9,984	163	2	10,944	3	10,944	208	3	5,904	4	11,904
119	1	16,272	2	10,272	164	2	11,232	3	11,232	209	3	6,192	5	0,192
120	1	16,560	2	10,560	165	2	11,520	3	11,520	210	3	6,480	5	0,480
121	1	16,848	2	10,848	166	2	11,808	3	11,808	211	3	6,768	5	0,768
122	1	17,136	2	11,136	167	2	12,096	4	0,096	212	3	7,056	5	1,056
123	1	17,424	2	11,424	168	2	12,384	4	0,384	213	3	7,344	5	1,344
124	1	17,712	2	11,712	169	2	12,672	4	0,672	214	3	7,632	5	1,632
125	2		3		170	2	12,960	4	0,960	215	3	7,920	5	1,920
126	2	0,288	3	0,288	171	2	13,248	4	1,248	216	3	8,208	5	2,208
127	2	0,576	3	0,576	172	2	13,536	4	1,536	217	3	8,496	5	2,496
128	2	0,864	3	0,864	173	2	13,824	4	1,824	218	3	8,784	5	2,784
129	2	1,152	3	1,152	174	2	14,112	4	2,112	219	3	9,072	5	3,072
130	2	1,440	3	1,440	175	2	14,400	4	2,400	220	3	9,360	5	3,360
131	2	1,728	3	1,728	176	2	14,688	4	2,688	221	3	9,648	5	3,648
132	2	2,016	3	2,016	177	2	14,976	4	2,976	222	3	9,936	5	3,936

Tausendth.	Loth.	Grän.	Karat.	Grän.	Tausendth.	Loth.	Grän.	Karat.	Grän.	Tausendth.	Loth.	Grän.	Karat.	Grän.
223	3	10,224	5	4,224	268	4	5,184	6	5,184	313	5	0,144	7	6,144
224	3	10,512	5	4,512	269	4	5,472	6	5,472	314	5	0,432	7	6,432
225	3	10,800	5	4,800	270	4	5,760	6	5,760	315	5	0,720	7	6,720
226	3	11,088	5	5,088	271	4	6,048	6	6,048	316	5	1,008	7	7,008
227	3	11,376	5	5,376	272	4	6,336	6	6,336	317	5	1,296	7	7,296
228	3	11,664	5	5,664	273	4	6,624	5	6,624	318	5	1,584	7	7,584
229	3	11,952	5	5,952	274	4	6,912	6	6,912	319	5	1,872	7	7,872
230	3	12,240	5	6,240	275	4	7,200	6	7,200	320	5	2,160	7	8,160
231	3	12,528	5	6,528	276	4	7,488	6	7,488	321	5	2,448	7	8,448
232	3	12,816	5	6,816	277	4	7,776	6	7,776	322	5	2,736	7	8,736
233	3	13,104	5	7,104	278	4	8,064	6	8,064	323	5	3,024	7	9,024
234	3	13,392	5	7,392	279	4	8,352	6	8,352	324	5	3,312	7	9,312
235	3	13,680	5	7,680	280	4	8,640	6	8,640	325	5	3,600	7	9,600
236	3	13,968	5	7,968	281	4	8,928	6	8,928	326	5	3,888	7	9,888
237	3	14,256	5	8,256	282	4	9,216	6	9,216	327	5	4,176	7	10,176
238	3	14,544	5	8,544	283	4	9,504	6	9,504	328	5	4,464	7	10,464
239	3	14,832	5	8,832	284	4	9,792	6	9,792	329	5	4,752	7	10,752
240	3	15,120	5	9,120	285	4	10,080	6	10,080	330	5	5,040	7	11,040
241	3	15,408	5	9,408	286	4	10,368	6	10,368	331	5	5,328	7	11,328
242	3	15,696	5	9,696	287	4	10,656	6	10,656	332	5	5,616	7	11,616
243	3	15,984	5	9,984	288	4	10,944	6	10,944	333	5	5,904	7	11,904
244	3	16,272	5	10,272	289	4	11,232	6	11,232	334	5	6,192	8	0,192
245	3	16,560	5	10,560	290	4	11,520	6	11,520	335	5	6,480	8	0,480
246	3	16,848	5	10,848	291	4	11,808	6	11,808	336	5	6,768	8	0,768
247	3	17,136	5	11,136	292	4	12,096	7	0,096	337	5	7,056	8	1,056
248	3	17,424	5	11,424	293	4	12,384	7	0,384	338	5	7,344	8	1,344
249	3	17,712	5	11,712	294	4	12,672	7	0,672	339	5	7,632	8	1,632
250	4		6		295	4	12,960	7	0,960	340	5	7,920	8	1,920
251	4	0,288	6	0,288	296	4	13,248	7	1,248	341	5	8,208	8	2,208
252	4	0,576	6	0,576	297	4	13,536	7	1,536	342	5	8,496	8	2,496
253	4	0,864	6	0,864	298	4	13,824	7	1,824	343	5	8,784	8	2,784
254	4	1,152	6	1,152	299	4	14,112	7	2,112	344	5	9,072	8	3,072
255	4	1,440	6	1,440	300	4	14,400	7	2,400	345	5	9,360	8	3,360
256	4	1,728	6	1,728	301	4	14,688	7	2,688	346	5	9,648	8	3,648
257	4	2,016	6	2,016	302	4	14,976	7	2,976	347	5	9,936	8	3,936
258	4	2,304	6	2,304	303	4	15,264	7	3,264	348	5	10,224	8	4,224
259	4	2,592	6	2,592	304	4	15,552	7	3,552	349	5	10,512	8	4,512
260	4	2,880	6	2,880	305	4	15,840	7	3,840	350	5	10,800	8	4,800
261	4	3,168	6	3,168	306	4	16,128	7	4,128	351	5	11,088	8	5,088
262	4	3,456	6	3,456	307	4	16,416	7	4,416	352	5	11,376	8	5,376
263	4	3,744	6	3,744	308	4	16,704	7	4,704	353	5	11,664	8	5,664
264	4	4,032	6	4,032	309	4	16,992	7	4,992	354	5	11,952	8	5,952
265	4	4,320	6	4,320	310	4	17,280	7	5,280	355	5	12,240	8	6,240
266	4	4,608	6	4,608	311	4	17,568	7	5,568	356	5	12,528	8	6,528
267	4	4,896	6	4,896	312	4	17,856	7	5,856	357	5	12,816	8	6,816

Tausendth.	Loth.	Grän.	Karat.	Grän.	Tausendth.	Loth.	Grän.	Karat.	Grän.	Tausendth.	Loth.	Grän.	Karat.	Grän.
358	5	13,104	8	7,104	403	6	8,064	9	8,064	448	7	3,024	10	9,024
359	5	13,392	8	7,392	404	6	8,352	9	8,352	449	7	3,312	10	9,312
360	5	13,680	8	7,680	405	6	8,640	9	8,640	450	7	3,600	10	9,600
361	5	13,968	8	7,968	406	6	8,928	9	8,928	451	7	3,888	10	9,888
362	5	14,256	8	8,256	407	6	9,216	9	9,216	452	7	4,176	10	10,176
363	5	14,544	8	8,544	408	6	9,504	9	9,504	453	7	4,464	10	10,464
364	5	14,832	8	8,832	409	6	9,792	9	9,792	454	7	4,752	10	10,752
365	5	15,120	8	9,120	410	6	10,080	9	10,080	455	7	5,040	10	11,040
366	5	15,408	8	9,408	411	6	10,368	9	10,368	456	7	5,328	10	11,328
367	5	15,696	8	9,696	412	6	10,656	9	10,656	457	7	5,616	10	11,616
368	5	15,984	8	9,984	413	6	10,944	9	10,944	458	7	5,904	10	11,904
369	5	16,272	8	10,272	414	6	11,232	9	11,232	459	7	6,192	11	0,192
370	5	16,560	8	10,560	415	6	11,520	9	11,520	460	7	6,480	11	0,480
371	5	16,848	8	10,848	416	6	11,808	9	11,808	461	7	6,768	11	0,768
372	5	17,136	8	11,136	417	6	12,096	10	0,096	462	7	7,056	11	1,056
373	5	17,424	8	11,424	418	6	12,384	10	0,384	463	7	7,344	11	1,344
374	5	17,712	8	11,712	419	6	12,672	10	0,672	464	7	7,632	11	1,632
375	6		9		420	6	12,960	10	0,960	465	7	7,920	11	1,920
376	6	0,288	9	0,288	421	6	13,248	10	1,248	466	7	8,208	11	2,208
377	6	0,576	9	0,576	422	6	13,536	10	1,536	467	7	8,496	11	2,496
378	6	0,864	9	0,864	423	6	13,824	10	1,824	468	7	8,784	11	2,784
379	6	1,152	9	1,152	424	6	14,112	10	2,112	469	7	9,072	11	3,072
380	6	1,440	9	1,440	425	6	14,400	10	2,400	470	7	9,360	11	3,360
381	6	1,728	9	1,728	426	6	14,688	10	2,688	471	7	9,648	11	3,648
382	6	2,016	9	2,016	427	6	14,976	10	2,976	472	7	9,936	11	3,936
383	6	2,304	9	2,304	428	6	15,264	10	3,264	473	7	10,224	11	4,224
384	6	2,592	9	2,592	429	6	15,552	10	3,552	474	7	10,512	11	4,512
385	6	2,880	9	2,880	430	6	15,840	10	3,840	475	7	10,800	11	4,800
386	6	3,168	9	3,168	431	6	16,128	10	4,128	476	7	11,088	11	5,088
387	6	3,456	9	3,456	432	6	16,416	10	4,416	477	7	11,376	11	5,376
388	6	3,744	9	3,744	433	6	16,704	10	4,704	478	7	11,664	11	5,664
389	6	4,032	9	4,032	434	6	16,992	10	4,992	479	7	11,952	11	5,952
390	6	4,320	9	4,320	435	6	17,280	10	5,280	480	7	12,240	11	6,240
391	6	4,608	9	4,608	436	6	17,568	10	5,568	481	7	12,528	11	6,528
392	6	4,896	9	4,896	437	6	17,856	10	5,856	482	7	12,816	11	6,816
393	6	5,184	9	5,184	438	7	0,144	10	6,144	483	7	13,104	11	7,104
394	6	5,472	9	5,472	439	7	0,432	10	6,432	484	7	13,392	11	7,392
395	6	5,760	9	5,760	440	7	0,720	10	6,720	485	7	13,680	11	7,680
396	6	6,048	9	6,048	441	7	1,008	10	7,008	486	7	13,968	11	7,968
397	6	6,336	9	6,336	442	7	1,296	10	7,296	487	7	14,256	11	8,256
398	6	6,624	9	6,624	443	7	1,584	10	7,584	488	7	14,544	11	8,544
399	6	6,912	9	6,912	444	7	1,872	10	7,872	489	7	14,832	11	8,832
400	6	7,200	9	7,200	445	7	2,160	10	8,160	490	7	15,120	11	9,120
401	6	7,488	9	7,488	446	7	2,448	10	8,418	491	7	15,408	11	9,408
402	6	7,776	9	7,776	447	7	2,736	10	8,736	492	7	15,696	11	9,696

Tausendth.	Loth.	Grän.	Karat.	Grän.	Tausendth.	Loth.	Grän.	Karat.	Grän.	Tausendth.	Loth.	Grän.	Karat.	Grän.
493	7	15,984	11	9,984	538	8	10,944	12	10,944	583	9	5,904	13	11,904
494	7	16,272	11	10,272	539	8	11,232	12	11,232	584	9	6,192	14	0,192
495	7	16,560	11	10,560	540	8	11,520	12	11,520	585	9	6,480	14	0,480
496	7	16,848	11	10,848	541	8	11,808	12	11,808	586	9	6,768	14	0,768
497	7	17,136	11	11,136	542	8	12,096	13	0,096	587	9	7,056	14	1,056
498	7	17,424	11	11,424	543	8	12,384	13	0,384	588	9	7,344	14	1,344
499	7	17,712	11	11,712	544	8	12,672	13	0,672	589	9	7,632	14	1,632
500	8		12		545	8	12,960	13	0,960	590	9	7,920	14	1,920
501	8	0,288	12	0,288	546	8	13,248	13	1,248	591	9	8,208	14	2,208
502	8	0,576	12	0,576	547	8	13,536	13	1,536	592	9	8,496	14	2,496
503	8	0,864	12	0,864	548	8	13,824	13	1,824	593	9	8,784	14	2,784
504	8	1,152	12	1,152	549	8	14,112	13	2,112	594	9	9,072	14	3,072
505	8	1,440	12	1,440	550	8	14,400	13	2,400	595	9	9,360	14	3,360
506	8	1,728	12	1,728	551	8	14,688	13	2,688	596	9	9,648	14	3,648
507	8	2,016	12	2,016	552	8	14,976	13	2,976	597	9	9,936	14	3,936
508	8	2,304	12	2,304	553	8	15,264	13	3,264	598	9	10,224	14	4,224
509	8	2,592	12	2,592	554	8	15,552	13	3,552	599	9	10,512	14	4,512
510	8	2,880	12	2,880	555	8	15,840	13	3,840	600	9	10,800	14	4,800
511	8	3,168	12	3,168	556	8	16,128	13	4,128	601	9	11,088	14	5,088
512	8	3,456	12	3,456	557	8	16,416	13	4,416	602	9	11,376	14	5,376
513	8	3,744	12	3,744	558	8	16,704	13	4,704	603	9	11,664	14	5,664
514	8	4,032	12	4,032	559	8	16,992	13	4,992	604	9	11,952	14	5,952
515	8	4,320	12	4,320	560	8	17,280	13	5,280	605	9	12,240	14	6,240
516	8	4,608	12	4,608	561	8	17,568	13	5,568	606	9	12,528	14	6,528
517	8	4,896	12	4,896	562	8	17,856	13	5,856	607	9	12,816	14	6,816
518	8	5,184	12	5,184	563	9	0,144	13	6,144	608	9	13,104	14	7,104
519	8	5,472	12	5,472	564	9	0,432	13	6,432	609	9	13,392	14	7,392
520	8	5,760	12	5,760	565	9	0,720	13	6,720	610	9	13,680	14	7,680
521	8	6,048	12	6,048	566	9	1,008	13	7,008	611	9	13,968	14	7,968
522	8	6,336	12	6,336	567	9	1,296	13	7,296	612	9	14,256	14	8,256
523	8	6,624	12	6,624	568	9	1,584	13	7,584	613	9	14,544	14	8,544
524	8	6,912	12	6,912	569	9	1,872	13	7,872	614	9	14,832	14	8,832
525	8	7,200	12	7,200	570	9	2,160	13	8,160	615	9	15,120	14	9,120
526	8	7,488	12	7,488	571	9	2,448	13	8,448	616	9	15,408	14	9,408
527	8	7,776	12	7,776	572	9	2,736	13	8,736	617	9	15,696	14	9,696
528	8	8,064	12	8,064	573	9	3,024	13	9,024	618	9	15,984	14	9,984
529	8	8,352	12	8,352	574	9	3,312	13	9,312	619	9	16,272	14	10,272
530	8	8,640	12	8,640	575	9	3,600	13	9,600	620	9	16,560	14	10,560
531	8	8,928	12	8,928	576	9	3,888	13	9,888	621	9	16,848	14	10,848
532	8	9,216	12	9,216	577	9	4,176	13	10,176	622	9	17,136	14	11,136
533	8	9,504	12	9,504	578	9	4,464	13	10,464	623	9	17,424	14	11,424
534	8	9,792	12	9,792	579	9	4,752	13	10,752	624	9	17,712	14	11,712
535	8	10,080	12	10,080	580	9	5,040	13	11,040	625	10		15	
536	8	10,368	12	10,368	581	9	5,328	13	11,328	626	10	0,288	15	0,288
537	8	10,656	12	10,656	582	9	5,616	13	11,616	627	10	0,576	15	0,576

Tausendth.	Loth.	Grän.	Karat.	Grän.	Tausendth.	Loth.	Grän.	Karat.	Grän.	Tausendth.	Loth.	Grän.	Karat.	Grän.
628	10	0,864	15	0,864	673	10	13,824	16	1,824	718	11	8,784	17	2,784
629	10	1,152	15	1,152	674	10	14,112	16	2,112	719	11	9,072	17	3,072
630	10	1,440	15	1,440	675	10	14,400	16	2,400	720	11	9,360	17	3,360
631	10	1,728	15	1,728	676	10	14,688	16	2,688	721	11	9,648	17	3,648
632	10	2,016	15	2,016	677	10	14,976	16	2,976	722	11	9,936	17	3,936
633	10	2,304	15	2,304	678	10	15,264	16	3,264	723	11	10,224	17	4,224
634	10	2,592	15	2,592	679	10	15,552	16	3,552	724	11	10,512	17	4,512
635	10	2,880	15	2,880	680	10	15,840	16	3,840	725	11	10,800	17	4,800
636	10	3,168	15	3,168	681	10	16,128	16	4,128	726	11	11,088	17	5,088
637	10	3,456	15	3,456	682	10	16,416	16	4,416	727	11	11,376	17	5,376
638	10	3,744	15	3,744	683	10	16,704	16	4,704	728	11	11,664	17	5,664
639	10	4,032	15	4,032	684	10	16,992	16	4,992	729	11	11,952	17	5,952
640	10	4,320	15	4,320	685	10	17,280	16	5,280	730	11	12,240	17	6,240
641	10	4,608	15	4,608	686	10	17,568	16	5,568	731	11	12,528	17	6,528
642	10	4,896	15	4,896	687	10	17,856	16	5,856	732	11	12,816	17	6,816
643	10	5,184	15	5,184	688	11	0,144	16	6,144	733	11	13,104	17	7,104
644	10	5,472	15	5,472	689	11	0,432	16	6,432	734	11	13,392	17	7,392
645	10	5,760	15	5,760	690	11	0,720	16	6,720	735	11	13,680	17	7,680
646	10	6,048	15	6,048	691	11	1,008	16	7,008	736	11	13,968	17	7,968
647	10	6,336	15	6,336	692	11	1,296	16	7,296	737	11	14,256	17	8,256
648	10	6,624	15	6,624	693	11	1,584	16	7,584	738	11	14,544	17	8,544
649	10	6,912	15	6,912	694	11	1,872	16	7,872	739	11	14,832	17	8,832
650	10	7,200	15	7,200	695	11	2,160	16	8,160	740	11	15,120	17	9,120
651	10	7,488	15	7,488	696	11	2,448	16	8,448	741	11	15,408	17	9,408
652	10	7,776	15	7,776	697	11	2,736	16	8,736	742	11	15,696	17	9,696
653	10	8,064	15	8,064	698	11	3,024	16	9,024	743	11	15,984	17	9,984
654	10	8,352	15	8,352	699	11	3,312	16	9,312	744	11	16,272	17	10,272
655	10	8,640	15	8,640	700	11	3,600	16	9,600	745	11	16,560	17	10,560
656	10	8,928	15	8,928	701	11	3,888	16	9,888	746	11	16,848	17	10,848
657	10	9,216	15	9,216	702	11	4,176	16	10,176	747	11	17,136	17	11,136
658	10	9,504	15	9,504	703	11	4,464	16	10,464	748	11	17,424	17	11,424
659	10	9,792	15	9,792	704	11	4,752	16	10,752	749	11	17,712	17	11,712
660	10	10,080	15	10,080	705	11	5,040	16	11,040	750	12		18	
661	10	10,368	15	10,368	706	11	5,328	16	11,328	751	12	0,288	18	0,288
662	10	10,656	15	10,656	707	11	5,616	16	11,616	752	12	0,576	18	0,576
663	10	10,944	15	10,944	708	11	5,904	16	11,904	753	12	0,864	18	0,864
664	10	11,232	15	11,232	709	11	6,192	17	0,192	754	12	1,152	18	1,152
665	10	11,520	15	11,520	710	11	6,480	17	0,480	755	12	1,440	18	1,440
666	10	11,808	15	11,808	711	11	6,768	17	0,768	756	12	1,728	18	1,728
667	10	12,096	16	0,096	712	11	7,056	17	1,056	757	12	2,016	18	2,016
668	10	12,384	16	0,384	713	11	7,344	17	1,344	758	12	2,304	18	2,304
669	10	12,672	16	0,672	714	11	7,632	17	1,632	759	12	2,592	18	2,592
670	10	12,960	16	0,960	715	11	7,920	17	1,920	760	12	2,880	18	2,880
671	10	13,248	16	1,248	716	11	8,208	17	2,208	761	12	3,168	18	3,168
672	10	13,536	16	1,536	717	11	8,496	17	2,496	762	12	3,456	18	3,456

Tausendth.	Loth.	Grän.	Karat.	Grän.	Tausendth.	Loth.	Grän.	Karat.	Grän.	Tausendth.	Loth.	Grän.	Karat.	Grän.
763	12	3,744	18	3,744	808	12	16,704	19	4,704	853	13	11,664	20	5,664
764	12	4,032	18	4,032	809	12	16,992	19	4,992	854	13	11,952	20	5,952
765	12	4,320	18	4,320	810	12	17,280	19	5,280	855	13	12,240	20	6,240
766	12	4,608	18	4,608	811	12	17,568	19	5,568	856	13	12,528	20	6,528
767	12	4,896	18	4,896	812	12	17,856	19	5,856	857	13	12,816	20	6,816
768	12	5,184	18	5,184	813	13	0,144	19	6,144	858	13	13,104	20	7,104
769	12	5,472	18	5,472	814	13	0,432	19	6,432	859	13	13,392	20	7,392
770	12	5,760	18	5,760	815	13	0,720	19	6,720	860	13	13,680	20	7,680
771	12	6,048	18	6,048	816	13	1,008	19	7,008	861	13	13,968	20	7,968
772	12	6,336	18	6,336	817	13	1,296	19	7,296	862	13	14,256	20	8,256
773	12	6,624	18	6,624	818	13	1,584	19	7,584	863	13	14,544	20	8,544
774	12	6,912	18	6,912	819	13	1,872	19	7,872	864	13	14,832	20	8,832
775	12	7,200	18	7,200	820	13	2,160	19	8,160	865	13	15,120	20	9,120
776	12	7,488	18	7,488	821	13	2,448	19	8,448	866	13	15,408	20	9,408
777	12	7,776	18	7,776	822	13	2,736	19	8,736	867	13	15,696	20	9,696
778	12	8,064	18	8,064	823	13	3,024	19	9,024	868	13	15,984	20	9,984
779	12	8,352	18	8,352	824	13	3,312	19	9,312	869	13	16,272	20	10,272
780	12	8,640	18	8,640	825	13	3,600	19	9,600	870	13	16,560	20	10,560
781	12	8,928	18	8,928	826	13	3,888	19	9,888	871	13	16,848	20	10,848
782	12	9,216	18	9,216	827	13	4,176	19	10,176	872	13	17,136	20	11,136
783	12	9,504	18	9,504	828	13	4,464	19	10,464	873	13	17,424	20	11,424
784	12	9,792	18	9,792	829	13	4,752	19	10,752	874	13	17,712	20	11,712
785	12	10,080	18	10,080	830	13	5,040	19	11,040	875	14		21	
786	12	10,368	18	10,368	831	13	5,328	19	11,328	876	14	0,288	21	0,288
787	12	10,656	18	10,656	832	13	5,616	19	11,616	877	14	0,576	21	0,576
788	12	10,944	18	10,944	833	13	5,904	19	11,904	878	14	0,864	21	0,864
789	12	11,232	18	11,232	834	13	6,192	20	0,192	879	14	1,152	21	1,152
790	12	11,520	18	11,520	835	13	6,480	20	0,480	880	14	1,440	21	1,440
791	12	11,808	18	11,808	836	13	6,768	20	0,768	881	14	1,728	21	1,728
792	12	12,096	19	0,096	837	13	7,056	20	1,056	882	14	2,016	21	2,016
793	12	12,384	19	0,384	838	13	7,344	20	1,344	883	14	2,304	21	2,304
794	12	12,672	19	0,672	839	13	7,632	20	1,632	884	14	2,592	21	2,592
795	12	12,960	19	0,960	840	13	7,920	20	1,920	885	14	2,880	21	2,880
796	12	13,248	19	1,248	841	13	8,208	20	2,208	886	14	3,168	21	3,168
797	12	13,536	19	1,536	842	13	8,496	20	2,496	887	14	3,456	21	3,456
798	12	13,824	19	1,824	843	13	8,784	20	2,784	888	14	3,744	21	3,744
799	12	14,112	19	2,112	844	13	9,072	20	3,072	889	14	4,032	21	4,032
800	12	14,400	19	2,400	845	13	9,360	20	3,360	890	14	4,320	21	4,320
801	12	14,688	19	2,688	846	13	9,648	20	3,648	891	14	4,008	21	4,608
802	12	14,976	19	2,976	847	13	9,936	20	3,936	892	14	4,896	21	4,896
803	12	15,264	19	3,264	848	13	10,224	20	4,224	893	14	5,184	21	5,184
804	12	15,552	19	3,552	849	13	10,512	20	4,512	894	14	5,472	21	5,472
805	12	15,840	19	3,840	850	13	10,800	20	4,800	895	14	5,760	21	5,760
806	12	16,128	19	4,128	851	13	11,088	20	5,088	896	14	6,048	21	6,048
807	12	16,416	19	4,416	852	13	11,376	20	5,376	897	14	6,336	21	6,336

Tausendth.	Loth.	Grän.	Karat.	Grän.	Tausendth.	Loth.	Grän.	Karat.	Grän.	Tausendth.	Loth.	Grän.	Karat.	Grän.
898	14	6,624	21	6,624	933	14	16,704	22	4,704	968	15	8,784	23	2,784
899	14	6,912	21	6,912	934	14	16,992	22	4,992	969	15	9,072	23	3,072
900	14	7,200	21	7,200	935	14	17,280	22	5,280	970	15	9,360	23	3,360
901	14	7,488	21	7,488	936	14	17,568	22	5,568	971	15	9,648	23	3,648
902	14	7,776	21	7,776	937	14	17,856	22	5,856	972	15	9,936	23	3,936
903	14	8,064	21	8,064	938	15	0,144	22	6,144	973	15	10,224	23	4,224
904	14	8,352	21	8,352	939	15	0,432	22	6,432	974	15	10,512	23	4,512
905	14	8,640	21	8,640	940	15	0,720	22	6,720	975	15	10,800	23	4,800
906	14	8,928	21	8,928	941	15	1,008	22	7,008	976	15	11,088	23	5,088
907	14	9,216	21	9,216	942	15	1,296	22	7,296	977	15	11,376	23	5,376
908	14	9,504	21	9,504	943	15	1,584	22	7,584	978	15	11,664	23	5,664
909	14	9,792	21	9,792	944	15	1,872	22	7,872	979	15	11,952	23	5,952
910	14	10,080	21	10,080	945	15	2,160	22	8,160	980	15	12,240	23	6,240
911	14	10,368	21	10,368	946	15	2,448	22	8,448	981	15	12,528	23	6,528
912	14	10,656	21	10,656	947	15	2,736	22	8,736	982	15	12,816	23	6,816
913	14	10,944	21	10.944	948	15	3,024	22	9,024	983	15	13,104	23	7,104
914	14	11,232	21	11,232	949	15	3,312	22	9,312	984	15	13,392	23	7,392
915	14	11,520	21	11,520	950	15	3,600	22	9,600	985	15	13,680	23	7,680
916	14	11,808	21	11,808	951	15	3,888	22	9,888	986	15	13,968	23	7,968
917	14	12,096	22	0,096	952	15	4,176	22	10,176	987	15	14,256	23	8,256
918	14	12,384	22	0,384	953	15	4,464	22	10,464	988	15	14,544	23	8,544
919	14	12,672	22	0,672	954	15	4,752	22	10,752	989	15	14,832	23	8,832
920	14	12,960	22	0,960	955	15	5,040	22	11,040	990	15	15,120	23	9,120
921	14	13,248	22	1,248	956	15	5,328	22	11,328	991	15	15,408	23	9,408
922	14	13,536	22	1,536	957	15	5,616	22	11,616	992	15	15,696	23	9,696
923	14	13,824	22	1,824	958	15	5,904	22	11,904	993	15	15,984	23	9,984
924	14	14,112	22	2,112	959	15	6,192	23	0,192	994	15	16,272	23	10,272
925	14	14,400	22	2,400	960	15	6,480	23	0,480	995	15	16,560	23	10,560
926	14	14,688	22	2,688	961	15	6,768	23	0,768	996	15	16,848	23	10,848
927	14	14,976	22	2,976	962	15	7,056	23	1,056	997	15	17,136	23	11,136
928	14	15,264	22	3,264	963	15	7,344	23	1,344	998	15	17,424	23	11,424
929	14	15,552	22	3,552	964	15	7,632	23	1,632	999	15	17,712	23	11,712
930	14	15,840	22	3,840	965	15	7,920	23	1,920	1000	16		24	
931	14	16,128	22	4,128	966	15	8,208	23	2,208					
932	14	16,416	22	4,416	967	15	8,496	23	2,496					

C.

Tabelle

zur Uebertragung von Lothen, Karaten und Gränen in Tausendtheile.

Loth.	Grän.	Karat.	Grän.	Tausendtheil.	Loth.	Grän.	Karat.	Grän.	Tausendtheil.	Loth.	Grän.	Karat.	Grän.	Tausendtheil
—	$\frac{1}{8}$	—	$\frac{1}{8}$	0,43402777..	1	10	2	4	97,22222..	3	5	4	11	204,86111..
—	$\frac{1}{4}$	—	$\frac{1}{4}$	0,8680555..	1	11	2	5	100,69444..	3	6	5	—	208,33333..
—	$\frac{1}{2}$	—	$\frac{1}{2}$	1,736111..	1	12	2	6	104,16666..	3	7	5	1	211,80555..
—	$\frac{3}{4}$	—	$\frac{3}{4}$	2,6041666..	1	13	2	7	107,63888..	3	8	5	2	215,27777..
—	1	—	1	3,47222..	1	14	2	8	111,11111..	3	9	5	3	218,75
—	2	—	2	6,94444..	1	15	2	9	114,58333..	3	10	5	4	222,22222..
—	3	—	3	10,41666..	1	16	2	10	118,05555..	3	11	5	5	225,69444..
—	4	—	4	13,88888..	1	17	2	11	121,52777..	3	12	5	6	229,16666..
—	5	—	5	17,36111..	2	—	3	—	125.	3	13	5	7	232,63888..
—	6	—	6	20,83333..	2	1	3	1	128,47222..	3	14	5	8	236,11111..
—	7	—	7	24,30555..	2	2	3	2	131,94444..	3	15	5	9	239,58333..
—	8	—	8	27,77777..	2	3	3	3	135,41666..	3	16	5	10	243,05555..
—	9	—	9	31,25	2	4	3	4	138,88888..	3	17	5	11	246,52777..
—	10	—	10	34,72222..	2	5	3	5	142,36111..	4	—	6	—	250.
-	11	—	11	38,19444..	2	6	3	6	145,83333..	4	1	6	1	253,47222..
—	12	1	—	41,66666..	2	7	3	7	149,30555..	4	2	6	2	256,94444..
—	13	1	1	45,13888..	2	8	3	8	152,77777..	4	3	6	3	260,41666..
—	14	1	2	48,61111..	2	9	3	9	156,25	4	4	6	4	263,88888..
—	15	1	3	52,08333..	2	10	3	10	159,72222..	4	5	6	5	267,36111..
—	16	1	4	55,55555..	2	11	3	11	163,19444..	4	6	6	6	270,83333..
—	17	1	5	59,02777..	2	12	4	—	166,66666..	4	7	6	7	274,30555..
1	—	1	6	62,5	2	13	4	1	170,13888..	4	8	6	8	277,77777..
1	1	1	7	65,97222..	2	14	4	2	173,61111..	4	9	6	9	281,25
1	2	1	8	69,44444..	2	15	4	3	177,08333..	4	10	6	10	284,72222..
1	3	1	9	72,91666..	2	16	4	4	180,55555..	4	11	6	11	288,19444..
1	4	1	10	76,38888..	2	17	4	5	184,02777..	4	12	7	—	291,66666..
1	5	1	11	79,86111..	3	—	4	6	187,5	4	13	7	1	295,13888..
1	6	2	—	83,33333..	3	1	4	7	190,97222..	4	14	7	2	298,61111..
1	7	2	1	86,80555..	3	2	4	8	194,44444..	4	15	7	3	302,08333..
1	8	2	2	90,27777..	3	3	4	9	197,91666..	4	16	7	4	305,55555..
1	9	2	3	93,75	3	4	4	10	201,38888..	4	17	7	5	309,02777..

Loth.	Grän.	Karat.	Grän.	Tausendtheil.	Loth.	Grän.	Karat.	Grän.	Tausendtheil.	Loth.	Grän.	Karat.	Grän.	Tausendtheil.
5	—	7	6	312,5	7	9	11	3	468,75	10	—	15	—	625.
5	1	7	7	315,97222..	7	10	11	4	472,22222..	10	1	15	1	628,47222..
5	2	7	8	319,44444..	7	11	11	5	475,69444..	10	2	15	2	631,94444..
5	3	7	9	322,91666..	7	12	11	6	479,16666..	10	3	15	3	635,41666..
5	4	7	10	326,38888..	7	13	11	7	482,63888..	10	4	15	4	638,88888..
5	5	7	11	329,86111..	7	14	11	8	486,11111..	10	5	15	5	642,36111..
5	6	8	—	333,33333..	7	15	11	9	489,58333..	10	6	15	6	645,83333..
5	7	8	1	336,80555..	7	16	11	10	493,05555..	10	7	15	7	649,30555..
5	8	8	2	340,27777..	7	17	11	11	496,52777..	10	8	15	8	652,77777..
5	9	8	3	343,75	8	—	12	—	500.	10	9	15	9	656,25
5	10	8	4	347,22222..	8	1	12	1	503,47222..	10	10	15	10	659,72222..
5	11	8	5	350,69444..	8	2	12	2	506,94444..	10	11	15	11	663,19444..
5	12	8	6	354,16666..	8	3	12	3	510,41666..	10	12	16	—	666,66666..
5	13	8	7	357,63888..	8	4	12	4	513,88888..	10	13	16	1	670,13888..
5	14	8	8	361,11111..	8	5	12	5	517,36111..	10	14	16	2	673,61111..
5	15	8	9	364,58333..	8	6	12	6	520,83333..	10	15	16	3	677,08333..
5	16	8	10	368,05555..	8	7	12	7	524,30555..	10	16	16	4	680,55555..
5	17	8	11	371,52777..	8	8	12	8	527,77777..	10	17	16	5	684,02777..
6	—	9	—	375.	8	9	12	9	531,25	11	—	16	6	687,5
6	1	9	1	378,47222..	8	10	12	10	534,72222..	11	1	16	7	690,97222..
6	2	9	2	381,94444..	8	11	12	11	538,19444..	11	2	16	8	694,44444..
6	3	9	3	385,41666..	8	12	13	—	541,66666..	11	3	16	9	697,91666..
6	4	9	4	388,88888..	8	13	13	1	545,13888..	11	4	16	10	701,38888..
6	5	9	5	392,36111..	8	14	13	2	548,61111..	11	5	16	11	704,86111..
6	6	9	6	395,83333..	8	15	13	3	552,08333..	11	6	17	—	708,33333..
6	7	9	7	399,30555..	8	16	13	4	555,55555..	11	7	17	1	711,80555..
6	8	9	8	402,77777..	8	17	13	5	559,02777..	11	8	17	2	715,27777..
6	9	9	9	406,25	9	—	13	6	562,5	11	9	17	3	718,75
6	10	9	10	409,72222..	9	1	13	7	565,97222..	11	10	17	4	722,22222..
6	11	9	11	413,19444..	9	2	13	8	569,44444..	11	11	17	5	725,69444..
6	12	10	—	416,66666..	9	3	13	9	572,91666..	11	12	17	6	729,16666..
6	13	10	1	420,13888..	9	4	13	10	576,38888..	11	13	17	7	732,63888..
6	14	10	2	423,61111..	9	5	13	11	579,86111..	11	14	17	8	736,11111..
6	15	10	3	427,08333..	9	6	14	—	583,33333..	11	15	17	9	739,58333..
6	16	10	4	430,55555..	9	7	14	1	586,80555..	11	16	17	10	743,05555..
6	17	10	5	434,02777..	9	8	14	2	590,27777..	11	17	17	11	746,52777..
7	—	10	6	437,5	9	9	14	3	593,75	12	—	18	—	750.
7	1	10	7	440,97222..	9	10	14	4	597,22222..	12	1	18	1	753,47222..
7	2	10	8	444,44444..	9	11	14	5	600,69444..	12	2	18	2	756,94444..
7	3	10	9	447,91666..	9	12	14	6	604,16666..	12	3	18	3	760,41666..
7	4	10	10	451,38888..	9	13	14	7	607,63888..	12	4	18	4	763,88888..
7	5	10	11	454,86111..	9	14	14	8	611,11111..	12	5	18	5	767,36111..
7	6	11	—	458,33333..	9	15	14	9	614,58333..	12	6	18	6	770,83333..
7	7	11	1	461,80555..	9	16	14	10	618,05555..	12	7	18	7	774,30555..
7	8	11	2	465,27777..	9	17	14	11	621,52777..	12	8	18	8	777,77777..

Loth.	Grän.	Karat.	Grän.	Tausendtheil.	Loth.	Grän.	Karat.	Grän.	Tausendtheil.	Loth.	Grän.	Karat.	Grän.	Tausendtheil
12	9	18	9	781,25	13	13	20	7	857,63888..	14	17	22	5	934,02777..
12	10	18	10	784,72222..	13	14	20	8	861,11111..	15	—	22	6	937,5
12	11	18	11	788,19444..	13	15	20	9	864,58333..	15	1	22	7	940,97222..
12	12	19	—	791,66666..	13	16	20	10	868,05555..	15	2	22	8	944,44444..
12	13	19	1	795,13888..	13	17	20	11	871,52777..	15	3	22	9	947,91666..
12	14	19	2	798,61111..	14	—	21	—	875.	15	4	22	10	951,38888..
12	15	19	3	802,08333..	14	1	21	1	878,47222..	15	5	22	11	954,86111..
12	16	19	4	805,55555..	14	2	21	2	881,94444..	15	6	23	—	958,33333..
12	17	19	5	809,02777..	14	3	21	3	885,41666..	15	7	23	1	961,80555..
13	—	19	6	812,5	14	4	21	4	888,88888..	15	8	23	2	965,27777..
13	1	19	7	815,97222..	14	5	21	5	892,36111..	15	9	23	3	968,75
13	2	19	8	819,44444..	14	6	21	6	895,83333..	15	10	23	4	972,22222..
13	3	19	9	822,91666..	14	7	21	7	899,30555..	15	11	23	5	975,69444..
13	4	19	10	826,38888..	14	8	21	8	902,77777..	15	12	23	6	979,16666..
13	5	19	11	829,86111..	14	9	21	9	906,25	15	13	23	7	982,63888..
13	6	20	—	833,33333..	14	10	21	10	909,72222..	15	14	23	8	986,11111..
13	7	20	1	836,80555..	14	11	21	11	913,19444..	15	15	23	9	989,58333..
13	8	20	2	840,27777..	14	12	22	—	916,66666..	15	16	23	10	993,05555..
13	9	20	3	843,75	14	13	22	1	920,13888..	15	17	23	11	996,52777..
13	10	20	4	847,22222..	14	14	22	2	923,61111..	16	—	24	—	1000.
13	11	20	5	850,69444..	14	15	22	3	927,08333..					
13	12	20	6	854,16666..	14	16	22	4	930,55555..					

D.

Vergleichung des neuen preuß. Münz-Gewichtes mit dem alten.

(Die Decimalbrüche von Marken und Pfennigen sind sämmtlich unvollständig; bei den Pfennigen ist die letzte Decimalstelle abgerundet.)

1 Vereins-Pfund = 2,138 072 442 170 485 620 393 790 182.. Mark.

Neues Gewicht. Pfund.	Altes Gewicht. Mark.	Mark.	Loth.	Qut.	Pfen.	Neues Gewicht. Pfund.	Altes Gewicht. Mark.	Mark.	Loth.	Qut.	Pfen.
0,001	0,002 138 07..	—	—	—	0,547	6	12,828 434 65..	12	13	1	0,079
0,002	0,004 276 14..	—	—	—	1,095	7	14,966 507 09..	14	15	1	3,426
0,003	0,006 414 21..	—	—	—	1,642	8	17,104 579 53..	17	1	2	2,772
0,004	0,008 552 28..	—	—	—	2,189	9	19,242 651 97..	19	3	3	2,119
0,005	0,010 690 36..	—	—	—	2,737	10	21,380 724 42..	21	6	0	1,465
0,006	0,012 828 43..	—	—	—	3,284	20	42,761 448 84..	42	12	0	2,931
0,007	0,014 966 50..	—	—	—	3,831	30	64,142 173 26..	64	2	1	0,396
0,008	0,017 104 57..	—	—	1	0,379	40	85,522 897 68..	85	8	1	1,862
0,009	0,019 242 65..	—	—	1	0,926	50	106,903 622 10..	106	14	1	3,327
0,010	0,021 380 72..	—	—	1	1,473	60	128,284 346 53..	128	4	2	0,793
0,020	0,042 761 44..	—	—	2	2,947	70	149,665 070 95..	149	10	2	2,258
0,030	0,064 142 17..	—	1	0	0,420	80	171,045 795 37..	171	0	2	3,724
0,040	0,085 522 89..	—	1	1	1,894	90	192,426 519 79..	192	6	3	1,189
0,050	0,106 903 62..	—	1	2	3,367	100	213,807 244 21..	213	12	3	2,654
0,060	0,128 284 34..	—	2	0	0,840	200	427,614 488 43..	427	9	3	1,309
0,070	0,149 665 07..	—	2	1	2,314	300	641,421 732 65..	641	6	2	3,964
0,080	0,171 045 79..	—	2	2	3,788	400	855,228 976 86..	855	3	2	2,618
0,090	0,192 426 51..	—	3	0	1,261	500	1069,036 221 08..	1069	0	2	1,273
0,100	0,213 807 24..	—	3	1	2,735	600	1282,843 465 30..	1282	13	1	3,927
0,200	0,427 614 48..	—	6	3	1,469	700	1496,650 709 51..	1496	10	1	2,582
0,300	0,641 421 73..	—	10	1	0,204	800	1710,457 953 73..	1710	7	1	1,236
0,400	0,855 228 97..	—	13	2	2,938	900	1924,265 197 95..	1924	4	0	3,891
0,500	1,069 036 22..	1	1	0	1,673	1000	2138,072 442 17..	2138	1	0	2,545
0,600	1,282 843 46..	1	4	2	0,408	2000	4276,144 884 34..	4276	2	1	1,090
0,700	1,496 650 70..	1	7	3	3,142	3000	6414,217 326 51..	6414	3	1	3,636
0,800	1,710 457 95..	1	11	1	1,877	4000	8552,289 768 68..	8552	4	2	2,181
0,900	1,924 265 19..	1	14	3	0,612	5000	10690,362 210 85..	10690	5	3	0,726
1	2,138 072 44..	2	2	0	3,346	6000	12828,434 653 02..	12828	6	3	3,271
2	4,276 144 88..	4	4	1	2,693	7000	14966,507 095 19..	14966	8	0	1,816
3	6,414 217 32..	6	6	2	2,039	8000	17104,579 537 36..	17104	9	1	0,362
4	8,552 289 76..	8	8	3	1,380	9000	19242,651 979 53..	19242	10	1	2,907
5	10,690 362 21..	10	11	0	0,733	10000	21380,724 421 70..	21380	11	2	1,452

E.

Vergleichung des alten preuß. Münz-Gewichtes mit dem neuen.

Das alte preuß. Münz-Gewicht:
1 Mark à 16 Loth à 4 Quent. à 4 Pfenn. = 233,8555 franz. Grammes.

Das neue preuß. Münz-Gewicht:
1 Vereins-Pfund mit decimaler Eintheilung = 500 franz. Grammes.

Altes Gewicht.	Neues Gewicht. Pfund.	Altes Gewicht. Loth.	Neues Gewicht. Pfund.
1 Pfen. = $\frac{1}{16}$ Lth.	0,001 826 996 093 75	6	0,175 391 625
2 „ = $\frac{1}{8}$ „	0,003 653 992 187 5	7	0,204 623 562 5
3 „ = $\frac{3}{16}$ „	0,005 480 988 281 25	8	0,233 855 5
1 Qt. = $\frac{1}{4}$ „	0,007 307 984 375	9	0,263 087 437 5
2 „ = $\frac{1}{2}$ „	0,014 615 968 75	10	0,292 319 375
3 „ = $\frac{3}{4}$ „	0,021 923 953 125	11	0,321 551 312 5
1 „	0,029 231 937 5	12	0,350 783 25
2 „	0,058 463 875	13	0,380 015 187 5
3 „	0,087 695 812 5	14	0,409 247 125
4 „	0,116 927 75	15	0,438 479 062 5
5 „	0,146 159 687 5		

Altes Gewicht. Mark.	Neues Gewicht. Pfund.	Altes Gewicht. Mark.	Neues Gewicht. Pfund.	Altes Gewicht. Mark.	Neues Gewicht. Pfund.
1	0,467 711	12	5,612 532	23	10,757 353
2	0,935 422	13	6,080 243	24	11,225 064
3	1,403 133	14	6,547 954	25	11,692 775
4	1,870 844	15	7,015 665	26	12,160 486
5	2,338 555	16	7,483 376	27	12,628 197
6	2,806 266	17	7,951 087	28	13,095 908
7	3,273 977	18	8,418 798	29	13,563 619
8	3,741 688	19	8,886 509	30	14,031 33
9	4,209 399	20	9,354 22	31	14,499 041
10	4,677 11	21	9,821 931	32	14,966 752
11	5,144 821	22	10,289 642	33	15,434 463

Altes Gewicht. Mark.	Neues Gewicht. Pfund.	Altes Gewicht. Mark.	Neues Gewicht. Pfund.	Altes Gewicht. Mark.	Neues Gewicht. Pfund.
34	15,902 174	63	29,465 793	92	43,029 412
35	16,369 885	64	29,933 504	93	43,497 123
36	16,837 596	65	30,401 215	94	43,964 834
37	17,305 307	66	30,868 926	95	44,432 545
38	17,773 018	67	31,336 637	96	44,900 256
39	18,240 729	68	31,804 348	97	45,367 967
40	18,708 44	69	32,272 059	98	45,835 678
41	19,176 151	70	32,739 77	99	46,303 389
42	19,643 862	71	33,207 481	100	46,7711
43	20,111 573	72	33,675 192	200	93,5422
44	20,579 284	73	34,142 903	300	140,3133
45	21,046 995	74	34,610 614	400	187,0844
46	21,514 706	75	35,078 325	500	233,8555
47	21,982 417	76	35,546 036	600	280,6266
48	22,450 128	77	36,013 747	700	327,3977
49	22,917 839	78	36,481 458	800	374,1688
50	23,385 55	79	36,949 169	900	420,9399
51	23,853 261	80	37,416 88	1000	467,711
52	24,320 972	81	37,884 591	2000	935,422
53	24,788 683	82	38,352 302	3000	1403,133
54	25,256 394	83	38,820 013	4000	1870,844
55	25,724 105	84	39,287 724	5000	2338,555
56	26,191 816	85	39,755 435	6000	2806,266
57	26,659 527	86	40,223 146	7000	3273,977
58	27,127 238	87	40,690 857	8000	3741,688
59	27,594 949	88	41,158 568	9000	4209,399
60	28,062 66	89	41,626 279	10000	4677,11
61	28,530 371	90	42,093 99		
62	28,998 082	91	42,561 701		